THE BALANCED SCORECARD

平衡計分卡

化策略為行動的績效管理工具
Translating Strategy into Action

Robert S. Kaplan & David P. Norton ◎著　　KPMG安侯企業管理公司◎審定　　朱道凱◎譯

企畫叢書 FP2171

平衡計分卡
化策略為行動的績效管理工具（新版）

作　　　者	Robert S. Kaplan & David P. Norton	
譯　　　者	朱道凱	
審　　　定	KPMG安侯企業管理股份有限公司	
副 總 編 輯	劉麗真	
主　　　編	陳逸瑛、顧立平	
特 約 編 輯	方　立	

發 行 人　　涂玉雲
出　　版　　臉譜出版
　　　　　　城邦文化事業股份有限公司
　　　　　　台北市民生東路二段141號5樓
　　　　　　電話：886-2-25007696　傳真：886-2-25001952
發　　行　　英屬蓋曼群島商家庭傳媒股份有限公司城邦分公司
　　　　　　台北市中山區民生東路二段141號11樓
　　　　　　客服服務專線：886-2-25007718；25007719
　　　　　　24小時傳真專線：886-2-25001990；25001991
　　　　　　服務時間：週一至週五上午09:00~12:00；下午13:00~17:00
　　　　　　劃撥帳號：19863813　戶名：書虫股份有限公司
　　　　　　讀者服務信箱：service@readingclub.com.tw
香港發行所　城邦（香港）出版集團有限公司
　　　　　　香港灣仔駱克道193號東超商業中心1樓
　　　　　　電話：852-25086231　傳真：852-25789337
　　　　　　E-mail：hkcite@biznetvigator.com
馬新發行所　城邦（馬新）出版集團 Cité (M) Sdn Bhd
　　　　　　41, Jalan Radin Anum, Bandar Baru Sri Petaling, 57000 Kuala Lumpur, Malaysia.
　　　　　　電話：603-90578822　傳真：603-90576622
初 版 一 刷　1999年6月1日
二 版 七 刷　2013年8月15日

城邦讀書花園
www.cite.com.tw

版權所有・翻印必究（Printed in Taiwan）
ISBN 978-986-6739-42-2

定價：450元
（本書如有缺頁、破損、倒裝、請寄回更換）

平衡計分卡之發展歷程及其角色

　　平衡計分卡（Balanced Scorecard，以下簡稱BSC）於1992年，由哈佛大學的Kaplan教授與創立諾朗諾頓研究所（Nolan Norton Institute）的Norton博士，在《哈佛商業評論》發表後，不僅為全球之管理學界帶來劃世紀之影響，也使全球的企業在策略與績效管理實務上，邁向另一嶄新的紀元。本人擬以長期研究BSC之經驗，來探討Kaplan與Norton所出版之四本與BSC有關的書籍與BSC之發展歷程之關係及各階段之角色。

一、平衡計分卡之發展歷程

　　吾人從Kaplan與Norton所著作的四本BSC相關書籍中，可以清楚地看出BSC之發展脈絡，如表1所示。

表1：BSC之發展脈絡表

BSC之發展階段	第一期：策略績效管理期	第二期：策略落實期	第三期：策略深化期	第四期：策略綜效期
對應之書名	第一本書：平衡計分卡	第二本書：策略核心組織	第三本書：策略地圖	第四本書：策略校準

　　第一本書《平衡計分卡》，主要探討策略績效評估制度之落實，因而吾人稱此階段為「策略績效管理期」，為BSC發展的第

一期。又作者有鑑於企業致勝之關鍵在於策略之執行及落實度，因而有第二本書《策略核心組織》之出版，作者在書中提出五大原則，探討如何透過BSC所提供的系統性思想架構與方法，使組織聚焦於策略上，進而有效地執行策略，因而吾人稱此爲第二期「策略落實期」。接下來的第三期，作者透過《策略地圖》一書，詳細地說明如何透過策略地圖具體地呈現組織之策略形貌，俾利組織有效地推動BSC，同時將BSC與智慧資本緊密地結合一體，吾人稱此期爲「策略深化期」。又第四本《策略校準》一書，主要探討如何透過BSC在組織內及組織外產生綜效，進而獲取組織之極大效益，吾人稱此期爲「策略綜效期」。

　　本人於2003年，根據長期在BSC之研究及實務經驗，將BSC歸納出「4、7、4」之特質，這些特質皆具有環環相扣之關係。「4」指「四大構面」爲：財務、顧客、內部流程與學習成長構面；「7」指「七大要素」：1.策略性議題、2.策略性目標、3.策略性衡量指標、4.策略性衡量指標之目標值、5.策略性行動方案、6.策略性預算，與7.策略性獎酬；及「4」指「四大系統」：1.策略描述系統：包括策略性議題及策略性目標、2.衡量系統：包括策略性衡量指標及策略性衡量指標之目標值、3.執行系統：包括策略性行動方案、策略性預算、及策略性獎酬等內容，與4.溝通系統：BSC中七大要素間之因果關係，皆得透過組織內之持續溝通而形成，如圖1所示。

　　吾人以BSC之七大要素，一一地說明BSC各期發展之特質及角色，俾供讀者運用及實施BSC時之參考。

圖1：平衡計分卡之「4、7、4」內容圖

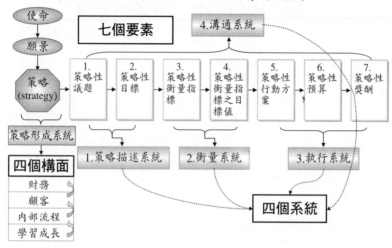

平衡計分卡四、七、四要素系統圖

第一期：策略績效管理期

　　《平衡計分卡》此書爲BSC第一期之主軸內容，就七大要素而言，僅強調策略性目標與策略性衡量指標之關係，如圖2所示。

圖2：BSC第一期（1992-1996）之精髓圖

　　第一期之BSC，欠缺七大要素之第一要素「策略議題」。「策略議題」爲公司策略之具體描述，它爲公司「策略」之短小

版，若無此要素，就無法使「BSC」與組織之「策略」緊密地結合，容易使BSC變質爲「策略績效評估」制度，而失去BSC確實執行及落實策略之精髓，因而有人稱此爲KPI計分卡。吾人觀察台灣一些導入BSC之組織，還可看到一些公司之BSC仍停留在此階段，因而無法眞正發揮BSC之效益，甚爲可惜。

第二期：策略落實期

　　在《策略核心組織》此書中，作者透過五大原則，闡述BSC在策略形成、策略績效衡量、策略執行方面對組織之效益；同時也指引組織推動BSC時可遵循的準則。此五大原則之內容爲：
1. 由高階領導帶動變革、
2. 將策略轉化爲執行面的語言、
3. 以策略爲核心整合組織資源、
4. 將策略落實爲每一位員工的日常工作、及
5. 將策略成爲持續循環流程。
　　作者所指出的五大原則，可完整地使BSC的七大要素有效地整合一體，如圖3所示。

圖3：BSC第二期（1996-2000）之精髓圖

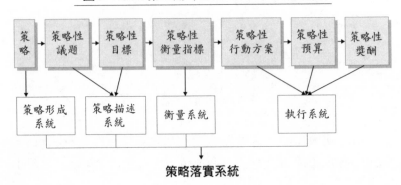

　　吾人從圖3中可清楚地看出BSC透過七大要素的緊密結合，因而可以有效地落實組織之策略，進而促使BSC真正成為一項「策略執行」的管理制度。

　　推動BSC之五大原則的內容，皆非首次為世人所知，惟如何將許多散見於企業內的管理活動，藉由平衡之觀念重新組合一體，成為更具邏輯及管理意涵的營運方向，實為BSC第二期之發展重點。吾人曾建議台灣幾家推動BSC之個案公司，以設計出來的二十七個執行檢核點，來檢視BSC之導入成效及五大原則落實之程度，如表2所示。

表2：策略核心組織評估檢核表

原則一：由高階領導帶動變革	原則四：將策略落實到每位員工的日常工作
1-1 執行長（CEO）全力支持組織變革之程度	4-1 建立員工策略意識之程度
1-2 高階領導團隊宣示變革的重要程度	4-2 員工個人目標與策略連結之程度
1-3 領導團隊實際參與變革的執行程度	4-3 員工個人績效連結至激勵獎酬之程度
1-4 擁有一致且明確的策略與願景之程度	4-4 員工個人能力發展與策略連結之程度
1-5 建立新的管理模式之程度	原則五：將策略成為持續循環之流程
1-6 適任的專案管理者具備程度	5-1 BSC報導系統之完善度
原則二：將策略轉化為執行面的語言	5-2 策略檢討會議的運作，對改善績效執行之程度
2-1 總公司策略地圖建構之完整度	5-3 預算與策略整合程度
2-2 逐次建構各層級平衡計分卡之完整度	5-4 人力資源、資訊科技與策略連結程度
2-3 設立適當的衡量指標及目標值設立之完整度	5-5 流程管理與策略連結程度
2-4 辨認與聚焦行動方案之程度	5-6 知識分享與策略連結之程度
2-5 責任明確分派之程度	5-7 策略管理部門的建置程度
原則三：以策略為核心來整合組織資源	
3-1 總公司與各SBU間良好的協調互動之程度	
3-2 總公司與SBU整合程度	
3-3 SBU與SSU整合程度	
3-4 SBU與外部夥伴整合程度	
3-5 董事會與公司經營管理層之整合程度	

　　透過這二十七個檢核點，可以協助組織檢視，因BSC之實施是否使組織成為一個以「策略為核心」的最佳組織。

　　BSC在第一期時曾經被很多的組織解讀為KPI計分卡，乃因第一本書之內容所致；而第二本書將BSC之精神及具體的實施原則說明清楚，甚至提出透過BSC將組織轉變成以「策略為核心」的組織方向，因而第二本書，後來被評定為近七十五年來，最具影響力的管理書籍，實有其真正的理由。總之，第二本書已將BSC轉變成「策略執行」最有利的工具之一。

第三期：策略深化期

　　在第二期的發展過程中，BSC之理論架構大致已形成。BSC第三期，最重要的突破點在於「BSC」與「智慧資本」之緊密結合，其精髓如圖4所示。

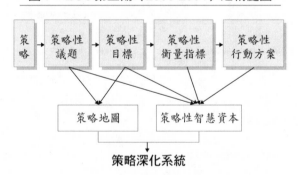

圖4：BSC第三期（2000-2004）之精髓圖

　　智慧資本對於組織之長期經營及成長之重要性，在近幾年來愈來愈受到學界及企業界之重視。吾人認為BSC與智慧資本之

關係，可分成兩方面：一、透過BSC中之策略性議題、策略性目標、策略性衡量指標、及策略性行動方案可以引導出智慧資本之形成、管理及衡量之方向，其內容如圖5所示。二、運用BSC之架構，來強化智慧資本之管理，其內容如表3所示。

圖5：BSC引導智慧資本之各項內容圖

表3：運用BSC之架構，強化智慧資本之管理表

	1. 人力資本管理	2. IT資本管理	3. 組織資本管理	4. 流程資本管理	5. 創新資本管理	6. 顧客資本管理
財務面：財務利益	人力資本對公司財務之利益為何？	IT資本對公司財務之利益為何？	組織資本對公司財務之利益為何？	流程資本對公司財務之利益為何？	創新資本對公司財務之利益為何？	顧客資本對公司財務之利益為何？
顧客面：顧客利益	人力資本對內部及外部顧客之利益為何？	IT資本對內部及外部顧客之利益為何？	組織資本對內部及外部顧客之利益為何？	流程資本對內部及外部顧客之利益為何？	創新資本對內部及外部顧客之利益為何？	顧客資本對內部及外部顧客之利益為何？
內部流程面：價值鏈管理	人力資本之價值鏈管理為何？	IT資本之價值鏈管理為何？	組織資本之價值鏈管理為何？	流程資本之價值鏈管理為何？	創新資本之價值鏈管理為何？	顧客資本之價值鏈管理為何？
學習成長面：未來之發展方向	人力資本之強化及未來發展方向為何？	IT資本之強化及未來發展方向為何？	組織資本之強化及未來發展方向為何？	流程資本之強化及未來發展方向為何？	創新資本之強化及未來發展方向為何？	顧客資本之強化及未來發展方向為何？

由表3中可看出，吾人可以運用BSC之四大構面，來強化智慧資本之有效管理。

第四期：策略綜效期

當綜效對大多數人或是組織仍為一抽象名詞之時，作者在《策略校準》一書中，從組織內部、外部，具體地說明各項綜效之來源以及如何有效地管理「alignment」，俾使組織獲取綜效之效益，此為BSC第四期之發展重點，如圖6所示。

圖6：BSC第四期（2004-2006）之精髓圖

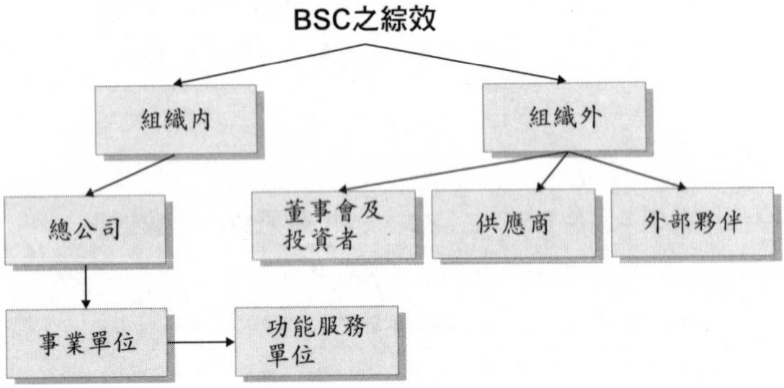

作者在第四本書中說明了財務面、顧客面、內部流程面、與學習成長面的綜效來源，以及組織內部之支援功能部門（SSU）及事業單位（SBU）間應如何整合一體；又有關與組織外部，包括董事會、投資者、供應商、及外部夥伴間的alignment課題，作者也做了非常詳細的說明。

吾人從《平衡計分卡》到《策略校準》此四本書，回顧了十多年來BSC之發展歷程。根據本人所接觸過之台灣各式各樣組

織在BSC之發展情況，發現為數不少且具指標性質的營利及非
營利組織，都曾經以讀書會的方式來研讀此四本書，希望藉此可
以協助BSC之有效及正確導入，俾協助組織落實及執行策略，
進而提升經營績效。在台灣，《平衡計分卡》、《策略核心組織》
及《策略地圖》三本書仍受到多數企業之重視，因為不少企業仍
煩惱著如何確實地落實組織之策略。但少數領先及國際布局之企
業，當面臨著如何管理組織之綜效而挑戰時，已經開始感受到
《策略校準》一書所帶來之巨大效益。有關BSC發展階段與其可
解決之管理課題，如表4所示。

表4：BSC發展階段及其可解決之管理課題彙整表

發展歷程	重點內容	可解決之管理課題	相關書籍
第一期：策略績效管理期	建立與策略連結之績效評估制度。	解決無法有效地落實策略與績效評估結合之課題。	平衡計分卡
第二期：策略落實期	探討以BSC之五大原則，使組織有效地聚焦於策略，且徹底地執行策略。	解決組織空有策略，卻無法有效地落實或執行策略之課題。	策略核心組織
第三期：策略深化期	探討各種策略議題模組，使組織可將BSC之相關內容明確且完整地呈現在策略地圖上。且探討BSC與智慧資本之結合方向。	解決當組織已對BSC有認識，但困於不知該如何透過BSC來表現組織之策略方向；同時不知如何結合BSC與智慧資本等課題。	策略地圖
第四期：策略綜效期	探討內外部綜效之種類及來源，以及促成綜效之方法。	解決組織不知綜效從何而來、及不知如何獲致綜效之效益等課題。	策略校準

　　吾人由前面之敘述，可以清楚地了解BSC之發展歷程。惟
未來BSC會往哪裏發展呢？根據個人研究之粗淺看法認為：如
何透過BSC產生之實際資料來檢視各構面間之時間落差關係及
未來預測力，俾協助企業降低未來之各種風險；同時透過BSC

之實際資料來檢視組織原先設定之策略，有無需要改變之處，以及預測組織未來之合理策略方向等，皆爲BSC之未來發展重點，如圖7所示。

圖7：BSC四大構面之預測未來圖

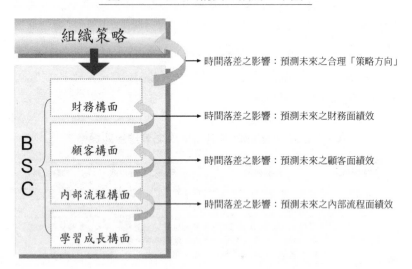

總之，此種提升BSC成爲「策略執行之檢視及預測」之功能，應可爲BSC帶來更大及長遠的發展空間。

【導讀者簡介】吳安妮，國立政治大學會計系教授，並爲本書其中一個作者柯普朗（Robert Kaplan）另一本著作《轉捩點上的成本管理》（Relevance Lost）的譯者（與華德、杜榮瑞教授合譯）。

承先啓後的平衡計分卡

在講授管理會計的「績效衡量」一章時，我喜歡講下列一則「故事」：

管理會計這門課包括一次期中考與一次期末考。期中考考題又包括三題問答題，每題各佔15分。張三、李四、王五均爲同班同學，且默契十足，這三題均不知如何作答。張三於是三題均留白，李四將題目各抄一遍，王五則將題目抄三遍。期中考卷改完後，張三發現自己在那三題得分爲零，李四得15分，王五則得45分。很快到了期末考，仍有問答題，而且張三、李四、王五仍有不會作答的題目，他們三人會決定如何回答呢？張三不再留白，而是猛抄題目，甚至抄到「請看背面」。

這當然是虛構，而且不太符合「教師倫理」的故事，但是這則故事說明了績效衡量（成績評量）方式對經理乃至員工（學生）行爲的影響。

「平衡計分卡」正是探討績效衡量制度的一本書，這本書所推介的制度就叫做「平衡計分卡」。它是本書作者柯普朗（Robert Kaplan）與諾頓（David Norton）由實務上發現並加以整理，構組發展而成的。早在1990年代初期模擬設備公司（Analog Devices）即已採行平衡計分卡的績效衡量制度，這個制度經由柯普朗與諾頓於1992年在《哈佛商業評論》（*HBR*）介紹與推廣後，逐漸有

更多公司躍躍欲試，而且「青出於藍」，更有建設性的發揮平衡計分卡的策略功能。

「平衡計分卡」顧名思義，指績效衡量的層面不能有所偏廢。傳統的績效衡量聚焦於財務面，特別是基於財務報表的數字，早在1980年代即被詬病，因為這些訊息來得太遲太過籠統，不當使用且會造成短視心態，美國會計師協會（AICPA）在1994年甚至建議財務報表的揭露應包括前瞻性的非財務資訊，這些資訊多少反映智慧資本及社會責任的重要性。

平衡計分卡內所衡量的績效，除了財務面，尚包括顧客面、內部流程面以及學習與成長面。因此，包括財務與非財務的衡量指標。但是只用這四個構面來描述平衡計分卡的內涵，是絕對不夠的，因為任何人都可自任何公司或書本摘錄這四個構面的衡量指標，而形成「烏合之眾」。在平衡計分卡的設計與運作裏，這四個構面彼此支援，相互推動，但財務面仍是相當重要的，因為它代表對股東的交代，而且沒有一個公司可以長期虧損。可是若要達到財務豐盈，必須侍候好顧客，讓顧客滿意，而為了使顧客滿意，則必須依賴內部流程的支持，包括創新產品、開拓市場、講求效率與品質。所有上述層面的績效，則又依賴人力資源與基礎設施（含資訊系統）之搭配，因此，學習與成長的重要性不容忽視。在設計平衡計分卡時，必須考慮這四個構面間的互相依賴、互相支持，以及互相平衡的關係。

平衡計分卡之所以平衡，除了平衡四個構面，回應股東期待、顧客需求、社區和睦以及員工成長外，在所設計的衡量指標中，又有領先指標與落後指標之分。落後指標緊密結合策略與使命，領先指標顯示落後指標可否達成之早期訊號。若短期內領先

指標達成率不佳，則落後指標無法完成。相反的，若僅汲汲營營於領先指標之達成，未必能達成企業之策略目標。例如：若一保險公司之策略目標爲承保有利可圖之業務，其落後指標爲費用率與獲利率，而其領先指標則爲理賠頻率與承保品質。若承保品質低、理賠頻率高，則虧損率高，自然無法達到「承保有利可圖之業務」目標。上述「落後指標」實即平衡計分卡內的成果衡量指標（outcome measures），而「領先指標」乃是這些績效之驅動因素，因此，又稱績效驅動因素（performance drivers）。

平衡計分卡的內涵也不僅止於此，它是連結策略與行動的介面。許多公司高階主管可以對其使命與策略朗朗上口，但是落實程度低得驚人，因爲高階主管的願景無法貫穿上下員工的內心。另外，也有些公司的高階主管對其使命與願景，或支吾其詞，或無法形成共識，如此的企業，即使引進一打績效衡量指標，也不知這些指標究係要將整個組織帶至何處。平衡計分卡不僅平衡四個層面的績效，更扮演「承先啓後」的中介角色，易言之，設計績效指標時，設計人員應自問：「導入這些指標，與企業的使命及策略目標關係爲何？是否有助於策略的實施？」如果沒有，則又是另一個績效指標的蒐羅而已，而沒有針對企業的長處、缺點、機會、挑戰與使命加以回應。

藉由平衡計分卡的設計，迫使企業高階管理者澄清並詮釋願景與策略、溝通並連結策略目標與衡量指標，規畫與設定指標並校準策略行動方案以及加強策略性的回饋與學習。透過這個過程，組織內的各個層級均有其計分卡，經理人有其計分卡，甚至員工人人均有其個人之計分卡，卡片上記載不同層級人員之目標、成果衡量指標以及績效驅動因素，雖屬不同層級，彼此之間

卻互爲因果，且朝向整個組織的策略目標。

這本書除了不厭其詳地闡述平衡計分卡的基本概念外，更難能可貴的是又有實作的步驟與指引，貫穿成功與失敗的案例，使讀者隨時可以有印證的機會，而不至流於枯燥沉悶。這些實際案例涵蓋產業甚廣，有製造業，如模擬設備公司〔IC〕、洛克華德（Rockwater）〔海底建築〕、拓荒者石油；有零售業，如肯亞商店；有服務業，如大都會銀行與國家保險，甚至擴及非營利事業。此外，如同柯普朗的另一本經典之作《轉捩點上的成本管理》（*Relevance Lost*），它也從學術作品的角度，加註理論上的關聯，賦予理論上的意義。每一次讀完柯普朗的書後，都會多買幾本其他的書，多印幾篇相關的文章。這本書也不例外。總之，《平衡計分卡》這本書基於實務觀察，並有理論依據，它所談的績效衡量制度，不僅是管理控制系統的一環，更是策略控制系統的有力工具。經由「平衡計分卡」，實務界人士可將高階主管的心願化做組織上下的心力，學術界人士也可自這本書找尋更多有趣的研究問題。

【導讀者簡介】杜榮瑞，國立台灣大學會計學系教授。研究領域包括成本與管理會計等，並爲本書其中一個作者柯普朗（Robert Kaplan）另一本著作《轉捩點上的成本管理》（*Relevance Lost*）的譯者（與華德、吳安妮教授合譯）。

中文版序

回顧台灣企業近四十年來所走過的路，實在是一個不斷蛻變的歷程，靠著努力不懈獻身企業經營的前輩所創造出來的「台灣奇蹟」，在世界上有其獨樹一格不朽的歷史價值。

惟自1990年起進入資訊時代，台灣企業所面對的經營及管理挑戰變得更嚴酷，過去常被忽略的無形資源，如員工教育訓練、產品研發設計、行銷資訊、企業知識管理等，今後將是企業所賴以生存和發展的競爭優勢利基。

如何取得競爭優勢，將是涉及層面十分複雜而廣泛之課題，包括經濟、科技、策略發展與管理、績效衡量與管理，以及如何透過知識管理來促進組織學習及成長，值得政府及企業各界深思。再者，當今企業面臨如何改善現況的課題，「企業改造」需求亦日益增加。

KPMG於1991年起正式採用「平衡計分卡」（balanced scorecard）管理方法，協助企業有效轉換企業願景及策略為行動方案，並結合績效管理及員工薪酬制度來推動企業改造；全球許多著名資訊產業、銀行及重工業都有推行成功個案，深獲好評。在台灣，安侯企業管理股份有限公司（以下簡稱本公司）近年來積極推動這種管理技術，先後曾為國內上市及未上市公司等多家企業輔導，運用「平衡計分卡」建立企業績效管理的架構，以落實策略的推展。

　　臉譜文化推出本書，特請本公司績效改進組楊昌仲副總經理
協助編譯校訂，借重楊君多年實際運用本管理方法輔導企業實際
推動之經驗，將如何運用精神導入本書。楊君曾服務於美國標準
公司（American Standard）旗下子公司詮恩（The Trane Company）
科技公司多年，擔任製造技術與工程及總經理室經理職務，負責
導入生產技術及企業改造專案；在此期間與企業改造大師麥克・
韓默學習並合作推動美國標準公司亞太地區（台灣及中國大陸）
改造專案，對「平衡計分卡」技術接觸多年並有許多實務經驗，
相信透過他的審定，可以使讀者有效吸收本書菁華。

　　國內企業隨著經濟的發展，已邁向了跨國性經營或是國際競
爭的舞台。本書中的許多案例將可協助企業找到自己的定位，建
立願景及策略，然後才能使用平衡的四個構面轉化為實際可行的
行動方案。敬祝各位讀者──在分享原作者管理精髓外，並能將
之運用於管理技巧上，以提高競爭優勢。

【序文作者簡介】李慶明，安侯企業管理股份有限公司總經理，暨KPMG國
　　　　　　　　際會計師及管理顧問集團之合夥會計師。

作者序

　　這本書的起源可以追溯到1990年，那一年KPMG（台灣為安侯建業會計師事務所）的研究機構「諾朗諾頓研究所」（Nolan Norton Institute）贊助了一個長達一年、數家公司共襄盛舉的研究計畫，叫做「未來的組織績效衡量方法」。這項研究計畫出自一個信念──企業行之已久、以財務會計量度為主的績效衡量方法已經跟不上時代了。參加這項計畫的人都相信，過分依賴概括性財務績效衡量，會妨礙企業創造未來經濟價值的能力。諾朗諾頓研究所當時的最高執行長（CEO）大衛・諾頓（David Norton）親自主持這項研究計畫，來自學術界的顧問羅伯・柯普朗（Robert Kaplan）也參與其中。十二家來自製造、服務、重工業和高科技產業的企業參加這項計畫[1]，這些企業的代表在那一年中每兩個月聚會一次，共同研商一個嶄新的績效衡量模式。

　　計畫開始，我們蒐羅了許多最新的創新績效衡量系統的個案研究。其中之一是模擬設備公司（Analog Devices）的個案[2]，它描述一種在持續改進活動中測量改進速度的方法。個案報告中提到模擬設備公司發明了一種新的衡量工具，叫做「企業計分卡」（Corporate Scorecard），除了傳統的財務量度外，還包括與交貨時間、製程品質和週期時間、新產品的開發效能有關的績效量度。這篇報告引起我們的興趣，於是邀請模擬設備公司當時的品質改進和生產力副總裁施奈德曼先生（Art Schneiderman）介紹

該公司使用計分卡的經驗。在這項研究的上半階段，我們曾考慮過不少概念，包括股東價值、生產力和品質的衡量法、新的薪資計畫等，但沒多久，大家的注意力就被這個多角度的計分卡吸引，認為它是一個最可能達到我們要求的衡量方法。

經過研究小組反覆討論，計分卡的內容逐漸擴大，圍繞著四個獨特的構面：財務、顧客、內部、創新與學習，而組成一個新的衡量系統，我們稱之為「平衡計分卡」。顧名思義，它以平衡為訴求，尋求短期和長期的目標之間、財務和非財務的量度之間、落後和領先的指標之間，以及外界和內部的績效構面之間的平衡狀態。幾位小組成員進而把這個概念帶回公司進行實驗，嘗試建立平衡計分卡的模式。隨後他們向小組報告平衡計分卡在企業內的接受程度，遭遇過哪些障礙，有哪些應用機會等等。1990年12月，我們把這個衡量系統的可行性和實施效益做成報告，研究計畫也告圓滿結束。

我們總結這項研究計畫的心得，寫成一篇論文：〈平衡計分卡：驅動績效的量度〉，發表於1992年1～2月號的《哈佛商業評論》（*Harvard Business Review*）。當時已有幾位資深主管找上門來，希望我們協助他們在組織內實施平衡計分卡。這些工作又帶動另一階段的發展。在這裏，我們要特別感謝洛克華德公司（Rockwater）當年的CEO錢博思（Norman Chambers）和FMC公司當年的執行副總裁（後來升任總裁）卜瑞迪（Larry Brady），他們對計分卡的廣泛應用有絕對的影響力。在錢博思和卜瑞迪的眼中，計分卡不只是一個衡量系統而已，他們希望以這個新的衡量系統傳達新的策略，並且把組織與新策略結合起來。他們的新策略是擺脫傳統以降低成本和低價競爭為重心的短視做法，轉為

向顧客提供客製化、附加價值的產品和服務，藉以創造成長機會。我們在與錢博思、卜瑞迪及他們公司的經理人一起工作中，悟出了一個重要的觀點：平衡計分卡的量度必須與組織的策略緊密結合在一起。這個道理似乎淺顯易明，但事實上很少公司的衡量系統真正與組織的策略配合一致，即使實施新式績效衡量系統的企業也不例外。大部分企業都是採取降低成本、改良品質和縮短回應時間的手段來改善既有流程的績效，卻忽略了真正具有策略性的重要流程——那些必須表現優異才能夠導致策略成功的流程。我們把這個心得寫成第二篇論文：〈平衡計分卡的實踐〉，強調基於策略成功而選擇量度的重要性，發表於《哈佛商業評論》1993 年 9～10 月號。

　　1993 年中，諾頓出任一家新公司——復興方案公司（Renaissance Solutions, Inc., RSI）的 CEO。RSI 的主要業務之一是策略諮詢服務，它用平衡計分卡做為幫助客戶詮釋和實施策略的工具。不久之後，RSI 和雙子星座顧問公司（Gemini Consulting）締結聯盟，結果為平衡計分卡的應用帶來了新契機，使平衡計分卡得以在大企業中整合轉型。這些經驗進一步使計分卡與策略的連結更為完善，證明了即使四個構面加起來多達二十到二十五個量度，仍然可以實踐單一的策略。因此，我們毋須對計分卡上眾多量度做出複雜的權衡取捨，只要以策略為連繫的橋樑，便可把計分卡的量度連結在一連串的因果關係中，這些因果關係彙集起來，描繪出策略的運行軌跡；換句話說，對員工的技術再造、資訊系統、創新的產品與服務所做的投資是因，未來財務績效的戲劇化進步是果。

　　這些經驗顯示，具有創新精神的 CEO，不但以平衡計分卡來

澄清並溝通策略,而且用它來管理策略。實際上,平衡計分卡已經從一個改良的衡量系統,演變成一個核心的管理體系了,除了最早實施平衡計分卡的公司,包括布朗陸特能源服務公司(Brown & Root Energy Services,洛克華德的母公司)和FMC公司,我們在其他幾家公司也觀察到平衡計分卡的演變,本書經常提到的有大都會銀行(Metro Bank)、國家保險(National Insurance)、肯亞商店(Kenyon Stores)和拓荒者石油(Pioneer Petroleum)(因為保護隱私權,這幾家公司的名字是虛構的)。這些公司的資深主管,不約而同把平衡計分卡當做重要管理流程的重要架構,包括設定個人和團隊的目標、薪資制度、分配資源、編列預算和規畫,以及策略的回饋和學習。我們總結這些發展,寫成第三篇論文:〈平衡計分卡在策略管理體系的應用〉,發表於《哈佛商業評論》1996年1〜2月號。

平衡計分卡迅速演變成一個策略管理體系,使我們意識到區區幾篇文章無法交代清楚我們學到的經驗,同時我們也接獲許多要求,都是希望進一步了解如何建立並實施平衡計分卡。源源不絕豐富而詳盡的實施經驗,加上眾多人在這方面的資訊渴求,終於促成我們寫作此書。

雖然我們已竭盡所能把本書內容寫得詳盡和完整,這本書仍然只能算是一個進度報告。過去三年,越來越多的企業採納計分卡的概念,因此也開創了許多新的計分卡發展和應用,我們希望本書的觀察報告,能夠幫助更多主管在他們的組織中推出並實施平衡計分卡方案。過去五年多來,我們很幸運的接觸到許多富創新精神的公司,我們相信未來進入這個領域的,也一樣會是創新的公司,它們將會把計分卡的概念和應用帶到更高的境界。或許

再過幾年，讀者會看到第二本《平衡計分卡》。

在我們的創作過程中得到許多人的協助，包括FMC（卜瑞迪、馬布〔Ron Mambu〕）、洛克華德（錢博思、李斯〔Sian Lloyd Rees〕）、模擬設備（史特達〔Ray Stata〕、費雪曼〔Jerry Fishman〕、施奈德曼）等公司的主管和計畫的負責人。我們也向大都會銀行、國家保險、肯亞商店、拓荒者石油以及其他幾家公司的主管們表示謝意，但因為保護隱私權，我們無法在此提到他們的名字。這些公司的管理階層透過他們的領導能力和行動，為平衡計分卡做為組織管理體系的基礎做了最有力的證明。

我們也因RSI許多專業人員的努力而獲益匪淺，他們與客戶的工作經驗擴大了平衡計分卡的應用範圍，特別是康卓達（Michael Contrada）和史丹芙（Rebecca Steinfort）兩位，綜合各種客戶經驗，已經變成RSI的活資料庫了。唐寧（Laura Downing）和韓里克森（Marissa Hendrickson）兩位為麻州殘障奧林匹克（Massachusetts Special Olympics）奉獻了許多私人時間，他們的經驗讓我們學到了如何把平衡計分卡應用在非牟利性組織。RSI的創辦人賴斯克（Harry Lasker）和魯賓（David Lubin）協助我們把計分卡實施方法擴大為科技基礎的解決方案，包括第11章描述的「策略回饋與學習系統」，結果使計分卡的概念能夠嵌入會議、資訊系統以及組織的日常生活裏。我們與雙子星座顧問公司的關係，尤其是郭樂特（Francis Gouillart）的鼎力支持，使我們有機會把計分卡的應用進一步擴展至錯綜複雜的企業轉型過程中。這些專業的合作關係，讓我們明白了學習性組織的真正意義。

在出版過程中，許多人扮演了重要的角色。哈佛商學院出版公司主任范蘭蔲（Carol Franco）自始至終給予我們熱情的支持

以及在編輯上的協助。編輯韓伯克（Hollis Heimbouch）對初稿
和隨後幾次草稿提供了寶貴和精闢的見解，使得本書的結構和內
容更充實。夫蘭卡維拉（Ted Francavilla）、魏勒里歐（Tom
Valerio）、布容斯教授（William Bruns）、賽門斯教授（Robert
Simons），和庫波教授（Robin Cooper）的指教，使我們能夠在
本書付梓之前做出重要的修正。

　　葛琳玻（Natalie Greenberg）一貫細心和不厭其煩的改稿功
力，使我們減少了重複出錯的毛病。魯絲（Barbara Roth）有效
控制製作流程，使我們能夠如期出書，她在美工和編輯方面也提
供了絕佳的建議。RSI的費茲派屈克（Rose Fitzpatrick）把我們
潦草的手稿和亂七八糟的數字和圖表，變成漂亮的最後文稿，而
在不計其數的改稿過程中，她的耐心是我們最大的精神支柱。對
上述所有的人，讓我們在這裏說一聲「謝謝您」。

柯普朗／諾頓

麻州波士頓市／林肯市

1996年2月

註：

1　這十二家公司是超微（Advanced Micro Devices, AMD）、美國標準石油
（American Standard）、蘋果電腦（Apple Computer）、南方貝爾（Bell
South）、CIGNA保險、康能周邊設備（Conner Peripherals）、克雷研究
中心（Cray Research）、杜邦（Duont）、EDS（Electronic Data
Systems）、奇異電氣（General Electric）、惠普（Hewlett-Packard）、加拿
大殼牌石油（Shell Canada）。

2　R. S. Kaplan, "Analog Devices: The Half-Life Metric," Harvard Business
School Case #9-190-061, 1990.

〈目次〉

資訊時代的衡量與管理

假如某天你有機會參觀一架現代噴射客機的駕駛艙，進去之
後發現裏面只有一部儀器。在你跟機師有下面對話之後，你還願
不願意搭乘這班飛機？

問：我很驚訝你只用一部儀器來操縱這架飛機。它在這架飛
　　機中的功能是什麼？

答：衡量風速。我在這班飛機上其實只管風速這件事。

問：好極了，風速當然很要緊。可是高度怎麼辦？有個測高
　　器會不會好一點？

答：我在前幾次航班上專門負責高度問題，技術已相當熟
　　練，現在我必須專心學會掌握風速。

問：可是我看你連一個油量表都沒有。有一個油量表會不會
　　好一些？

答：你說的不錯，油料是十分重要的。不過我沒有辦法同時

　　負責幾件事。所以這一回我只專心看風速，等我把風速
管理得跟高度一樣熟練，再在下幾次航班中好好研究油
料消耗的問題。

　　恐怕談完話之後，你會嚇得奪門而逃，即使這位機師掌握風
速的技術一流，你還是會擔心飛機會不會撞山？油料會不會用
罄？這段對話顯然純屬虛構，因為世界上沒有一位飛行員會妄想
只憑一部儀器操縱噴射機這樣複雜的交通工具，而能夠平安無事
的飛越擁擠的天空。在領航的時候，技術高強的飛行員可以同時
處理一大堆指標所提供的資訊。今天領導一個組織穿越錯綜複雜
的競爭環境，其困難度絕對不亞於駕駛一架噴射客機，那麼，為
什麼我們認為管理階層不需要一整套完備的儀器來指揮公司呢？
管理階層和飛行員一樣，必須隨時隨地掌控環境和績效因素，他
們需要借助儀器來領導公司飛向光明的前途。

　　平衡計分卡（Balanced Scorecard, BSC）就是這樣的導航儀
器，它幫助管理階層領導組織在未來的競爭中獲勝。今天組織的
競爭環境極其複雜，因此正確了解組織的目標並掌握追求目標的
方法是一件極其重要的事情。平衡計分卡把組織的使命和策略化
為一套全方位的績效量度，做為策略衡量與管理體系的架構。平
衡計分卡仍然重視財務目標，但兼顧促成這些財務目標的績效驅
動因素。計分卡從四個平衡的構面衡量一個組織的績效，這四個
構面是財務、顧客、企業內部流程、學習與成長，它允許公司在
追求業績之際，並為了未來的成長而培養實力和獲得無形資產的
進展方面，不忘隨時監督自己。

資訊時代的競爭

企業目前正處於革命性的轉型，從工業時代的競爭轉移到資訊時代的競爭。在工業時代，1850～1975 年，企業成功的關鍵取決於利用經濟規模和經濟範圍的能力。[1] 科技可以發揮一定的作用，但追根究柢，成功的企業靠的是把新科技注入實物資產，藉此提高效率並大量生產標準化產品。

通用汽車（General Motors）、杜邦（DuPont）、松下（Matsushita）、奇異（General Electric）等大企業在工業時代發展出來的財務控制系統，是為了監控財務和實物資本的有效分配。[2] 概括性的財務量度，例如資本運用報酬率（return-on-capital-employed, ROCE），可以指引企業發揮內部資本的最大生產力，並監督企業旗下子公司運用財務和實物資本為股東創造價值。

二十世紀末葉竄起的資訊時代，推翻了許多工業時代關於競爭力的基本假設。單憑迅速的把新科技部署到實物資產內，以及善於管理財務資產與負債，已經不再能夠替公司建立競爭優勢了。

資訊時代對服務業的衝擊，甚至比對製造業的衝擊更具顛覆性。許多服務業，尤其是經營運輸、公用事業、通訊、金融和健保的企業，幾十年來一直在非競爭的環境中過著安適的日子。雖然受限於法令，不能任意擴張和自由定價，但法令的保護傘也使它們免於遭受有效率和創新競爭者的威脅，同時也保障它們的價格水準足以支付成本並獲得適當的投資報酬。但好景不常，過去

二十年來世界各國紛紛向服務業開刀，採取重大的自由化和民營化行動，資訊科技也在這些工業時代的被保護動物身上埋下了「毀滅的種籽」。

在資訊時代的環境中，製造和服務業必須擁有新的能力，才能在競爭中獲勝。企業動員並利用無形或隱形資產的能力，遠比它投資和管理具體或有形資產的能力更具關鍵性。[3] 無形資產使組織能夠：

- 發展關係以維繫既有顧客的忠誠度，並迅速有效開拓新客層及市場區隔；
- 推出創新的產品和服務，滿足目標顧客不同的需求；
- 以低廉的成本和速捷的前置時間，提供客製化、高品質的產品和服務；
- 開發員工的工作潛能和積極能力，改善流程、品質和回應的時間；
- 部署資訊科技、資料庫和系統。

新的營運環境

資訊時代的組織必須建立在一套新的營運假設之上。

■跨越功能

工業時代的企業利用製造、採購、經銷、行銷、科技等專業技術而獲得競爭優勢；功能專業化曾經為它們帶來巨大的利益，

但久而久之，極端專業化的結果，卻導致部門與部門之間極無效率「各掃門前雪」的現象，以及流程的回應遲鈍。資訊時代的組織營運，則是運用整合性的企業流程來貫穿傳統的業務功能。[4] 它綜合了功能專業化的優點，並整合企業流程的速度、效率和品質。

■ 連結顧客及供應商

　　在工業時代中，企業與顧客和供應商的關係，是一種保持距離的交易關係。資訊科技使得企業能把供應、生產和交貨流程整合在一起，於是顧客訂單可以帶動整個流程的運轉，不再像過去一樣，全憑生產計畫把產品和服務推入價值鏈。一個從顧客訂單到上游原料供應商一路整合起來的系統，自然使得價值鏈上組織內的所有單位，都能在成本、品質和回應時間上獲得巨幅改進。

■ 顧客區隔化

　　工業時代企業的致富之道，是提供低成本標準化的產品和服務；正如亨利‧福特（Henry Ford）所說的：「他們要什麼顏色都可以，只要是黑色的就行了。」但是消費者一旦滿足了衣食住行的基本需求之後，必定會有更進一步的個別需求。資訊時代的企業，必須學習如何為個別的顧客提供客製化的產品和服務，同時避免因產品種類多和產量低的營運方式而付出昂貴的成本。[5]

■ 全球化規模

　　國與國的疆界已再不能把效率高和回應快的外國企業阻擋於境外了。資訊時代的企業必須與全世界最好的企業一較長短，開

發新產品和服務需要巨額的投資，以及遍及全球的市場，才能夠獲得適當的報酬。再者，資訊時代的企業也必須具備全球營運的效率和競爭彈性，並保持對本地市場的行銷敏感度。

■創新能力

　　產品的生命週期不斷在縮短。一個產品的生命中，上一個時代的競爭優勢，並不能保證它在下一個科技平台也擁有領先地位。[6] 在科技創新瞬息萬變的環境中競爭，企業必須掌握顧客的未來需要，設計革新的產品與服務，並快速引進新科技以提高效率，即使是產品生命週期較長的企業，只要具有不斷改進流程和產品的能力，也可以使它們維持不墜。

■知識工作者

　　工業時代的企業把員工劃分成兩個極端不同的團體。第一種人是知識菁英：經理人和工程師，他們運用分析技術來設計產品和流程，選擇並管理顧客、監督日常的營運。第二種是生產線和提供服務的人。直接工人是工業時代企業的主要生產元素，但他們只是貢獻體力，而非腦力，他們在白領工程師和經理人的直接監督下從事生產。到了二十世紀末期，自動化和作業系統的應運而生，使組織中從事傳統勞動的人數大減，而競爭力的要求又導致從事工程、行銷、管理、行政等工作的人數激增。即使那些仍然在第一線和服務崗位上的工人，也因為提出改善品質、降低成本和縮短週期時間的建議，而提高了他們的價值。福特汽車一家引擎翻修工廠的廠長說得好：「機器可以自動運轉。人的工作是

思考，是解決問題，是保證品質，而不是呆望著零組件在生產線上通過。在我們廠裏，我們把人當做解決問題的專家，而不是變動的成本。」[7]

　　如今每一個員工能夠貢獻多少價值，取決於他們擁有多少知識和能夠提供多少資訊。對員工灌輸知識並善加管理和運用，已成爲資訊時代企業的當務之急。

　　許多企業力圖轉型以迎接未來的競爭挑戰，於是它們嘗試從下列各種方案著手改進：

- 全面品質管理（Total quality management）
- 及時（Just-in-Time, JIT）生產和配送系統
- 時間式競爭法（Time-based competition）
- 精簡生產／精簡企業（Lean production/lean enterprise）
- 顧客焦點的組織（customer-focused organization）
- 作業制成本管理（Activity-based cost management）
- 授權員工（Employee empowerment）
- 企業改造（Reengineering）

　　上述這些改進方案，每一項都有成功的案例，並有應運而生的改革領袖、大師和顧問。每一個改進方案都掏盡資深經理人的時間、精力和資源，而且每一個方案都在追求突破性的績效，保證替更多、甚至所有與企業有關的人——股東、顧客、供應商、員工——創造更大的價值。這些方案的目的，並不是遞增式的改進或存活，而是追求快速進步的績效，協助企業在新資訊時代的

競爭中制勝。

可是許多改進方案最後都以失敗收場，這些方案往往支離破碎，它們一則沒有跟組織的策略連在一起，再則，與達到特定的財務和經濟成果毫無關聯。突破性績效需要巨幅的改變，包括改變組織使用的衡量與管理體系，光靠監督和控制反映過去績效的財務量度，並不足以引導組織進入一個競爭劇烈、科技掛帥和能力導向的未來。

傳統財務會計模式

資訊時代的企業儘管實施了新方案、行動計畫、變革管理流程，但實施的環境仍然受到季度和年度財務報表的主宰。今天的財務報告流程，仍舊沿襲著幾個世紀前為了「保持距離」的交易環境而發展出來的會計模式。資訊時代的企業勵精圖治，對內積極厚植資產和能力，對外締結關係和策略聯盟，但仍無法擺脫那個行之有年的財務會計模式。[8]

理想的做法應該是擴大財務會計模式，把公司的無形和智慧資產的價值包含在內，這些包括：品質優良的產品和服務、積極而技術精湛的員工、回應快速和穩定的內部流程、滿意而忠誠的顧客羣等。無形資產和企業能力的價值預估，在資訊時代尤為重要，因為這些資產對企業的發展影響很大，遠比傳統實物和有形資產的影響為大。如果財務會計模式能夠估算無形資產和企業能力的價值，那麼致力於加強這些資產和能力的企業，就能夠名正

言順的向員工、股東、債權人、社區說明企業的成長了。反之，當企業耗盡它的無形資產和能力的儲備時，損益表上立刻會反映出負面的效應。可是現實上，我們很難爲無形資產估算出一個可靠的財務價值，因此推陳出新的產品，流程的能力，員工的技術、積極性和彈性，顧客的忠誠，資料庫和系統，可能永遠沒有被資產負債表承認的一天。然而，這些資產和能力偏偏又是今天以及未來的競爭環境中制勝的關鍵。

平衡計分卡

　　大勢所趨之下，企業不得不培養長期的競爭能力，另一方面，傳統成本會計模式又不動如山，兩股力量衝撞之下產生了一個新的綜合體：平衡計分卡。平衡計分卡保留了傳統的財務量度，但是財務量度針對的是已經發生的事情，在工業時代它運用得很普遍，但在資訊時代，財務量度對企業來說卻顯得捉襟見肘。當公司必須大量投資於顧客、供應商、員工、流程、科技和創新，才能創造未來價值之際，財務量度無法發揮導航和評估的作用。

　　平衡計分卡用驅動未來績效的量度，來彌補僅僅衡量過去績效的財務量度之不足。計分卡的目標（objectives）和量度（measures），是從組織的願景與策略衍生而來的，它透過四個構面：財務、顧客、企業內部流程、學習與成長來考核一個組織的績效。這四個構面組成平衡計分卡的架構（見圖 1-1）。

圖 1-1　平衡計分卡提供轉化策略為策略營運的架構

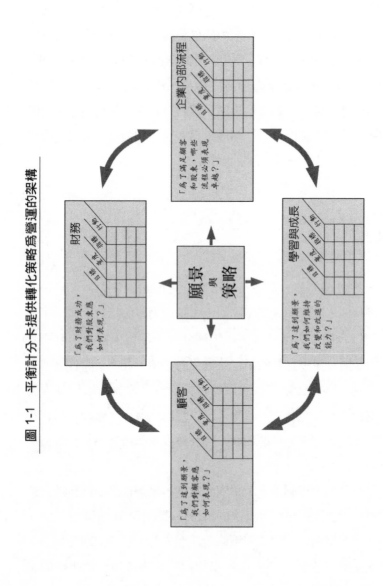

財務
「為了財務成功，我們對股東如何表現？」
目標　衡量　指標　行動

企業內部流程
「為了滿足顧客和股東，哪些流程必須表現卓越？」
目標　衡量　指標　行動

顧景與策略

顧客
「為了達到願景，我們對顧客應如何表現？」
目標　衡量　指標　行動

學習與成長
「為了達到願景，我們如何維持改變和改進的能力？」
目標　衡量　指標　行動

資料來源：摘自本書作者發表於《哈佛商業評論》1996 年 1~2 月號〈平衡計分卡在策略管理體系的應用〉一文，已獲授權轉載。

　　平衡計分卡把事業單位的目標伸展到概括性的財務量度之外。採用平衡計分卡之後，企業的主管可以衡量事業單位如何為目前和未來的顧客創造價值，如何加強內部能力並投資於必要的人、系統和程序，以改進未來的績效。平衡計分卡捕捉了有技術、有理想的組織成員創造的重大價值，一方面透過財務構面保留對短期績效的關切，另一方面彰顯驅動長期財務和競爭績效的卓越價值。

建立平衡計分卡的管理體系

　　許多企業的績效衡量系統已包含了財務性和非財務性的量度。一套號稱「平衡」的量度又有什麼新意？誠然不錯，幾乎所有的組織或多或少都會採用財務和非財務性的量度，但它們多半採用非財務性的量度做局部性的改進，例如改進與顧客接觸的第一線營運。資深管理階層採用統合財務量度的方式，彷彿這些量度能夠適當的歸納出低階和中階員工的作業成果。這些組織的確使用財務和非財務性的績效量度，但說穿了，只是為了戰術性的回饋並控制短期的營運而已。

　　平衡計分卡強調財務和非財務性的量度必須是資訊系統的一部分，影響範圍應該遍及組織上下所有的員工。第一線員工必須了解他們的決定和行動造成的財務後果；資深主管必須了解長期財務成功的驅動力量。平衡計分卡的目標和量度，並不是把財務和非財務性的績效量度隨意湊合起來而已，反之，它們是在事業單位的使命和策略的驅使下，透過一個由上到下的流程衍生出來

圖 1-2　平衡計分卡做為策略行動的架構

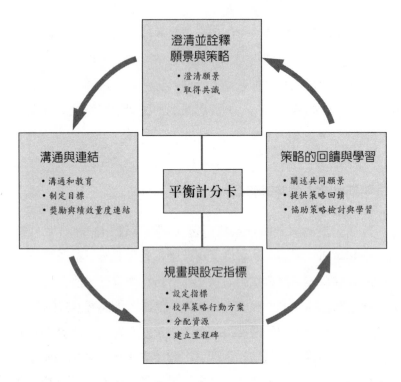

資料來源:摘自本書作者發表於《哈佛商業評論》1996 年 1～2 月號〈平衡計分卡在策略管理體系的應用〉
　　　一文,已獲授權轉載。

的。平衡計分卡詮釋事業單位的使命和策略,將之轉換成具體的
目標和量度,它代表外界和內部兩種量度之間的平衡狀態,天平
的一邊是有關股東和顧客的外界量度,另一邊是有關重大企業流
程、創新能力、學習與成長的內部量度。同時,它也代表過去和
未來兩種量度之間的平衡狀態,一邊是衡量過去努力成果的量
度,另一邊是驅動未來績效的量度。它更代表客觀和主觀兩種量

度之間的平衡狀態，一邊是客觀的、容易量化的成果量度，另一邊是主觀的、帶有判斷色彩的績效驅動因素。

平衡計分卡不只是一個戰術性或營運性的衡量系統，創新的企業視計分卡為一個戰略性的管理體系，用以規畫企業的長程策略（見圖 1-2），它們利用計分卡的衡量焦點來規畫重大的管理流程：

1. 澄清並詮釋願景與策略
2. 溝通並連結策略目標和量度
3. 規畫、設定指標並校準策略行動方案
4. 加強策略的回饋與學習

■ 澄清並詮釋願景與策略

實施計分卡流程，先由資深管理階層把事業單位的策略轉換成特定的策略目標。在制定財務目標的時候，管理階層必須考慮他們的重點在哪裏，是營收和市場的成長，還是獲利能力，或是創造現金流量？但無論重點是什麼，管理階層都必須確切指出他們希望追逐哪些顧客和市場區隔，這一點從顧客構面來看尤其重要。舉例來說，某金融機構的策略是提供卓越的服務給目標顧客，它的二十五位資深經理人認為彼此早已有這方面的共識。可是當他們坐下來構思計分卡的目標顧客時，卻發現每個人心中對什麼是卓越服務、誰是目標顧客所下的定義都不一樣。發展計分卡營運量度的過程，使二十五位經理人對於他們最渴望的顧客區隔，以及提供哪些產品和服務給這些目標區隔達成了共識。

　　決定財務和顧客目標之後,接著是辨認企業內部流程的目標和量度,這是計分卡方法的一大突破和優點。傳統的績效衡量系統,即使是採用非財務性指標系統,也都只是改進既有流程的成本、品質和週期。平衡計分卡則強調能為顧客和股東帶來突破性績效,同時在辨認過程中往往會發掘出一些嶄新的、必須表現卓越才能夠獲致策略成功的內部流程。

　　最後一個策略連結關係是:連結學習與成長目標,它揭露了組織為什麼必須大量投資於員工的技術再造、資訊科技和系統,以及組織程序。對人、系統和程序的投資,可以在內部流程、顧客和股東方面創造新績效。

　　建立平衡計分卡的流程,可以澄清策略目標,並為這些策略目標辨別關鍵性的驅動因素。我們參與過不少企業的計分卡設計工作,可是從來沒見過一個管理階層對策略目標的相對重要性有百分之百的共識。大體而言,這些企業管理良好,管理團隊也和諧共事,唯一可能造成缺乏共識的原因,往往要歸咎於功能歷史和企業文化。管理階層通常都是在一個功能裏面發展個人事業,有些功能在組織中特別強勢,擁有領導地位,舉例來說,石油公司經常受到煉油廠的技術和成本支配,而壓抑行銷功能;消費品公司經常受到行銷和銷售部門的左右而壓抑了科技和創新;高科技公司有強烈的工程和科技文化,製造功能卻成了童養媳。尤其在一些傳統上功能各自獨立、老死不相往來的企業裏,當功能立場不同的經理人企圖組成團隊時,他們的知識盲點就顯露無遺了。由於對企業的整體目標及不同功能單位的貢獻和整合性缺乏共同的語言,使得建立團隊和形成共識十分困難。

　　雖然發展平衡計分卡的過程會暴露缺乏共識和團隊意識的問題，但它也為這個問題提供了解決方案。發展計分卡需要資深主管共組一個專案團隊，於是便創造了一個有福同享、有難同當的合作模式。計分卡目標成為資深主管團隊的共同責任，它可以成為許多重要團隊管理流程的組織架構，促成資深主管捐棄個人經歷和專業成見，建立共識和團隊精神。

■溝通並連結策略目標和量度

　　在企業內推廣平衡計分卡的策略目標和量度，可以利用公司新聞信、布告欄、錄影帶，甚至羣組軟體（groupware），或以個人電腦上網。溝通的目的，是讓每一位員工都明白他們必須完成哪些重大目標，才能獲致組織策略的成功。有些企業嘗試把事業單位計分卡的高層級策略量度，分解成營運層次（operational level）的特定量度。例如事業單位的計分卡有一個目標是如期交貨（on-time delivery, OTD），到了營運層次上，這個目標可能被分解成縮短某一台機器的裝機時間，或迅速把訂單從一個流程轉到下一個流程。這種做法，使局部性的改進能夠成為企業成功的因素。當所有員工都了解高層級的目標和量度之後，他們自然能夠擬定個體目標來配合事業單位的長期發展。

　　計分卡也提供了事業單位與總公司管理階層和董事會溝通並爭取支持的基礎。計分卡鼓勵事業單位與總公司的管理階層和董事會進行對話，討論短期的財務目標，構築長期經營策略與績效。

　　溝通與連結的流程結束之後，成員都了解事業單位的長期目標，以及達到這些目標的策略，同時對自己的應有作為也瞭然於

胸，準備對事業單位的整體目標做出貢獻。組織中的一切努力和
行動方案，都能夠配合必要的變革調整。

■規畫、設定指標並校準策略行動方案

平衡計分卡最大的衝擊力在於驅動組織的變革。資深管理階
層應該為計分卡的量度設定三至五年的指標（targets），一旦達
到這些指標，公司將轉型。這些指標應該代表事業單位在業績上
的大躍進，如果事業單位是一家股票上市公司，它的達成指標應
該是股價至少上漲一倍。常見的財務指標還包括投資報酬率五年
內增加一倍，或銷售額成長150％。某電子公司就設定它的財務
指標為，成長速率比它目前增加近一倍。

為了達成這樣的財務目標，管理階層必須為他們的顧客、企
業內部流程、學習與成長目標判定伸張指標（stretch targets）。
設定伸張指標的方法很多，理想上，顧客量度的指標最好從滿足
或超越顧客期待的角度出發，而且應該把既有顧客和潛在顧客的
喜好都考慮在內，如此才能真正判定顧客期待的傑出績效。標竿
檢測法（benchmarking）是一個值得參考的方法，可用來效法他
人的最佳模式，同時還可以驗證內部建議的指標不至於使得策略
量度落於人後。

建立顧客、企業內部流程、學習與成長的指標後，管理階層
便可針對突破性的目標調整品質、回應時間，並改造流程。因
此，平衡計分卡不僅為持續改進、改造和轉型方案提供了合理化
的動機，也為這些方案提供了共同焦點和整合的基礎，它引導管
理階層捨棄重新設計局部流程以求速效的做法，轉為大力改造攸

關組織策略成功的流程。但是計分卡式的改造計畫與傳統的改造計畫也有所不同，傳統改造計畫的目標是大量砍掉成本（焚耕原理），計分卡改造計畫則不以節省開支爲唯一衡量標準。策略行動方案的指標是從計分卡的量度衍生出來的，例如大幅縮短交貨流程，提前產品上市時間，加強員工的能力等。壓縮時間和擴大能力當然不是最終目的，最終目的是透過平衡計分卡包含的一連串因果關係，把這些能力轉變成卓越的財務績效。

　　平衡計分卡也幫助企業整合策略規畫流程和年度預算流程。當管理階層爲策略量度建立三至五年的伸張指標時，他們同時也預測了每一個量度在下個會計年度的目標——策略計畫在前十二個月的進度。當管理階層評估策略的長期軌道在近期的進度時，這些短期的目標提供他們具體的測量準則。

　　規畫並設定指標的管理流程，可以幫助企業：

- 量化預計的長期成果
- 判定達到這些成果的機制並提供必要的資源
- 爲計分卡的財務和非財務量度建立短期的目標

■加強策略的回饋與學習

　　最後一個管理流程把平衡計分卡嵌入策略學習的框架之中。我們認爲在所有計分卡管理流程中，這是最具創新性也最爲重要的一項，這個流程提供了管理階層的組織學習能力。今天的組織中，沒有固定模式幫助管理階層獲得策略回饋以及測試策略所根據的假設。平衡計分卡使管理階層能夠監督並調整策略，並在必

要時對策略本身做出根本的改變。

　　因為平衡計分卡包含財務方面的近期目標以及其他量度，每月和每季的管理檢討仍然可以審查財務結果，但更重要的是，管理階層也能夠仔細審查事業單位是否達到它在顧客、內部流程、創新、員工、系統和程序方面的要求，於是管理檢討和彙報從檢討過去變成學習未來。管理階層不但可以討論過去的成績，還能夠了解業務發展是否符合他們對未來的期許。

　　圖 1-2 的第一個流程：澄清組織的共同願景，拉開了策略學習流程的序幕。以衡量標準做為澄清願景的語言，可以把複雜而流於籠統的概念變成精確的目標，對於建立資深管理階層的共識幫助甚大。圖 1-2 的第二個流程：溝通與校準的流程，則動員每一個人採取行動完成組織的目標。計分卡的設計特別強調因果關係，因此為組織引進動態的系統思維，促使不同部門的成員都能夠看清楚組織的全貌，並且了解個人的角色如何交互影響，終至影響全局。圖 1-2 的第三個流程：規畫、設定指標和策略行動方案，則是利用一套平衡的成果量度與績效驅動因素，為組織界定了特定、量化的績效目標。衡量預期的績效目標和目前的績效水準的差異，可以看出績效落差，然後設計策略行動方案消除這些落差。由此觀之，平衡計分卡不僅衡量變化，它還助長變化。

　　圖 1-2 的前三個管理流程對於策略實施至為重要，但只有這三個流程尚不足夠。在從前比較單純的環境中，這三個流程或許已經夠了，那個環境中遵行的從上到下、命令與控制式的管理模式，乃出自一個理論，即船長（CEO）決定船（事業單位）的方向和航速，水手（經理人和前線員工）則服從命令並執行船長制

定的計畫。營運和管理控制體系的作用，是確保經理人和員工的行動遵守資深管理階層制定的策略計畫，那是一種垂直的流程，從建立願景與策略，到以願景與策略來溝通並連結組織中的每一個參與者，以及調整組織的行動和計畫以追求長期的策略目標，代表典型的單向循環回饋流程。在單向循環式的學習中，目標永恆不變，即使結果偏離了計畫，人們也不會懷疑計畫是否合理，或質疑追求目標的方法是否恰當。任何偏離計畫軌道的事情都被當做缺失，只須及時採取補救行動，把組織拉回既定的路線即可。

　　但是資訊時代的組織策略不可能如此直線或一成不變，資訊時代的今天，企業的經營環境比從前更變化莫測，策略也比從前複雜得多，因此管理階層必須獲得關於策略的回饋。一個老早策畫好的策略，無論當初的用意有多好，資訊和知識有多完善，一旦拿到當代環境之中套用，很可能不合時宜。如果以行船做比喻，今天的情形好比在變幻多端的氣候和浪濤洶湧的大海中參加競爭激烈的帆船比賽，而非在風平浪靜中獨自駕船前往目的地。在帆船比賽中，指揮系統依然存在，但是船長必須不停的監視環境，對競爭者的行為、團隊和行船的能力、風向、流速的任何變化保持高度警覺，並隨時做出戰術和戰略性回應。船長必須擁有大量情報來源，包括個人的觀察、儀表和衡量標準，尤其不可缺少同船戰術專家的建議，這些戰術專家也在不停的觀察情況，他們能夠貢獻計策，並利用環境的變化來對抗競爭者。

　　在瞬息萬變的環境裏，為了掌握時機並對抗層出不窮的威脅，往往需要新的策略。掌握新機會的構想經常出自組織低階的

經理人員。[9] 但是在這個不斷變化的環境中，傳統的管理體系既
不能鼓勵，也無法協助策略的構思、實施和測試。

　　因此，組織需要雙向循環式的學習能力。[10] 也就是說，當管
理階層質疑策略的假設前提，並檢討理論是否能與眼前的營運、
觀察和經驗驗證時，就是雙向循環式學習出現之時。當然，管理
階層需要單向循環式的學習流程來幫助他們了解策略實施是否按
計畫進行，但更重要的是，他們需要雙向循環式的學習流程來幫
助他們了解規畫的策略是否切實可行，是不是一個成功的策略？
經理人需要資訊，否則無法質疑策略制定之初的基本假設是否站
得住腳。

　　一個結構良好的平衡計分卡，闡述的是企業的經營理論。計
分卡應該基於一連串從策略衍生出來的因果關係，包括對計分卡
量度交互影響的回應時間和強度的估計。舉例來說，改善產品品
質和如期交貨之後，需時多久才會看到市場佔有率和利潤的成
長？成長的幅度又有多大？因為計分卡量化了量度之間的連結關
係，因此定期的績效檢討和監督可以用測試假設的方式進行。

　　如果員工和經理人確切履行了績效驅動因素，已經改造了員
工的技術，提高資訊系統的可用性並開發新的產品和服務，卻沒
有產生預期的成果（例如更佳的營收紀錄或顧客的重複採購），
便可推論出策略的理論可能無效。這時，任何有可能推翻策略理
論的證據都必須予以正視。管理階層必須認真檢討市場情勢、提
供目標顧客的價值主張、競爭者的行為，及內部能力的資訊。結
論可能是肯定目前的策略正確無誤，但需要調整平衡計分卡中策
略量度之間的量化關係。策略檢討的結果，也可能基於對市場情

勢和內部能力的重新認識，而得出需要改變策略的結論，此即雙
向循環式學習的結果。不管結論是什麼，計分卡都刺激了實際參
與的管理階層學習策略的可行性和有效性。根據我們的經驗，這
個蒐集資料、測試假設、檢討、策略學習和適應的過程，是獲致
策略成功的基礎。

　　策略回饋與學習的流程，結束了圖 1-2 包含的一個循環。在
下一階段循環開始之際，策略學習流程的結果又輸入澄清願景與
策略的流程，提供最新的策略成果和下一階段必需的績效驅動因
素，做為檢討、修正觀點的目標依據。

本章摘要

　　資訊時代的公司因投資和管理智慧資產而獲致成功，它們必
須把功能專業化整合成為以顧客為導向的企業流程，把經營方式
從大量生產、大量提供標準化的產品與服務，改成以彈性大、回
應快、品質高的方式，提供創新並為目標顧客提供客製化的產品
與服務。員工的技術再造、傑出的資訊科技，以及方向一致的組
織程序，將會帶來產品、服務、流程的創新和進步。

　　在企業投資建立這些新能力之際，傳統的財務會計模式既不
能發揮激勵的作用，亦無法在短期內衡量組織的成敗。傳統的財
務模式是為貿易公司和工業時代的大公司而設計的，它只能衡量
過去發生的事情，不能評估企業前瞻性的投資。

　　平衡計分卡是一個整合策略衍生出來的量度新架構，它保留

衡量過去績效的財務量度，但引進驅動未來財務績效的驅動因素。這些圍繞著顧客、企業內部流程、學習與成長構面的績效驅動因素，以明確和嚴謹的手法詮釋組織策略，而形成特定的目標和量度。

平衡計分卡不只是一個新的衡量系統，創新的企業更以計分卡做為管理流程的中心架構。企業建立第一份平衡計分卡的目的可能相當狹隘，可能只是用來澄清策略，建立對策略的共識和焦點，然後向整個組織傳達策略。但唯有平衡計分卡從一個衡量系統變成一個管理體系時，它的真正力量才會顯現出來。現在，有越來越多的公司開始使用平衡計分卡，計分卡的應用也隨之擴大，包括：

- 澄清策略並建立對策略的共識
- 將策略傳達至組織的每一個角落
- 使部門和個人的目標與策略配合一致
- 讓策略目標與長期的指標、年度預算連結
- 判別和校準策略行動計畫
- 進行定期和系統化的策略檢討
- 取得回饋以便學習和改進

大部分的管理體系缺乏一個系統化的策略行動和回饋的流程，平衡計分卡填補了這個空白。圍繞計分卡而建立的管理流程，使組織上下能夠同心協力專心一志的實施長期策略。只要使用得當，平衡計分卡將成為資訊時代組織的管理基礎。

註：

1 A. D. Chandler, Jr., *Scale and Scope*：*The Dynamics of Industrial Capitalism* (Cambridge, Mass.：Harvard University Press, 1990).

2 請參考：A. D. Chandler, Jr., *The Visible Hand*：*The Managerial Revolution in American Business* (Cambridge, Mass.：Harvard University Press, 1977) and T. H. Johnson and R. S. Kaplan, *Relevance Lost*：*The Rise and Fall of Management Accounting* (中譯本：《轉捩點上的成本管理》) (Boston：Harvard Business School Press, 1987).

3 H. Itami, *Mobilizing Invisible Assets* (Cambridge, Mass.：Harvard University Press, 1987).

4 J. Champy and M. Hammer, *Reengineering the Corporation*：*A Manifesto for Business Revolution* (中譯本：《改造企業》) (New York：HarperBusiness, 1993).

5 工業時代的企業利用傳統的生產和服務流程，針對需求不同的消費者，提供不同的產品。直到 1980 年代中葉，作業制成本系統發展出來之後，企業才了解這種經營方式的成本極高。請參考 R. Copper and R. S. Kaplan,"Measure Costs Right：Make the Right Decisions," *Harvard Business Review* (September−October 1988)：96−103。現在企業都明白它們必須精挑細選顧客區隔，或利用科技化的生產和服務流程，才能以較低的成本供應品種繁多的產品和服務。

6 J. L. Bower and C. M. Christensen, "Disruptive Technologies：Catching the Wave," *Harvard Business Review* (January−February 1995)：43−53.

7 R. S. Kaplan and A. Sweeney, "Romeo Engine Plant," 9-194-032 (Boston：Harvard Business School, 1994).

8 R. K. Elliott,"The Third Wave Breaks on the Shores of Accounting,"

Accounting Horizons (June 1992)：61–85.

9　R. Simon, *Levers of Control*：*How Managers Use Innovative Control Systems to Drive Strategic Renewal* (Boston：Harvard Business School Press, 1995), 20.

10　讀者如希望進一步了解管理流程中的單向循環式和雙向循環式學習，請參考：Chris Argyris and Donald A. Schön, *Organizational Learning II*：*Theory, Method, and Practice* (Reading Mass.：Addison-Wesley, 1996)；and "Teaching Smart People How to Learn," *Harvard Business Review* (May–June 1991)：99–109。

為什麼企業需要平衡計分卡？

衡量茲事體大，正如那句老話說的：「如果你不能衡量它，就無法管理它。」一個組織的衡量系統，對組織內外成員的行為有決定性的影響。如果企業希望在資訊時代的競爭中永續經營並興盛，就必須從自己的策略和能力中衍生出衡量與管理體系。不幸的是，很多企業雖然遵奉顧客關係、核心技能和組織能力的策略，卻純粹用財務量度來激勵並衡量績效。平衡計分卡保留財務量度，做為管理和業績的一個重要總結，但它強調以一套更為廣泛和具整合性的衡量標準，把顧客、內部流程、員工和系統的目前表現，與長期的財務成功連成一體。

財務衡量標準

企業的衡量系統亙古以來一直屬於財務性質。事實上，會計

又叫做「商業的語言」。遠在幾千年以前，埃及人、腓尼基人、蘇美爾人就用簿記來記錄商務交易活動，隔了幾個世紀之後，到了探險時代，全球性的貿易公司開始以會計師的借方貸方的複式簿記來衡量並監督公司的活動。十九世紀的工業革命產生了巨無霸型的紡織、鐵路、鋼鐵、機床、零售公司。衡量財務績效的創新手法，對這些公司的成長發揮推波助瀾的效果。[1] 新創的財務工具，譬如投資報酬率（return-on-investment, ROI）之類的衡量尺度，以及營業和現金預算，與二十世紀初期杜邦和通用汽車等大公司的成功息息相關。[2] 二次大戰結束之後，企業趨向多元化，公司內部關於事業單位的績效報告和評估也順勢而起，這種財務措施被奇異等多元化的公司大量採用，而被國際電話電報公司（IT&T）的傑林（Harold Geneen）以嚴苛的財務報告和控制手段而發揚光大，甚至搞到惡名昭彰。

時至二十世紀即將結束的今天，事業單位績效的財務層面已經發展到了極致。但是這種大量、甚至純粹使用財務量度的做法，也招致批評。[3] 問題在於，如果一個公司過分追求並維持短期的財務結果，可能會造成過度投資於短期的行動，而對創造長期價值的活動投資不足，尤其對創造未來成長的無形和智慧資產的投資裹足不前。

FMC公司的例子可資證明。1970 年代到 1980 年間，FMC 的財務績效在美國大企業中可算是數一數二了。到了 1992 年，新的管理團隊舉行了一次策略檢討會議，目的是尋找一條最能夠擴大股東價值的未來路線。他們的結論是：卓越的短期業績雖然重要，但是公司必須推出一個長期成長的策略。FMC 的總裁卜瑞迪

（Larry Brady）回憶道：

> 以一個高度多元化的公司來說，……採用資本運用報酬率（ROCE）的量度對我們格外重要。每年年底，我們犒賞那些財務績效達到預期水準的子公司經理人。過去二十年來，我們一直嚴格的管理企業，企業也一直經營得很成功。但是我們越來越看不清楚未來成長從何而來，以及企業應該到哪裏去尋找突破的機會。我們已經成爲一個投資報酬率很高，但沒有多少成長潛力的企業了。從我們的財務報表上，又完全看不出我們實施的長期行動方案有什麼進展。[4]

當管理階層面臨必須交出漂亮的短期財務報表時，他們無可避免的將權衡取捨，結果是限制對成長機會的投資。更糟糕的是，短期財務績效的壓力會造成企業削減在某些方面的支出，包括新產品的開發、流程的改進、人力資源的培養、資訊科技、資料庫和系統，甚至顧客和市場的開發工作。儘管削減這些開支的結果，蠶食了企業儲備的資產以及創造未來經濟價值的能力，但是在短期內，財務會計模式的報告上仍然把開支減少當做收入增加。公司也可能用另外一種手法來擴大短期的財務成果，也就是透過昂貴的價格和低劣的服務來剝削顧客。這些行動在短時間內會使財務報表上的獲利數字增加，但是缺乏顧客忠誠和滿意，會使企業被競爭對手趁隙而入，業務受影響。

全錄公司（Xerox）的故事是一個很好的例子。在 1970 年代中葉，全錄幾乎寡佔影印機的市場。早先全錄並不出售影印機；

它只租賃機器，並從這些機器影印的每一張紙上賺取利潤。租賃機器並出售附帶產品，如紙張和碳粉的利潤相當可觀。但是這種經營方式卻使得顧客怨聲載道，除了對付出昂貴的影印成本的別無選擇表示不滿之外，這些昂貴機器的高故障率和功能不足更令他們惱火。[5] 但是全錄的經營階層並沒有因此警覺而重新設計機器以降低故障率，反而認為這是進一步加強財務成果的大好機會。他們改弦易轍，改為賣斷機器，同時成立一個龐大的服務系統，做為獨立的利潤中心，專門提供損壞機器的維修服務。由於顧客對服務的需求殷切，這個子公司很快就成為全錄公司利潤成長的一大功臣。更有甚之的是，因為顧客不能忍受在服務人員駕到之前無機器可用，所以只好多買一台以備不時之需，這又使全錄的營收和利潤成長得更快。所有的財務指標：營收與利潤的成長、投資報酬率，一概顯示這是一個高度成功的策略。

但是這樣的改變並未贏得顧客的信任，他們不希望全錄的供應商只在服務上著力，他們需要的是效率高和不會隨時出狀況的機器。於是當日本和美國的其他廠商陸續推出影印品質差不多、甚至更好，既不會故障又比較便宜的機器時，全錄的不滿意和不忠誠的顧客立刻掉頭擁抱新的供應商。1955 年到 1975 年間，全錄曾經是美國最成功的大企業之一，此時卻幾乎淪落到破產的地步。直到 1980 年代中期，新來的 CEO 強烈重視品質和顧客服務，在組織中大力宣導這個信念，公司才轉危為安。

財務量度不足以引導或評估組織在競爭環境中的運行軌道。財務量度是落後指標，無法捕捉最近一個會計期間內實際上創造或減少了多少價值。財務量度可以解釋一些過去的行動，但並非

全部，同時它也不能適當的指引公司眼前應該採取哪些行動以創造未來的財務價值。

平衡計分卡四構面

平衡計分卡是一個全方位的架構，它幫助管理階層把公司的願景與策略變成一套前後連貫的績效量度。許多公司以聲明（mission statement）向所有員工傳達公司的基本價值和信念，聲明中揭示了公司的中心信仰，並確認公司的目標市場和核心產品。例如：

- 成為民航業中最成功的公司。
- 在我們選擇的市場中成為產品範圍最廣的企業。

聲明應該激勵人心，應該為組織注入活力和積極性。[6] 但是光有一個鼓舞人心的使命聲明和口號並不足以形成氣候，正如彼得·聖吉（Peter Senge）的觀察：「許多領導人都擁有前瞻願景，卻從來不曾把個人的願景變成振奮組織的共同願景。他們缺乏把個人願景變成共同願景的概念。」[7]

洛克華德公司（Rockwater）的例子可以說明此點。洛克華德是一家海底建築公司，它的 CEO 錢博思（Norman Chambers）率領資深主管和專案經理，花了兩個月的時間，精心製作了一份詳細的聲明。聲明公布不久，錢博思接到一位專案經理從北海的一

個鑽井台打來的電話說：「老錢，首先我聲明我對這個聲明絕對擁護。我希望我的一切行動都能符合這個聲明。可是現在我跟顧客在一起，我應該怎麼辦呢？在執行方案期間，我每天應該做些什麼，才能夠實現我們的公司使命？」錢博思頓時明白，公司的聲明和員工的日常行動之間有一大段落差。

平衡計分卡把使命與策略轉換成目標與量度，而組成四個不同的構面：財務、顧客、企業內部流程、學習與成長。計分卡是轉述使命與策略的架構，也是傳播的語言，它用衡量標準來告訴員工如何驅動目前和未來的成功。資深經理人透過計分卡闡述組織渴望的成果，以及達到這些成果的驅動因素，藉此凝聚組織成員的精力、能力和知識，共同為長期的目標而努力。

有人認為衡量標準是控制行為和評估過去績效的工具，但如同我們在第 1 章中所述，平衡計分卡的量度有不同的用途，它們應該用來闡述並溝通企業的策略，以及促使個人、組織和跨部門的行動計畫一致追求共同的目標。用這種方法使用計分卡，會發現計分卡與傳統控制系統的目標大相逕庭，它不會企圖控制個人和組織單位嚴守一個事先制定的計畫。平衡計分卡應該是一個溝通、告知和學習的系統，而不是一個控制系統。

計分卡的四個構面，使組織能夠在短期和長期的目標間、期待的成果和這些成果的驅動因素間，以及硬性客觀和軟性主觀的量度間達到平衡狀態。雖然平衡計分卡的量度眾多，表面看來似乎令人困惑，但是讀者將會在隨後的篇章中看到，一個構築適當的計分卡，無論有多少量度，卻只有一個目的，因為所有的量度都在追求一個整合的策略。

財務構面

　　平衡計分卡保留財務構面，因爲財務量度是反映過去的績效，自有它存在的價值。財務績效量度可以顯示企業策略的實施與執行，對於改善營利是否有所貢獻。財務目標通常與獲利能力有關，衡量標準往往是營業收入、資本運用報酬率，或近年流行的附加經濟價值（economic value-added, EVA）。財務目標也可能是快速的營收成長或創造現金流量。我們在第 3 章中將會討論企業策略與財務構面的目標量度的連結關係。

顧客構面

　　在平衡計分卡的顧客構面中，管理階層確立他們希望事業單位競逐的顧客和市場區隔，並隨時監督事業單位在這些目標區隔中的表現。顧客構面通常包含幾個核心的或概括性的量度，這些量度代表一個經過深思熟慮和確實執行的策略應該獲致的成果。核心成果量度包括顧客滿意度、顧客延續率、新顧客爭取率、顧客獲利率，以及在目標區隔中的市場和客戶佔有率。但是顧客構面也應該包括特定的量度，以衡量公司提供給目標顧客的價值主張（value propositions）。核心顧客成果的驅動因素，與特定市場的區隔有關，它攸關顧客是否轉移或維持與供應商的忠誠關係。舉例而言，顧客可能重視短暫的前置時間（lead time）和如期交貨；可能重視不斷推陳出新的產品和服務；也可能認爲最要

緊的是供應商能夠掌握顧客的新需求，並開發新產品和服務滿足
這些需求。事業單位的管理階層可經由顧客構面，闡述他們的顧
客和市場策略將創造傑出的財務報酬。我們在第 4 章會詳細討論
如何設計顧客構面的目標和量度。

企業內部流程構面

在企業內部流程構面中，管理階層須掌握組織必須表現卓越
的重大內部流程，這些流程幫助事業單位：

- 提供價值主張吸引並保留目標市場區隔中的顧客，以及
- 滿足股東期望的卓越財務報酬。

企業內部流程的量度，關注的是顧客滿意度和組織的財務目
標。

企業內部流程構面揭露傳統績效衡量和平衡計分卡的基本差
異。傳統方法著眼在監督與改進既有的企業流程，它們可能不限
於財務量度，也可能涵蓋一些品質和時間的衡量尺度，但它們的
重點仍然是改進既有的流程。反之，平衡計分卡經常辨認出一些
嶄新的流程，組織必須在這些流程上表現卓越，才能在顧客滿意
和財務目標上有所表現。舉例而言，企業可能發覺必須設計一個
新的流程預測顧客的需求，或發展一個流程來提供目標顧客所重
視的新服務。平衡計分卡企業內部流程的目標，會凸顯出一些流
程，目前這些流程可能並不存在，卻攸關組織策略的成功。

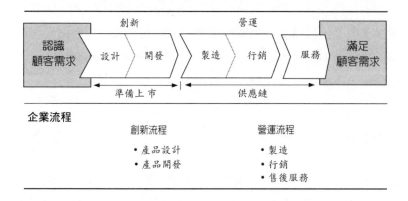

圖2-1　企業內部流程價值鏈的構面

　　平衡計分卡與傳統績效衡量方法的第二個不同之處，是企業內部流程構面包含了創新流程（見圖2-1）。傳統的績效衡量系統所關心的流程，是提供目前的產品和服務給目前顧客的流程，它們企圖控制並改進目前的營運（operations），這些營運代表價值創造的「短波」。價值創造的短波，始於收到一個既有顧客下的一張訂單來購買一個既有產品（或服務），止於把該產品遞交到該顧客手中。企業創造價值的方法，是維持該產品的生產、交貨和服務的成本，永遠低於它的出售價格。

　　為了驅動長期的財務成功，企業可能需要創造截然不同的產品和服務，來滿足目前和未來顧客的新需求。創新流程代表價值創造的「長波」，對許多企業而言，創新流程驅動未來財務績效的力量，遠比短期營運週期的力量為大。對這些企業來說，成功管理一個綿延數年的產品開發流程的能力，或開闢另類客源的能力，對於未來營運績效的重要性，可能比妥善管理現階段的營運

更為重要。

　　但是經理人毋須對這兩種重要的流程做任何取捨，平衡計分卡企業內部流程構面的目標和量度，已經把長波的創新週期和短波的營運週期都考慮在內了。我們在第 5 章中將列舉實例，說明如何構思企業內部流程構面的目標和量度。

學習與成長構面

　　平衡計分卡的第四個構面是學習與成長，它為了創造長期的成長和進步，確立組織必須建立的基礎架構。顧客構面和企業內部流程構面，確立了目前和未來的企業成功的關鍵因素。企業不可能憑今日的科技和能力，達到顧客和內部流程的長期目標；不僅如此，激烈的全球競爭也迫使企業必須增進它們提供價值給顧客和股東的能力。

　　組織的學習與成長來自三方面：人、系統、組織程序。平衡計分卡的財務、顧客、企業內部流程，往往會顯示人、系統和程序的實際能力，與要達成目標之間的落差。為了縮小這個落差，企業必須投資於員工的技術再造、資訊科技和系統的加強，以及組織程序和日常作業的調整，這些都是平衡計分卡學習與成長構面追求的目標。與顧客構面的情形一樣，涉及員工的量度也包括一些概括性的成果量度，例如員工的滿意度、延續率、培訓、技術等，以及這些通用量度的特定驅動因素，例如為面對競爭環境而擬定詳細的、企業特定的技術索引。而衡量資訊系統，可以看它能否隨時提供正確重要的顧客以及內部流程資訊，輔助前線員

工的決策和行動。至於衡量組織程序，可以檢查員工的獎勵制度是否與組織的績效連結，並可檢視顧客流程和內部流程的改進速率。在第 6 章中對這些議題會有更詳盡的探討。

總而言之，平衡計分卡以一套平衡的構面把願景與策略轉換成目標和量度。計分卡包含了預期的成果量度，以及驅動這些未來成果的流程。

連結數個計分卡量度爲一個策略

很多企業可能已經混合使用財務和非財務性的兩種量度了，甚至在高階管理與董事會的溝通上也多所使用。尤其近年來顧客和流程品質再度成爲熱門話題，影響所及，許多組織都開始記錄顧客滿意度並接受投訴、產品和流程的瑕疵率、交貨日期的延誤等量度。法國的企業設計和使用「儀表板」（Tableau de Bord）已有二十多年的歷史。「儀表板」是一套企業經營良窳的指標，尤其可當做實際變數，協助員工爲組織「引航」。[8] 一個包含財務和非財務性指標的儀表板，算不算是一個「平衡計分卡」？

依我們的經驗，最好的平衡計分卡不只是蒐集一套關鍵性指標或成功因子而已，一個結構嚴謹的平衡計分卡，應該包含一連串連結的目標和量度，這些量度和目標不僅前後連貫，而且互相強化。若要具體比喻，那麼用飛行模擬器來形容計分卡，比用儀表板貼切得多。計分卡像飛行模擬器一樣，應該包含一套複雜的變數因果關係，包括領先、落後和回饋循環，並能描繪出策略的

運行軌道和飛行計畫。計分卡除了因果關係之外，還應包括成果量度和績效驅動因素的混合體。

因果關係

策略是一套關於因和果的假設。衡量系統必須把各種構面的目標（和量度）之間的關係（假設）闡述得一清二楚，如此才能管理與核實。因果關係鏈應該涵蓋平衡計分卡的四個構面。舉例來說，計分卡的財務構面可能包括資本運用報酬率（ROCE）這個量度。ROCE 的驅動因素可能是既有顧客的重複採購和銷貨的擴增，而這兩者又是顧客高度忠誠帶來的結果。因為我們預期顧客忠誠對 ROCE 有關鍵性的影響，因此，具顧客構面的計分卡包含了顧客忠誠度這個量度。但是組織如何獲得顧客忠誠呢？分析顧客喜好之後，可能發現顧客極為重視如期交貨（on-time delivery, OTD）這個因素，因此，我們預期 OTD 的改進會帶來更高的顧客忠誠度，進而導致更好的財務績效。於是顧客忠誠度和 OTD 都被網羅在計分卡的顧客構面中。

循著這個邏輯，下一個問題是公司必須在哪些內部流程上表現傑出，才能有較佳的如期交貨率呢？為了改進 OTD，企業可能需要縮短營運週期並提高內部流程的品質，因此這兩個因素可能成為計分卡內部流程構面的量度。然而，組織要如何改善內部流程的品質並縮短週期呢？為達到這個目的，組織需要培訓並改進作業員的技術，因此員工技術又成為學習與成長構面的目標。現在我們可以看到如何透過平衡計分卡的構面，把一個完整的因果

圖 2-2 　價值鏈形成的垂直向量

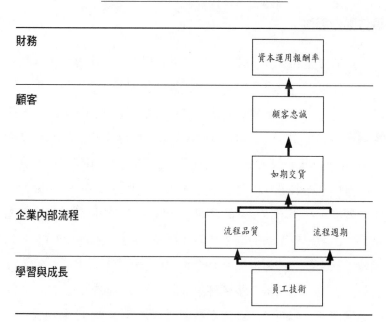

關係鏈建成一個垂直向量（參見**圖 2-2**）。

　　從一項關於服務利潤鏈（service profit chain）的研究報告中，我們看到員工滿意度、顧客滿意度、顧客忠誠度、市場佔有率，以及財務績效之間的因果關係，與計分卡的基礎架構非常接近。[9]

　　因此一個設計良好的平衡計分卡，應該反映出事業單位的策略。它應明確顯示成果量度與績效驅動因素之間因果關係的一系列假設。平衡計分卡選擇的每一個量度，都應該是因果關係鏈中的一個環節，並能彰顯事業單位的策略對組織的意義。

績效驅動因素

　　一個優良的平衡計分卡，應該混合一套成果量度和績效驅動因素。如果只有成果量度而沒有績效驅動因素，無法表達用什麼方法達到這些成果，也無法即時提供策略的成功指標。反之，如果只有績效驅動因素（例如週期時間和每百萬個產品的不良率〔part-per-million, PPM〕），卻沒有成果量度，事業單位或許可以獲得短期的改進，但無法顯示營運的改進對未來經營的影響，也無法顯示財務績效改善的結果。一個優質的平衡計分卡應該適當混合事業單位策略的成果（落後指標〔lagging indicator〕）和績效驅動因素（領先指標〔leading indicator〕）。

　　本書第 7 章將進一步解釋平衡計分卡不只是把財務和非財務的量度湊在一起而已，計分卡應該把事業單位的策略轉換成一套互相連結的量度，並確立長期策略目標及達到這些目標的機制。

財務量度可以扔了嗎？

　　平衡計分卡的財務目標眞的可以驅動組織的長期績效嗎？有人批評企業經理人的短視作風，認爲罪魁禍首是他們一味追逐財務量度的指標（例如：資本運用報酬率、每股收益，甚至每天的股價）。有些人主張在衡量事業單位的績效時，乾脆把財務量度全部扔進字紙簍裏，他們辯稱，在今天科技和顧客主導的全球競

爭環境中，財務量度根本不是好的成功指導原則。他們敦促經理人專心改進顧客滿意度、品質、週期時間、員工的技術和積極性。依照他們的理論，只要公司徹底改善營運作業，財務數字不勞費心，自然會好轉起來。

事實上，並非每家公司都能夠把品質和顧客滿意度的改進化為財務結果的基礎。舉一家電子公司為例，在1987～1990年間，它在品質和如期交貨上有了不同凡響的績效。產品不良率降至從前的十分之一，產量增加一倍，延遲交貨率則從 30 ％減少到 4 ％。但是在這些品質、生產力、顧客服務方面的突飛猛進之後，並未為它帶來財務利益。同時，這家過去業務蒸蒸日上的企業，不但財務表現平平，更令股東失望的是：股價劇跌了 70 ％。

什麼原因造成這種反常的結果呢？許多品質和生產力的改進方案會大幅增加企業的效能。公司改進品質和回應時間（如上述這家電子公司的作為），同時也簡化了製造、檢查、重做不合格產品的流程，並縮減人力及系統來重新排期，加速消化積壓的訂單。一般而言，一旦公司排除了浪費並改進缺點，停止重做、重新排期、工程變動、加快速度，並且加強了供應商、內部營運和顧客之間的整合，它們往往可以用比較少的資源來維持跟從前一樣的產量。但是短、中程階段內，組織已經投入了大部分的資源，這種現象通常被形容為「固定」成本太高。因此，資源需求的減少會製造多餘的產能，但無法大量減少支出。

但是，不是說零缺點的產品和完美的如期交貨可以增進顧客滿意度嗎？問題在於，如果顧客本身財務狀況不佳，可能無法以增加採購來回饋他們的供應商。例如上述這家公司已經是許多顧

客的最大供應商了。顧客也可能希望保留一兩家後備的供應商，
做為其他可能的選擇。如果顧客不能或不肯給某一家供應商更多
的生意，而這家供應商又不願意裁員（因為員工是它改進品質、
生產力和顧客服務的原動力），那麼營運上的改進就不易有更高
的獲利能力。所以，這種旨在改進品質和縮短週期的營運改進方
案，並不一定會產生財務改進的結果。

　　因此，定期的財務報表和財務量度必須繼續扮演重要的角
色，不斷提醒管理階層，改進品質、回應時間、生產力和新產品
並非目的，它們只是達到目的的手段。唯有這些改變成為營收增
加、成本降低，或資產利用率的提高時，它們才能為公司帶來真
正的利益。不是每一個長期策略都是有利可圖的策略，像IBM、
迪吉多公司（Digital Equipment Corporation）和通用汽車公司在
1980 年代並不缺乏長期策略，這些公司在先進的製造科技、品
質、研究和發展上曾投下巨資，但它們的願景和追求成功的經營
模式，並不符合當時的市場要求。它們未能及時察覺財務量度和
投資策略兩者背道而馳是個強烈警訊，而忽略了重新檢討策略背
後的基本假設。當營運績效的改進不能使得財務績效有所改進
時，管理階層別無選擇，唯有重新思索公司的策略及執行。

　　然而，就算營運績效已有大幅改進的公司，也仍須思索如何
增加既有銷路，如何促銷有吸引力的產品，如何向全新的顧客和
市場區隔推銷公司的產品和服務。因為企業已經改進它在降低成
本、提高績效，以及加強品質、交貨和顧客服務方面的能力，過
去可望而不可即的新市場區隔，如今就有可能成為企業的囊中
物。

　　一個全方位的衡量與管理體系，必須能夠指出如何透過提高
銷售、擴大營業利潤、加快資產周轉和減少營業支出的手段，使
營運、顧客服務，以及新產品與服務的改進，和財務績效的改進
連結在一起。所以，平衡計分卡必須保留對財務成果的重視。計
分卡的每一個量度遵循的因果途徑，終點也都應該是財務目標。
它一方面因保留財務量度做為終極目標而獲益，另一方面也避免
了一味強調改進短期財務量度而造成的短視和扭曲。

四個構面夠了嗎？

　　平衡計分卡的四個構面，已證實適用於各行各業，但企業應
該把這四個構面當做一個樣板，而非一個枷鎖。沒有任何數學定
律可以證明這四個構面恰到好處。我們也尚未見到任何企業採用
的計分卡構面少於這四個，但根據產業情況和事業單位的個別差
異，可能需要酌予增加。例如，有些人質疑平衡計分卡雖然照顧
到股東和顧客的利益，卻沒有清楚列入其他重要利害關係者（sta-
keholders，包括：員工、供應商和社區）的利益。實際上，幾乎
所有的計分卡都把員工構面包含在學習與成長的構面之內。同樣
的，如果強大的供應商關係是一個重要的策略，會帶來顧客或財
務績效的突破，那麼組織的企業內部流程構面中，就應該包括供
應商關係的成果量度和績效驅動因素。但我們不認為所有的關係
者都一定得在事業單位的計分卡上佔一席之地。計分卡的成果量
度和績效驅動因素所衡量的，應該是替企業創造競爭優勢和突破

績效的因素。

　　讓我們舉一家化學公司的例子來說明此點。這家公司希望創造一個全新觀點來反映環保問題。我們提出異議：

　　環保很重要，企業必須遵守相關的法律和規章，但是遵守法規似乎跟競爭優勢沒有什麼關係。

CEO和其他的資深主管立刻反駁：

　　我們不同意這個看法，我們的特許經營權在許多社區都遭到嚴重的考驗。我們的自我要求比法規訂定的標準還嚴格，因為這樣，我們才能在每個社區中不但被視為一個守法的企業公民，而且無論從環保角度，或從創造優渥待遇、安全、高生產力的工作環境來衡量，都是一個傑出的企業公民。一旦法規緊縮，一些競爭者可能會喪失它們的特許權，那時候，我們希望自己贏得了繼續經營下去的權利。

　　他們堅持環保和社區經營兼顧才是企業策略核心，這些必須成為計分卡上不可分割的一部分。

　　由此觀之，只要利害關係者的利益與企業息息相關，就應該涵蓋在平衡計分卡之內。但是，關係者的利益不應該附在計分卡之後，形成一組孤立的、經理人必須好好「控制」的量度。用其他的衡量與控制系統來診斷並遵守關係者的要求，要比用平衡計分卡有效得多。[10] 而出現在平衡計分卡上的每個量度，必須完全整

合在一個連結的因果關係鏈中，藉以訂定並闡述事業單位的策略。

平衡計分卡的組織單位

有些企業只經營一項產業。事實上，早期平衡計分卡的應用，是半導體業中具特殊利基的公司（例如超微〔AMD〕和模擬設備〔Analog Devices〕公司），或電腦業中經營特殊區隔的公司（例如蘋果電腦）發展出來的，這些公司發展的平衡計分卡等於總公司計分卡（Corporate Scorecards──這是模擬設備公司選擇的名字）。但是大部分企業多元化的程度已深，使得總公司著手建立計分卡成為一件非常困難的事。平衡計分卡界定的範圍，最好是一個策略事業單位（strategic business unit, SBU）。實施平衡分計分卡最理想的策略事業單位，其活動範圍應該跨越整個價值鏈：創新、營運、行銷、經銷、銷售、服務，這樣的一個SBU，擁有自己的產品和顧客、自己的行銷通路，以及自己的生產設施，更重要的，它有一個定義完整的策略。

一旦SBU層級的平衡計分卡建立之後，就可以在這個基礎上發展SBU內部部門和功能單位的平衡計分卡。事業單位的使命、策略和計分卡結成一個架構，部門和功能單位在這個架構內定義自己的使命和策略，然後部門和功能單位的經理人便可以發展自己的計分卡。經此發展出來的計分卡，不但符合SBU的精神，而且有助於達成SBU的使命與策略。這種做法使SBU計分卡可以層層下達到區域責任中心，所有的責任中心都在SBU的目標下團

結一致。一個相關的問題是，部門或功能單位是不是一定要有自己的平衡計分卡？答案是要看它有沒有（或者應該有）自己的使命、策略和顧客（內部或外界的），以及有沒有幫助它完成使命與策略的內部流程。如果答案是肯定的，那麼這個單位就有充分理由建立自己的平衡計分卡。

　　如果組織單位的定義太廣（例如包含一個以上的策略事業單位），那麼可能難以界定一個緊湊和整合的策略，計分卡的目標和量度反而會淪為許多不同策略妥協下的產物或大雜燴。舉例而言，我們原來打算幫一家工業氣體公司設計一個計分卡，開始不久，我們就發現這家公司顯然有三個獨立的事業單位，每一個單位都有自己的經銷通路，以及跟其他單位完全不同的策略和顧客。事後證明，用獨自的經銷通路定義SBU，然後分別建構它們的計分卡，是一個簡單的方式。

　　不過有些企業，甚至一些擁有數個近乎獨立的 SBU 的大企業，仍然選擇從總公司的層次發展平衡計分卡。總公司層級的計分卡自有其優點，它可以建立一個共同的架構──一個關於主題和共同願景的企業典範，做為旗下每一個SBU發展自己計分卡時必須遵守的準則。總公司計分卡還有一個好處，它可以證明總公司除了蒐集獨立營運的SBU所創造的價值外，本身還可以增加價值。高德（Goold）和其同僚稱這種總公司的價值創造角色為「母公司優勢」（parenting advantage）。[11] 本書第 8 章將會進一步探討如何把 SBU 計分卡整合在廣大的總公司架構之內。

策略定位，或核心技能和能力導向？

　　本書中我們詮釋策略的方法，是先選擇事業單位希望經營的市場和顧客區隔，然後辨認關鍵的企業內部流程。事業單位必須在這些流程上表現卓越，才能提供價值主張給目標市場區隔中的顧客，最後再決定個人和企業在追求內部、顧客、財務目標時必須擁有的能力。這個方法，跟麥克‧波特（Michael Porter）在他那幾本廣為流傳的討論企業策略的著作[12]中所闡述的產業和競爭力分析方法相當一致。這個方法曾在幾十家公司中發揮很好的效果，我們在隨後的篇章中會證明此點。

　　然而，有些企業也許會採用不同的方法，這些企業的競爭之道是基於它們的獨特能力、資源和核心技能。[13]舉例來說，本田公司（Honda）發揮它在設計和製造超強引擎上的能力，因而開拓了機車、汽車、剪草機、工具機等市場區隔。佳能公司（Canon）利用它在照相器材上建立的光學和縮影（miniaturization）的世界級能力，而擴展到影印機、傳真機和電腦印表機等其他產品上。如果企業基於自己的核心技能或獨特能力而部署策略，那麼策略的規畫程序可能應該先從企業內部流程的構面辨別出關鍵的技能和能力上著手，然後再從顧客構面選擇這些技能和能力可以產生最大顧客價值的顧客羣和市場區隔。

　　平衡計分卡主要是一個實施策略的機制，而不是制定策略的公式。[14]它能夠適應不同的策略制定方法，無論是從顧客構面

出發，還是從企業內部流程的卓越能力出發。不論SBU的資深主
管採用哪一種方式，平衡計分卡都提供了一個把策略化爲特定的
目標、量度和指標，並在日後監督策略實施的寶貴機制。

本章附錄

以財務量度衡量企業績效的局限

　　好幾份研究報告對於過度強調公司績效的財務量度深表憂
慮。哈佛商學院的競爭力委員會（Harvard Business School Council
on Competitiveness）曾經分析美國企業與日、德的企業在投資方
面系統化的差異：

- 美國體制比較不支持長期性的企業投資，因爲它強調透過
  改善短期利潤來影響目前的股價。
- 美國體制偏愛的投資是最容易衡量報酬的投資，導致對無
  形資產——產品和流程的創新、員工的技術、顧客滿意
  度——的投資不足，因爲這些投資的報酬在短期內難以衡
  量。
- 美國體制導致過度投資於容易估價的資產（例如透過購
  併），對於投資報酬難以估價的內部發展專案，則經常投
  資不足。
- 美國體制允許資產雄厚的公司（例如：天然資源公司、名

牌消費品公司、電影和廣播公司）毫無效率的營運，不充分利用它們被低估的資產，只要求短期營收令人滿意。這些公司的資產價值，往往需要透過昂貴的財務行動，例如：惡意收購（hostile tender offer）、槓桿收購（leveraged buyout）和發行垃圾債券，才會體現出來。[15]

此外，投資者對財務報表只報導過去的績效也表示不滿，他們希望獲得足夠的資訊來幫助自己預測投資（或正考慮投資）效益。美國鋼鐵和卡內基養老基金（U.S. Steel and Carnegie Pension Fund）副總裁彼得‧林肯（Peter Lincoln）曾經表示：「非財務性的績效量度，例如顧客滿意度或新產品的開發速度，對投資者和分析師的幫助很大。企業應該公布這類資訊，讓他們掌握營運全貌。」[16]

甚至連美國最大的會計師專業協會，也對過度強調財務績效量度不以爲然。美國註冊會計師學會（American Institute of Certified Public Accountants）有一個關於財務報表的高級特別委員會，它發表的研究報告加深了我們對純粹依賴財務報表來衡量企業績效的憂慮：「顧客關心的是未來，但今天的企業報表只談過去。雖然鑑往有助於知來，顧客仍然需要前瞻性的資訊。」委員會肯定報導企業如何創造未來價值的重要性，它建議企業的績效報告應該與管理階層的策略願景連結起來：「許多看報表的人希望透過管理者的眼睛來看一家企業，這可以協助他們了解管理者的觀點，並預知管理者將會把企業帶到哪個方向。」委員會進而指出，非財務性的量度必須扮演主導角色：「管理者應該公布他

們採用哪些財務和非財務性的量度來管理企業，而這些量度量化
了主要活動和事件的效應。」[17]

　　委員會的結論是，建議企業採取一種更「平衡」和前瞻性的
做法：

　　為了滿足看報表的人不同以往的需求，企業報表必須：
- 提供更多與計畫、機會、風險和不確定性有關的資訊。
- 重視創造長期價值的因素，包括以非財務性量度來顯示主
  要企業流程。
- 對外公布的資訊，應該更接近內部資深管理階層用來管理
  企業的資訊。[18]

　　我們將會在第 9 章討論平衡計分卡用在對外報告的應用。

註：

1　A. D. Chandler, *The Visible Hand : The Managerial Revolution
in American Business* (Cambridge, Mass. : Harvard University
Press, 1977), and H. T. Johnson and R. S. Kaplan, "Nineteenth-
Century Cost Management Systems," Chap. 2 in *Relevance Lost :
The Rise and Fall of Management Accounting* (Boston : Harvard
Business School Press, 1987).

2　Johnson and Kaplan, "Controlling the Vertically Integrated Firm :
The Du Pont Powder Company to 1914," Chap. 4, and "Controlling

the Multidivisional Organization : General Motors in the 1920s," Chap. 5 in *Relevance Lost*.

3 本章附錄中包括其中一些批評。

4 "Implementing the Balanced Scorecard at FMC Corporation : An Interview with Larry D. Brady," *Harvard Business Review* (September−October 1993) : 143−147.

5 摘錄自 Joseph M. Juran, "Made in U.S.A. : A Renaissance in Quality," *Harvard Business Review* (July−August 1993) : 45。

6 R. Simons, *Levers of Control : How Managers Use Innovative Control Systems to Drive Strategic Renewal* (Boston : Harvard Business School Press, 1995), 134.

7 P. Senge, *The Fifth Discipline : The Art and Practice of the Learning Organization* （中譯：《第五項修練：學習型組織的藝術與實務》）(New York : Currency Doubleday, 1990).

8 M. Lebas, "Managerial Accounting in France : Overview of Past Tradition and Current Practice," *European Accounting Review* 3, no. 3 (1994) : 471−487.

9 J. Heskett, T. Jones, G. Loveman, E. Sasser, and L. Schlesinger, "Putting the Service Profit Chain to Work," *Harvard Business Review* (March−April 1994) : 164−174.

10 同註 **6**.

11 M. Goold, A. Campbell, and M. Alexander, *Corporate-Level Strategy : Creating Value in the Multibusiness Company* (New York : John Wiley & Sons, 1994).

12 M. E. Porter, *Competitive Strategy : Techniques for Analyzing Industries and Competitors* (New York : Free Press, 1980) and *Competitive Advantage : Creating and Sustaining Superior Performance* (New York : Free Press, 1985).

13 C. K. Prahalad and G. Hamel, "The Core Competence of the Corporation," *Harvard Business Review* (May—June 1990)：79—91; R. Hayes, "Strategic Planning-Forward in Reverse," *Harvard Business Review* (November—December 1985)：111—119; and D. J. Collis and C. A. Montgomery, "Competing on Resources：Strategy in the 1990s," *Harvard Business Review* (July—August 1995)：118—128.

14 很多企業發展平衡計分卡之後，很快就會發現自己對事業單位的策略缺乏共識。在這種情形下，發展平衡計分卡的目標和量度，會促使資深管理階層採取一個更精確的策略構築流程。

15 Michael E. Porter, "Capital Disadvantage：America's Failing Capital Investment System," *Harvard Business Review* (September—October 1992)：73.

16 The AICPA Special Committee on Financial Reporting, *Improving Business Reporting—A Customer Focus：Meeting the Information Needs of Investors and Creditors* (New York：American Institute of Certified Public Accountants, 1994), 9.

17 同上，第 33 頁。

18 同上，第 56 頁。

衡量企業策略

　　以平衡計分卡奠定一個新的策略管理體系基礎，涉及兩項基本任務：(1)建立計分卡；(2)使用計分卡。我們根據這兩項工作把本書內容分成前後兩篇。第 1 篇從第 3 章至第 8 章，敍述如何構築一份平衡計分卡。第 2 篇從第 9 章至第 12 章，解釋如何運用平衡計分卡做爲一個整合性的策略管理體系。

　　這兩項工作當然不可能互不相干。管理階層開始在主要的管理流程中使用計分卡之後，會對計分卡本身有更深一層的了解，知道哪些量度無效，哪些量度需要修改，哪些新衡量策略成功的標準應該納入計分卡內。

　　第 3 章至第 6 章討論建立計分卡四個構面目標和量度的基本原則，每一章討論一個計分卡構面，依序爲財務、顧客、企業內部流程、學習與成長。我們在每一章中都會列舉一些概括性的量度，它們是大多數組織計分卡都會採用的量度，例如：

構面	概括性量度
財務	投資報酬率、附加經濟價值
顧客	滿意度、延續率、市場和客戶佔有率
內部	品質、回應時間、成本、推出新產品
學習與成長	員工滿意度、資訊系統可用性

　　我們強調計分卡必須包括從組織的策略衍生出來的特定量度。在這幾章中，我們會引述具體的例子，說明如何從策略引伸出每一個構面的目標和量度，這些目標和量度又如何傳達策略並協助策略執行。

　　第 7 章陳述如何整合策略主題，強調把四個構面的目標和量
度連成廣闊、互相連結的策略主題。計分卡跨越四個構面連結所
有的量度，顯然並非隨意湊合二、三十個量度，任由管理階層權
衡輕重和自行取捨。相反的，一個好的平衡計分卡一定會連繫所
有的量度，共同傳達少數幾個廣泛的策略主題，例如增長業務、
降低風險，或增加生產力。第 7 章把第 3 章至第 6 章發展出來的
策略量度整合起來，展現一個優秀的平衡計分卡全貌。

　　第 3 章至第 7 章主要是描述如何為單一的組織單位──策略
事業單位（SBU）建立平衡計分卡。第 8 章則進一步擴大這個觀
念，討論如何為一個公司或包含數個事業單位的組織建立平衡計
分卡。我們從公司層級的策略思想中辨別廣泛的主題，這些主題
將促使整體（企業）的價值大於個體（子公司）的總和。我們也
會探討公司層級的策略如何影響下層單位的平衡計分卡，這些包
括彼此相關但分治的營運單位，以及總公司層級的功能部門。此
外，第 8 章也同時討論如何為政府機構和非營利機構發展平衡計
分卡。

實施平衡計分卡的公司

　　本書列舉了許多公司的創新衡量措施，其中五家公司的經驗
最能夠說明平衡計分卡的應用效果。過去三年我們亦步亦趨、嚴
密注視這五家公司發展平衡計分卡的歷程，它們是：洛克華德公
司（Rockwater）、大都會銀行（Metro Bank）、拓荒者石油

（Pioneer Petroleum）、國家保險公司（National Insurance）以及肯亞商店（Kenyon Stores）。

　　洛克華德是一家資產數億美元的海底建築公司，總部設在蘇格蘭的阿伯丁，客戶則為大型石油、天然氣公司和海洋建築公司。洛克華德是布朗陸特能源服務公司（Brown & Root Energy Services）旗下的一個子公司，布朗陸特則又隸屬哈立伯頓公司（Halliburton Corporation），哈立伯頓是一家全球性、資產40億美元的建築公司，總部設在美國德州的達拉斯城。洛克華德成立於1989年，是由兩家獨立建築公司合併後組成的──其中一家是英國公司，另一家是荷蘭公司。洛克華德的第一任總裁錢博思於1992年開始使用平衡計分卡，整合兩家公司的文化和營運系統，並促使新公司改變低價競爭策略，轉為在品質、安全及附加價值的顧客關係上競爭。1994年錢博思升任布朗陸特總裁，他以平衡計分卡系統做為他的策略管理體系，並在集團內普遍使用。

　　大都會銀行是一家大銀行旗下的分行，擁有八千名員工，在其營業地區的核心存款戶中佔有30％的市場，總營收在10億美元左右。母公司原是兩家同區經營且競爭激烈的大銀行合併之後倖存的企業。大都會銀行的CEO在1993年開始實施平衡計分卡，目的是溝通並強化企業合併後的新策略，把銀行的主力業務從交易導向的服務，轉為提供全方位的金融商品和服務。

　　拓荒者石油則是一家國際性大型綜合石油公司的美國分公司，負責美國地區的行銷和煉油業務。拓荒者的CEO在1993年推出計分卡流程，企圖建立一個新的策略績效管理流程，取代從前普遍採用的財務分析和控制方法。計分卡發展專案從建立分公

司層級的計分卡開始，確定目標顧客和策略主題後，才發展分公司旗下事業和服務單位的計分卡。

　　國家保險公司是美國一家主要綜合保險公司旗下的子公司，經營意外險與產險業務。1993 年國家保險公司推出計分卡專案時，擁有六千五百名員工，以及 40 億美元的營業額。由於經營不善，虧損高達數億美元，導致母公司一度考慮乾脆關閉這家子公司。後來母公司決定最後一搏，聘請一個新的管理團隊接管國家保險公司。新管理團隊決定改變公司路線，從過去提供所有保險服務給所有顧客和市場，改為奉行專才策略。管理團隊推出計分卡方案，闡釋新策略發展和協調的必要性。這個方案後來擴大為一個新的策略管理體系，終於成功的扭轉乾坤，把國家保險公司轉變成一家賺錢的公司。

　　肯亞商店則是另一個例子。它是美國一家傑出的服飾零售業，擁有十個獨立的連鎖零售網，以及超過四千家零售店，年營收約 80 億美元。這十個連鎖網向來獨立運作，少有中央的協調或整合。1994 年肯亞的 CEO 採用平衡計分卡實施他的新策略，希望能藉由總公司的資源，追求一個高標準的營收成長指標——在公元 2000 年達到 200 億美元的營業額，並希望是經由內部成長達成。

　　除了上述五家公司之外，我們也會在稍後引述模擬設備和 FMC 公司的經驗——這兩家公司是最早實施平衡計分卡的公司。

3

財務構面

　　建立平衡計分卡可以促使事業單位的財務目標與公司的策略連結。財務目標是一切計分卡構面目標與量度的交集。計分卡選擇的每一個量度，都應該是一個環環相扣的因果關係鏈中的一環，終極目標爲改善財務績效。而且，計分卡敍述的是一個關於策略的故事，故事開端描繪出財務目標的遠景，然後引出一連串行動，這些行動在財務流程、顧客、內部流程，以及員工和系統的配合下，引領企業完成目標績效。對大部分企業而言，增加營收、改善成本、提高生產力、加強資產利用、降低風險這些財務主題，是連繫計分卡四個構面的必要環扣。

　　許多企業習慣以同一個財務目標約束旗下所有的事業單位。例如，假設公司的整體目標是 16％的資本運用報酬率，就要求每一個事業單位也必須做到 16％的資本運用報酬率；如果企業以附加經濟價值（EVA）做爲衡量標準[1]，那麼所有的事業單位也都必須盡量擴大它們在每一階段的附加經濟價值。這種統一的做法

當然可行，而且上下一致，在某種意識上來說也比較「公平」，因為它用同樣的標準來評估每一個事業單位管理階層的表現。但是這種做法忽略了一個事實，那就是：不同的事業單位可能遵循截然不同的策略，而用同一個財務衡量標準，尤其以一個孤零零的指標做為唯一的衡量標準，很難放諸四海皆準，適用每一個事業單位。因此，當事業單位的管理階層開始發展平衡計分卡的財務構面時，他們應該先決定最適合自己策略的財務衡量標準是什麼。至於財務性的目標和量度則必須扮演兩個角色，首先，它們必須界定策略希望達到的財務績效，其次，它們必須成為所有其他計分卡構面的目標量度的終極指標。

財務目標與事業單位的策略連結

企業的生命週期有不同的階段，每一個階段可能追求迥然不同的財務目標。根據企業策略理論，事業單位可以遵循幾種不同的策略，從市場佔有率的積極成長，到合併、退出和清算。[2]為了避免冗長的討論，我們在此只提出企業生命週期的三個階段：[3]

- 成長期
- 維持期
- 豐收期

　　成長期出現在企業生命週期的初期。成長期企業的產品或服務擁有巨大的成長潛力，為了發揮這個潛力，企業必須投入大量資源，以便開發並加強新的產品和服務，建設和擴充生產設施，建立營運能力，投資於系統、基礎架構和經銷網絡以發展全球經營，以及培養並發展顧客關係。成長階段的企業實際上可能出現負現金流量，投入資金的現階段報酬也可能相當低（不論它把對無形資產的投資列為開支項目還是內部資本）。這些為了未來發展而做的投資，可能會消耗大量的現金，比目前有限的基本產品、服務和顧客所能夠創造的現金營收大得多。所以成長期企業的整體財務目標，將是營收成長率，以及目標市場、顧客羣和地區的銷售成長率。

　　同一個企業內的事業單位，可能多數處於維持階段，此時事業單位仍然能夠吸引企業再投資，但是它們必須設法為企業投入的資金賺取利潤。企業指望這些事業單位維持既有的市場佔有率，也許每年還應該有適度成長。維持期所做的投資，主要在消除瓶頸、擴大產能並加強改進，與成長期所做的報酬回收期長、以成長為目的的投資性質大不相同。

　　維持期的事業單位則多半採用與獲利能力有關的財務目標。實現這個財務目標的量度，是一些與會計收入有關的量度，例如營業收入和毛利。這些量度把投入事業單位的資金當做前提（或外在因素），而要求管理階層增進投資效益。對於一些比較獨立自主的事業單位，企業要求它們不但必須善加管理營收，而且必須管理投資的水位。這些事業單位採用的量度，也就是衡量會計收入相對於投資水位；像投資報酬率、資本運用報酬率、附加價

值等量度，就經常被用來評估這類事業單位的績效。

　　有些事業單位已經到達生命週期的成熟階段，企業在前兩個階段對它們做了許多投資，現在企業希望回收了。這些企業現階段不做重大的投資，僅有的投資也是為了維持目前的設備和能力，而非為了擴增。而且任何投資都必須有非常確定且快速的回收期，因為這個階段的主要目標就是擴大對企業的現金回饋。豐收期企業的財務目標即是擁有現金流量（折舊前），並減少對營運資金的需求。

　　由此可見，企業在不同的階段有其不同的財務目標。成長期的財務目標，強調在新市場、新顧客、新產品和服務中獲得銷售成長，並維持適當的支出，以支持產品系統和流程的開發、強化員工能力，以及開拓新的行銷、銷售和經銷通路。維持期的財務目標強調傳統的財務衡量標準，例如資本運用報酬率、營業收入、毛利。此時期評估投資項目，用的是標準的現金流量貼現（discounted cash flow）和資金預算分析。有些公司則採用比較先進的財務衡量標準，例如附加經濟價值和股東價值。這些衡量尺度皆代表典型的財務目標──從提供給企業的資本中賺取豐厚的報酬。豐收期的財務目標則強調現金流量，任何投資都必須有確切的現金回饋，此時的投資報酬率、附加經濟價值、營收等會計衡量標準，對事業單位的意義不大，因為重大的投資早已完成。豐收階段的目標不是擴大投資報酬，如果是擴大投資報酬，可能會鼓勵經理人趁機要求企業增加投資。相反的，它的目標是擴大現金流量，回饋企業過去所做的一切投資。此時，研究、發展或擴充能力方面的支出，也幾乎踩剎車，因為豐收期事業單位

的經濟壽命已經去日無多了。

因此，在發展平衡計分卡初期，事業單位的CEO必須和企業的最高財務長（CFO）進行積極對話，探討事業單位屬於哪一種財務類型，應有哪些財務目標。這個對話可以幫助事業單位辨別自己在企業的投資組合中扮演的角色，當然在對話之前，企業的CEO和CFO應該已明定每一個事業單位的財務策略。不過，分公司的財務類型定位並非一成不變，按正常的進展，從成長到維持，再到豐收，到最後的退出，它可能歷時幾十年。[4]但即使一個處於成熟的、豐收期的企業，偶爾也會突如其來冒出成長的目標；科技、市場或法規的突然變化，也可能使一個早已成熟、商品化的產品或服務，突然出現高成長業績。這種轉變會扭轉事業單位的財務和投資目標，這也是企業為什麼必須定期──起碼一年一次──檢討所有事業單位的財務目標，如此才能重新確定或對事業單位的財務策略改弦更張。

風險管理

有效的財務管理系統必須兼顧風險和報酬。像成長、獲利能力和現金流量的財務目標，都是強調改善投資報酬。然而，企業必須以風險管理和控制來平衡預期的報酬，因此許多企業的財務構面都會包括一個跟策略的風險層面有關的目標，例如：分散營收來源，避免集中在一個狹窄的顧客羣，或一、兩種業務路線，或某一個特殊地域。一般而言，風險管理是一個附加的目標，它應該要輔助事業單位的預期報酬回收策略才是。

財務構面的策略主題

我們發現，不論成長、維持或豐收階段的企業策略，都受到三個財務主題的驅使：

- 營收成長和組合
- 成本下降，生產力提高
- 資產利用與投資策略

營收成長和組合，指的是擴大產品和服務的種類，開拓新客源和市場，改變產品和服務的組合提高附加價值，以及重定產品和服務的價格。成本降低和生產力提高，指的是降低產品和服務的直接成本，減少間接成本，與其他事業單位共享資源。至於資產利用的主題，指的是降低支持既定業務量或業務組合所需的營運資金水準，它也意味著利用剩餘產能發展新業務，提高稀有資源的使用效率，以及處置閒置資產，藉此擴大固定資產的利用率。所有這些行動，都能幫助事業單位增加它們從財務和實物資產賺取的報酬。

圖 3-1 顯示如何選擇統合財務目標的驅動因素，這個 3×3 的矩陣代表了三個財務主題和三種企業策略，矩陣中的單元即為財務目標的驅動因素。

圖 3-1　衡量策略的財務主題

		策略主題		
		營收成長和組合	成本降低／生產力改進	資產利用
事業單位的策略	成長	• 市場區隔的營收成長率 • 新產品、服務、顧客佔營收的百分比	• 員工平均收益	• 投資(佔營收的百分比) • 研發(佔營收的百分比)
	維持	• 目標顧客和客戶的佔有率 • 交叉銷售 • 新應用佔營收的百分比 • 顧客和產品線的獲利率	• 相對於競爭者的成本 • 成本下降率 • 間接開支(佔營收的百分比)	• 營運資金比率(現金周轉期) • 主要資產類別的資本運用報酬率 • 資產利用率
	豐收	• 顧客和產品線的獲利率 • 非獲利顧客的比率	• 單位成本(每種產品、每個交易)	• 回收期間 • 產出量

■營收成長和組合

　　成長期或豐收期的事業單位最常用的營收成長量度，是目標地區、市場和顧客的營收成長率、市場佔有率。

■新產品

　　成長階段的企業，通常強調擴大既有的產品線，或推出全新的產品和服務。這個目標常見的量度，是新產品和服務在上市後的一段時期內——也許是二到三年，所創造的營收佔全部營收的百分比。創新的公司，譬如惠普和 3M 公司，非常喜歡用這個量度。不過，它和任何用意良好的量度一樣，達到目標的手段有好也有壞，理想的做法是新推出的產品或延伸產品比舊產品突飛猛進，這樣才能吸引新的顧客和市場，而非僅僅取代舊產品的銷路

而已。不過，若是單獨對這個量度施加壓力（如果實施平衡計分卡，這個危險會小一點），事業單位可能採取逐漸改進既有產品的做法，這種方式一樣可以達到目標，但不能帶給顧客獨特的產品優勢。事業單位也可能採取另一種機能更加失調的手段（好在出現這種情形的機率很小），乾脆停止出售一個銷路極好的成熟產品，藉此抬高新產品在全部營收的比重。為了確切了解新產品或服務是否真的令人刮目相看，有些公司把衡量重點放在新產品和服務的價格或毛利，它們認為新產品或服務既然擁有更多的功能和顧客價值，就應該比成熟的舊產品或服務賣得更好的價錢並帶來更高的利潤。

■新應用

開發全新的產品可能需要昂貴的成本和漫長的時間，藥劑和農化品公司尤其如此，這些公司的產品開發週期特別長，而且產品必須通過嚴格的法規檢驗。維持期的企業可能發現開拓舊產品的新用途是一條增加營收的捷徑，例如：尋找舊藥劑對治療新疾病的效用，或舊化學品對新農產品的保護作用。為了開發舊產品的新用途，企業仍然需要掌握新的應用能力，但畢竟不需要從頭發明配方，而且舊產品的安全性早已通過檢驗，製造流程也已經過設計並除錯（debug），如果新應用是事業單位的一個目標，那麼新應用佔營收的百分比會是一個很好的平衡計分卡量度。

■新的顧客和市場

開拓既有產品與服務的新客源和市場，可能是增加營收的另

一條捷徑。有些量度強調開闢新收入來源的重要性，例如新顧客、新市場區隔、新地理區域佔全部營收的百分比。許多企業對市場和業者的佔有率瞭若指掌，因此它們經常以增加事業單位在目標市場區隔的佔有率為衡量標準；同時，這樣的一個衡量標準還可以幫助事業單位評估自己的市場佔有率是如何成長的——是產品的競爭力提升了，還是市場本身的規模變大了？如果銷售額成長但市場佔有率萎縮，則可能顯示事業單位的策略出了問題，或者是它的產品與服務吸引力不足。

■新關係

有些企業要求旗下不同的策略事業單位共同開發新產品，或聯手出售新專案，希望從合作中獲得綜效（synergies）。無論企業的策略是增加子公司間的科技轉移，或是增加企業內部眾多事業單位對同一個顧客的業務，目的都是希望把跨事業單位的合作關係轉變為營收。

例如洛克華德的母公司——布朗陸特能源服務公司，旗下有六個工程分公司。每一家分公司都從事某種性質的工程服務，從基礎和應用工程設計，到油氣管線的製造、安裝（洛克華德的本業）、維修和服務，它們的顧客通常都是大型石油和天然氣公司。這些分公司一向以獨立公司的形態經營自己的業務。當錢博思從洛克華德的總裁調升布朗陸特的總裁後，便要求所有分公司遵循一個共同的財務目標，也就是提高共同合作專案在整個業務的比重。他的目的是透過分公司的合作，提供顧客統包式的服務，從最初的專案設計，到油氣管線設施的長期運作和維修。

其他企業也有類似的經驗，它們企圖擺脫價格主導、毫無特色的銷售形態，改為提供客製化的產品和服務來滿足特殊的顧客需求。然而企業雖然宣稱自己已改奉差異化的策略，如果它們換湯不換藥，財務衡量標準還是總營業額、利潤、資本運用報酬率那一套，或許它們能夠達到短期的財務指標，但不可能獲得策略的成功。它們需要區別自己的營收中有多少是靠削價競爭搶回來的，有多少是真正的高價位，或者是來自全憑提供附加價值的特色和服務而建立的長期顧客關係。

■ 產品和服務的新組合

順著這個思路衍伸，企業可能會考慮改變產品和服務的組合以增加營收。舉例而言，企業可能覺得自己在某些區隔中擁有龐大的成本優勢，能夠以非常低廉的價格搶走競爭者的生意——如果遵循這個低成本策略，就應該衡量目標區隔的營收成長率。此外，企業也可能考慮一種更加差異化的策略，減少產品和服務組合中的低價位項目，增加高價位的項目——如果採取這種策略，就應該衡量高價位區隔中的營收成長率，以及高價位區隔佔全部業務的百分比。舉例來說，大都會銀行採取的策略是增加收費性金融商品的銷售量，那麼衡量此策略是否成功的量度，則是這類商品和服務的營收成長率。

■ 新定價策略

最後，如果產品、服務或顧客的營收無法彌補成本，也可以提高價格的方法來增加營收，這個方法特別適用於成熟、也許是

豐收期的事業單位。如今公司不難察覺這種蝕本情形，只要實施作業制成本（activity-based cost, ABC）系統，便可詳細記錄每一個產品、服務和顧客的成本利潤，甚至它們的資產運用。有些企業發現它們可以用提高價格或取消折扣的方法，來彌補花在非獲利的產品或顧客身上的成本，而不至於喪失市場佔有率；這種方法對於特殊、利基性的產品或特別挑剔的顧客尤其有效。有些量度，例如產品、服務和顧客的獲利率，或無利潤的產品和顧客所佔的百分比，可以顯示（但並非唯一）重新定價的機會，或顯示過去價格策略的成敗。對高度同質的產品和服務而言，一個簡單的價格指數，例如每噸的淨收入、每次服務的價格，或每個單位的價格，已足以顯示公司和產業在價格策略上的趨勢。

成本下降和生產力提高

除了制定營收成長和組合的目標外，企業也可能希望改善成本和生產力的績效。

■提高營收生產力

成長階段的事業單位可能不太重視成本節省。降低成本需要自動化和標準化的流程，成長期的企業則需要彈性，才能夠提供客製化的新產品和服務給新市場，這兩者實為互相矛盾，因此成長期企業的生產力目標應以加強營收為重點（例如員工的平均營收），以鼓勵企業轉向高附加價值的產品和服務，加強組織的物質和人力資源能力。

■降低單位成本

維持期的企業，無論是把成本降到具競爭力的水準，改善邊
際利潤，或監控間接和一般費用的水準，都可以提高獲利率和投
資報酬率。最簡單和最直接的降低成本方法，就是減少生產的單
位成本；如果企業的產品同質性較高，那麼降低單位成本這一個
簡單的指標可能已經足夠了。例如，化學公司可以把指標定為每
生產一加侖或一磅的成本；銀行設定的指標，可以是減少每個交
易（處理一次存款或提款）的平均成本，以及降低並維持每個顧
客帳戶的平均成本；保險公司設定的指標，則可以是衡量收一次
保費或付一次理賠的成本。因為從事活動或生產的成本，往往涉
及組織中許多不同部門的資源和活動，因此可能需要一個以活動
為基礎、以製程為導向的成本會計系統，才能夠正確的衡量交易
和生產單位成本。

■改善通路組合

有些組織擁有不同交易通路可供顧客選擇。例如：銀行的顧
客可以透過櫃枱出納員的人工作業，也可以透過自動櫃員機
（ATM）或電話和電腦的電子方式進行交易；但對銀行來說，每
一種通路處理交易的成本差別甚大。在製造業方面，有些企業採
用傳統的採購模式，先由採購人員通知外界供應商前來投標，然
後評估各家標價，從中挑選最好的一家，最後再坐下來談判交貨
的條件。另有些製造公司則是跟一些合格的供應商建立長期合作
關係，直接把製造流程和供應商以電子資料交換系統（electronic

data interchange, EDI）連結起來，由供應商負責按時直接送貨供應製造流程。像這樣處理一個EDI交易的成本，比傳統人工式採購活動的成本便宜得多，因此把顧客和供應商從昂貴的人工處理通路，轉到低成本的電子通路，是一個大有可為的降低成本方法。如果事業單位實施這種降低成本的策略，就應該衡量各種通路佔業務量的百分比，把業務組合從高成本的通路轉移到低成本的通路。因此，即使交易流程的效率毫無改進（這當然是一個過於保守的假設），而僅僅把交易轉移到效率更高的通路，也足以大幅增加生產力並降低成本。

■節省營業費用

現在很多企業試圖降低銷售、一般性和管理費用。[5] 衡量這些努力是否成功，可以記錄這些費用的絕對金額，或計算它們相對全部成本或全部營收的比率。舉例來說，如果管理階層認為公司的一般性開支太高，無論相對競爭者或相對顧客利益而言均嫌太高，那麼就應該制定一個目標，把管理費用降至銷售額的某一個百分比，或降至經銷、行銷和銷售費用的某一個百分比。但是降低開支的目標，必須以其他的計分卡量度予以平衡，例如：顧客的回應力、品質和績效，如此才不會因為削減成本而妨礙企業達成顧客和內部流程的重要目標。

老實說，我們對這一類的衡量標準並非毫無戒心，因為它暗示這種費用是組織的「包袱」，必須加以控制和逐漸刪除。理想的做法是衡量企業的間接和後勤資源產出。企業不應該一味減少這些資源的開支和供應，反而應該增加它們的效益，也就是更多

的顧客、更高的營業額、處理更多交易、開發更多新產品、更好
的流程，以及增進它們的工作效率——亦即投入一定水準的資源
能夠獲得多少產出和利益。如果採用這些近乎生產力的量度，則
需要分析後勤資源，量化它們的產出，然後衍生出質與量的量
度，以及投入和產出的比率。作業制成本分析法正好提供這種功
能，可以把花在間接、一般性、管理資源的費用，跟它們從事的
活動、流程及它們生產和服務的成果連結起來。從這個角度來
看，今天許多企業普遍採用直接和間接成本的人為區分，其實完
全沒有必要。

資產利用和投資策略

　　衡量增加營收、降低成本、提高資產利用的財務策略是否收
效，可以用整體的成果——例如：資本運用報酬率、投資報酬
率，以及附加經濟價值——做為量度。企業可能也希望辨別特定
的驅動因素來增加資產的強度。

■現金周轉期（cash-to-cash cycle）
　　營運資金，尤其是應收帳款、存貨和應付帳款，對許多製
造、零售、批發和經銷公司而言，是一個重要的資本因素。要衡
量營運資金的管理效率，可以看它的現金周轉期，辦法是計算產
品庫存的天數，加上已售未收帳款的天數，減去已購未付帳款的
天數（見圖 3-2）。這個量度背後的理論十分簡單。企業從外面購
買原料或半成品（如果是製造公司，還需要付出製造成品的勞工

圖 3-2　現金周轉期

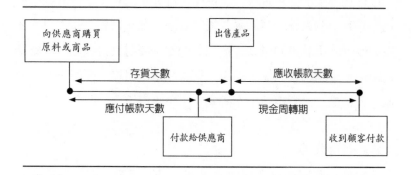

和轉移成本），從購買原料到出售製成品之間的時間，代表資金被綁在存貨上的時間，這段時間還可以減去從購買原料、勞工、加工資源的那一天，到必須付款的那一天之間的時間（應付帳款的天數）。應收帳款的天數，則衡量從產品售出的那一天，到收到顧客付款的那一天之間的時間。因此，現金周轉期代表公司需要多少時間，才能夠把付給供應商的現金，轉變成從顧客收回的現金。有些企業的現金周轉期是負數，它們一直等到收到顧客付的現金之後才付款給供應商。實際上，只要做到存貨極為貼近最後銷售，迅速向顧客收款，並且跟供應商談判一個優厚的付款條件，企業應該能夠從日常營運週期中蓄積資金，而非消耗資金。雖然有些企業認為零或負的現金周轉期就算不是絕無可能，也是非常困難的事情，但是降低現金周轉期，仍不失為一個改善營運資金效率的好方法。

此外，一些營運週期長的企業（例如建設公司），還會發現管理營運資金和管理現金周轉期一樣的重要。當專案進行中，這

些企業需要衡量從顧客收到的階段性付款,是否可抵付到目前為止已經在專案上的現金投入。例如,洛克華德是一家海底建築公司,它有一個大傷腦筋的應收帳款問題:通常需要一百天以上才能夠收齊施工計畫的尾款。洛克華德的主要財務目標之一,就是大幅縮短這個結帳週期,如果能夠達成這個目標,那麼它的另一個財務目標——資本運用報酬率,必可獲得驚人的改善。[6]

■資產利用改善

　　另外一些關於資產利用的量度,是企圖改善資本投資的程序,其目的之一是改進資本投資的生產力,其次是加速資本投資的過程,以便提早獲得這些投資的現金回收;換句話說,就是縮短對實物和智慧資本投資的現金周轉期。

　　許多資源的作用是提供工作所需的基礎架構,即支援設計、生產、銷售、處理等工作。這些資源可能需要投入可觀的資金,投資對象當然包括實物資本,例如:資訊系統、特殊設備、經銷設施,以及建築和廠房設施。但投資對象也包括智慧和人力資本,例如:科技人才、資料庫,以及行銷人員。企業可以透過讓眾多事業單位分享基礎架構的方式,擴大投資於這些資產的利用率。如此一來,除了分享知識和顧客可以帶來的潛在營收外,也因為不需要對不同的單位重複投資,而達到降低成本的效果。因此,如果企業希望從實物和智慧資本的投資中獲得一定的經濟規模和範圍,就應該制定目標,提高資源共享的比重。

　　企業也應該特別注意稀有資源的利用率。讓我們再舉洛克華德公司為例。洛克華德最大的一項資產投資,是進行海底建築活

動的特殊船隻，它的一個財務目標就是提高這種船隻的使用時間比率，強調這個昂貴資源不可不事生產的重要性。基於同樣的道理，某大型綜合石油公司也以煉油廠的利用率做為它財務目標的一個衡量標準。

研發、員工、系統等智慧資產的投資報酬率，也會增加一個企業的整體投資報酬率。不過我們希望留待第 5 章和第 6 章再加討論，屆時我們會具體說明如何制定創新、員工和系統的目標與量度。

風險管理的目標與量度

我們發現，大多數組織除了希望透過成長、成本下降、生產力、資產利用等手段來增加報酬之外，也非常關切報酬的風險。只要風險管理具有策略上的重要性，企業必然希望把風險管理的目標明確載入財務構面之中。例如，大都會銀行選擇了一個財務目標來增加收費性服務的比重，不僅因為收費性服務擁有營收成長的潛力（前面已討論），而且是為了降低目前收入對主要存款和交易性產品的高度依賴。因為，來自存款和交易性產品的收入，會受到利率波動的影響而起伏。銀行相信，當收費性服務在收入中的比重增加之後，前後年度的收入波動也會相對減輕。由此觀之，擴大收入來源可以發揮一石二鳥的作用，成為成長和風險管理的目標。

國家保險公司是一家大型的產險和意外險公司，風險是保險公司的老本行，難怪它在財務構面中是以是否保留了足以應付最

大可能虧損的儲備金做爲衡量虧損風險的量度。又某資本密集的企業因應風險之道,是在經濟週期之尾,仍舊有足夠的營運現金流量來支付實物資本的維修及流程的改進。

有些企業承認它們對實際營運結果的預測經常出錯。預測不準,尤其當實際結果比預計低很多的時候,會導致預期外的借貸,因此增加了經營的風險,所以企業應該選擇一個目標來縮小實際結果和預期結果的誤差率。顯然的,如果這是財務構面上的唯一目標,管理階層多半會發表過於保守的預測,好讓自己輕鬆過關。好在其他的財務目標,可以誘導管理階層追求營收成長和資產報酬率(return-on-assets),因此在制定準確的預測量度之際,應該用成長和獲利能力的目標來予以平衡。某公司就增加銷售和訂單的儲備量做爲降低風險的目標,因爲它相信,一個龐大和不斷增加的銷售儲備量,可以提高營收和預測的可靠性。

本章摘要

財務目標代表組織的長期訴求:從投資於事業單位的資本上賺取豐厚的報酬。平衡計分卡與這個極端重要的目標沒有任何衝突。實際上,平衡計分卡不但肯定財務目標,而且爲事業單位在成長和生命週期的不同階段訂定出適當的財務目標。我們見過的每一個計分卡,都採用跟獲利能力、資產報酬和營收成長有關的傳統財務目標。這一點更加證明平衡計分卡與行之已久的事業單位目標有密切的關聯。

　　即使只用計分卡的財務構面，資深經理人不但能夠指定用什麼標準來評估企業的長期成功，而且可以辨別哪些變數對於創造、驅動長期目標最為重要。財務構面中的驅動因素，是根據產業、競爭環境和事業單位的策略而制定的，我們建議用一種分類方法，把財務目標分成營收成長、生產力提高和成本下降、資產利用、風險管理等主題，企業可以從這幾個主題中選擇適當的財務目標。

　　其他計分卡構面的一切目標和量度，最後也都應該連結到財務構面中的一個或數個目標，我們在第 7 章會探討這個議題。這種一切歸諸財務目標的做法，斬釘截鐵的明示企業的長遠目的是為股東創造財富，而所有的策略、方案和行動計畫都應該幫助事業單位達到它的財務目標。再者，計分卡上選擇的每一個量度，也都應該是因果關係鏈中的一環，所有因果關係以財務目標為終點，而財務目標代表了事業單位的策略主題。如果照這個方法使用計分卡，計分卡不會是一羣孤立、互不相干，甚至互相矛盾的目標。此外，計分卡也應該闡述策略，先敍述長程的財務目標，然後引出一連串的行動，這些行動在財務流程、顧客、內部流程、員工和系統的配合下，共同追求理想的長期經濟績效。對大部分企業而言，增加營收、改善成本和生產力、加強資產利用率、減少風險這幾個財務主題，便足以連結計分卡的四個構面了。

註：

1 請參考 G. Bennett Steward, *The Quest for Value* (New York：Harper Business, 1991) and G. B. Steward, "EVA™：Fact and Fantasy," *Journal of Applied Corporate Finance* (Summer 1994)：71−84.

2 C. W. Hofer and D. E. Schendel, *Strategy Formulation：Analytical Concepts* (St. Paul：West Publishing, 1978)；I. C. MacMillan, "Seizing Competitive Initiative," *Journal of Business Strategy* (Spring 1982)：43−57；and P. Haspeslagh, "Portfolio Planning：Uses and Limits," *Harvard Business Review* (January−February 1982)：58−73.

3 我們的簡化方法受到下面這篇文章的影響：Earnest H. Drew, "Scaling the Productivity of Investment,"*Chief Executive* (July/August 1993)。

4 有些事業單位不再符合公司的策略目標，或不再能夠創造合理的現金或財務報酬，這些企業必須能讓公司實施「退出」的策略，不論退出的方式是出售還是關門大吉。退出階段的財務量度，重點在於維持既有的價值，這個階段企業的衡量標準，在於準備井然有序的關門或增加讓售價值，因此公司的 CEO 和 CFO 須建立共識。有些因素可能阻礙事業單位的出售，例如：負債增加，廢料製造、廢品、污染或得罪顧客，這些因素都應該嚴密監控。

5 S. L. Mintz, "Spotlight on SG&A," *CFO Magazine* (December 1994)：63−65.

6 我們留待第 5 章〈企業內部流程構面〉中，再討論洛克華德公司如何解決付款週期太長的問題，因為解決方案涉及專案經理如何改進與顧客工作的方式。這個例子說明了跨越計分卡構面而連結目標的重要性。

4

顧客構面

在平衡計分卡的顧客構面中,企業確立自己希望競逐的顧客和市場區隔,這些區隔代表了公司財務目標的營收來源。顧客構面使企業能夠以目標顧客和市場區隔為方向,調整自己核心顧客的成果量度:滿意度、忠誠度、延續率、爭取率、獲利率。它也協助企業明確辨別並衡量自己希望帶給目標顧客和市場區隔的價值主張,而價值主張是核心顧客成果量度的驅動因素與領先指標。

從前企業可以心無旁鶩的做好內部管理,只須強調產品績效和科技創新就夠了。但是不了解顧客需求的企業,最後一定躲不掉被競爭者侵襲的命運,這些競爭者仗著更符合顧客口味的產品和服務而搶走大片的市場,因此,現在企業無不把眼光從內部轉移到外部,對準顧客。當前,企業的使命與願景皆千篇一律強調「提供顧客價值絕不後人」,以及成為「顧客第一選擇的供應商」。事實上,顧客不可能把每家企業都當做第一個選擇的供應

商，不過話說回來，一個以「顧客至上」為訴求來激勵所有員工的聲明總錯不到哪裏去的。事實擺在眼前，如果事業單位希望達到卓越的財務績效，它們別無選擇，必須創造並提供顧客希望的產品和服務。

立志滿足並取悅顧客固然重要，但事業單位的管理階層還需要在平衡計分卡的顧客構面中，以市場和顧客需求為特定目標。如果存心取悅所有的人，最後往往是得不到任何人的歡心，因此，企業必須在既有的和潛在的顧客人口中辨別市場區隔，然後選擇自己的競爭舞台。制定顧客構面的目標與量度，正在於辨別希望提供給顧客什麼樣的價值主張。因此，計分卡的顧客構面可以詮釋企業的使命與策略，把它們變成目標顧客和市場區隔的特定目標，並在整個組織中貫徹這些目標。

市場區隔

既有和潛在的顧客不會是一個模子裏倒出來的，他們各有各的喜好，對產品和服務的屬性也有不同的評價。在構築策略的過程中，如果採用深度市場研究，可以發掘不同的市場或顧客區隔，以及每一個區隔對價格、品質、功能、形象、商譽、關係、服務的偏好，然後企業便能夠針對自己選擇的顧客和市場區隔而界定自己的策略。平衡計分卡既然闡述企業的策略，就應該辨別每一個目標區隔中的目標顧客。

有些經理人反對挑選目標顧客做為區隔，他們對顧客來者不

拒，而且希望滿足每一個顧客的每個需求。這種做法的風險是：什麼事情都做得半吊子。策略的本質不僅是選擇有所為，而且是選擇有所不為。[1]

爲了建立平衡計分卡，洛克華德的經理人訪問了許多既有和潛在的顧客。他們發現有些顧客希望一切沿襲舊制。這些顧客已經建立了一套篩選供應商的辦法：首先，自己擬定需求規格，然後邀請供應商根據詳細的招標書投標，最後從合格的供應商中挑選價格最低的一家。其中一位顧客在訪問中便如是說：

> 我們沒有資源及時間與供應商玩不切實際的花樣。我們的生意已經到了不擇手段競爭的地步，這幾年價格和利潤一路下滑，我們不得不到處削減成本。我們別無選擇，只能用價格最便宜的供應商。

洛克華德的傳統競爭手法，是盡量壓低價格爭取這類顧客。

可是幾家重量級的顧客，例如雪佛隆（Chevron）、英國石油公司（BP）、海斯石油（Amerada Hess）等，在訪問中紛紛表示，它們對海底建築服務業者的要求不只是價格便宜而已。它們說：

> 我們必須盡量節省成本，但我們希望供應商協助我們達到這個目標。讓供應商承包一部分工程如果可以比較省錢和比較有效益，那麼我們就應該把這部分的工作交給承包商去做，然後相對裁減內部工程人員。此外，我們的相對優勢是探勘石油和天然氣、煉油，以及販賣油品。我們沒有

任何海底建築方面的專長，在這方面，我們期待承包商提供新的方法和改良設計的科技。最好的工程服務業者應該能夠預期我們的需要，然後提供有創意的新科技、新專案管理方法，以及新融資方法來滿足我們的需要。

這些企業承認，瞬息萬變的科技和競爭激烈的環境，逼使它們向供應商求援，尋求降低成本的創新方法。在選擇供應商的時候，價格雖然是一個考慮因素，但是供應商是否能夠提供創新和更好的成本效益，對企業而言，更是關鍵性的決定。雖然洛克華德仍然希望保留一部分價格敏感型顧客的業務，但它選擇的策略是增加價值訴求型顧客的市場佔有率。影響所及，它把核心顧客量度的重點，包括市場佔有率和顧客延續率、爭取率、滿意度，放在已經與之建立附加價值關係的顧客身上。為了評估策略是否有效，洛克華德是以來自附加價值的顧客關係佔營收多少百分比來評估。

大都會銀行的情形也一樣，過去它的競爭方式一向是提供低價格、高效率和高品質的服務給它的所有分行顧客。營業利潤和邊際利潤的減少，以及科技和競爭情勢的轉變，迫使它重新檢討這個策略。大都會銀行最後的結論是，不希望一味以價格最低、商品式的交易來吸引生意，它把自己重新定位為一個知識豐富的理財顧問，能夠提供種類繁多的金融商品和服務，交易處理能夠完美無缺，價格雖非最低廉但絕對合理，然後鎖定目標顧客。

拓荒者石油提供了另一個市場區隔化的例子。拓荒者是美國一家主要的煉油廠及汽油和汽車潤滑油的零售業者。它在發展顧

客策略之先，舉辦了一項市場調查。調查結果辨認了五個顧客區隔：

1.馬路戰士

16％的高收入中年男性，平均一年開車兩萬五千至五萬英里……購買高級汽油，以信用卡付帳……在便利商店購買三明治和飲料……時而上洗車店洗車。

2.忠心耿耿型

16％的中高收入男女，對某一個品牌擁有特別的忠誠度，有時甚至認定某一個加油站……，經常買高級汽油，習慣付現金。

3.F3 世代

這個階層顧客佔 27％，擁有三個 F 特質：燃料（Fuel）、食物（Food）、快速（Fast），是力爭上游型的男女，其中一半年齡不到二十五歲，總是行色匆匆……經常開車，開車時喜歡吃從便利商店買來的零食。

4.居家型

這個階層顧客佔 21％，通常是家庭主婦，白天開車接送兒女上下學，在所居住城市或開車路線上的任何加油站加油。

5.貨比三家型

這個階層顧客佔 20％，通常對品牌或加油站沒有特別的喜

好，很少買高級汽油……，常常手頭拮据。

拓荒者發現，石油公司多年來你爭我奪，其實爭的是貨比三家的消費者。拓荒者的主管現在明白了，這一類型的顧客只佔汽油消費市場的 20 ％，而且是利潤最低的 20 ％。於是拓荒者決定轉移焦點，改爲專攻利潤最高的 59 ％的顧客區隔（馬路戰士、忠心耿耿型、F3 世代），並且設計了另一套價值主張吸引並維持這三種區隔的業務。

企業一旦認清和選定市場區隔之後，便能夠針對這些目標區隔設定目標和量度。我們發現，企業通常都會選擇兩套顧客構面的量度：第一套是概括性的量度，它們是幾乎所有企業都希望使用的量度，因爲許多平衡計分卡上面都有這些量度，例如顧客滿意度、市場佔有率、顧客延續率，我們稱之爲「核心衡量標準羣」；第二套量度代表顧客成果的績效驅動因素，也就是企業用來區別自己和競爭者的工具。第二套量度回應了幾個問題：企業必須提供什麼給顧客，才能獲得高度的顧客滿意度、延續率、爭取率，最後達到高度的市場佔有率？換句話說，績效驅動因素的量度，實現了企業企圖帶給目標顧客和市場區隔的價值主張。

核心衡量標準羣

顧客成果的核心衡量標準羣，適用於所有類型組織，它們包括下列的量度：

- 市場佔有率
- 顧客延續率
- 顧客爭取率
- 顧客滿意度
- 顧客獲利率

這些核心量度可以組成一套因果關係鏈（請參考**圖 4-1**）。

這五個量度表面上適用於任何類型組織。但若要發揮它們的最大影響力，事業單位必須針對預期中成長和獲利潛力最大的目標顧客羣適度修正這些量度。

■ *市場和客戶佔有率*

一旦確定了目標顧客羣或市場區隔，衡量市場佔有率就十分直截了當了。產業團體、貿易協會、政府的統計資料，及其他的公開資訊，經常提供對市場佔有率的預估。舉例來說，洛克華德的市場佔有率量度，是第一級顧客佔業務量的百分比。第一級顧客是洛克華德已建立長期合作關係的顧客，這個量度說明了事業單位應該如何運用平衡計分卡來激勵並監督它的策略。如果洛克華德只用財務量度，短期內或許能夠全憑削價競爭達到營收成長、獲利率和資本報酬率的目標，但是這樣做以後，第一級顧客的市場佔有率量度便會顯示策略實施出現了偏差，業務成長並非來自附加價值的顧客關係。然而，目標顧客的市場佔有率量度，卻可以制衡純粹的財務指標，提醒事業單位需要即刻檢討它的策

圖 4-1　顧客構面——核心量度

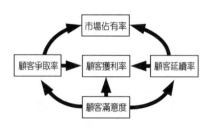

市場佔有率	反映一個事業單位在既有市場中所佔的業務比率（以顧客數、消費金額、或銷售量來計算）
顧客爭取率	衡量一個事業單位吸引或贏得新顧客或新業務的速率，可以是絕對或相對數目
顧客延續率	記錄一個事業單位與既有顧客保持或維繫關係的比率，可以是絕對或相對數目
顧客滿意度	根據價值主張中的特定績效準則，評估顧客的滿意程度
顧客獲利率	衡量一個顧客或一個區隔扣除支持顧客所需的特殊費用後的純利

略實施情形。

　　鎖定顧客或市場區隔之後，企業還可以採用第二個市場佔用率的量度：企業在這些顧客的全部採購中佔有的比率（有人稱之為「顧客荷包佔有率」）。整體市場佔有率的量度，會受到目標顧客在一定時間內全部採購量的影響。換句話說，如果目標顧客減少了他們給所有供應商的生意，那麼企業整體的市場佔有率也會隨之降低。所以，企業可以分開衡量自己在每一個顧客（如果顧客數目很少，像洛克華德一樣），或每一個區隔（如果銷售對

象是大眾市場，例如大都會銀行和拓荒者石油）的全部採購中佔
有的比率。像金融機構（例如大都會銀行）可以衡量自己在目標
顧客的全部交易或全部銀行戶頭中所佔的比率，而計算出自己的
荷包佔有率；飲料食品公司可以衡量自己在目標顧客購買的全部
飲料中的佔有率（胃納佔有率）；時裝公司可以衡量自己在顧客
購買的全部服裝中的佔有率（衣櫃佔有率）；建築公司可以衡量
自己在目標顧客全部建築工程中的佔有率。如果企業希望在目標
顧客購買的產品和服務中擁有支配性地位，那麼這個量度便提供
了一個明確的指標。

■顧客延續率

挽留目標區隔中的既有顧客，顯然是維持或增加目標顧客區
隔佔有率的一個好辦法。而一項關於服務利潤鏈的研究報告，也
證明了顧客延續率的重要性。[2] 凡是很容易辨識所有顧客的企
業，例如工業公司、經銷商和批發商、報紙和雜誌出版社、電腦
線上服務公司、銀行、信用卡公司、長途電話公司等，都能夠不
費吹灰之力計算出從一個時期到另一個時期的顧客延續率。其中
有許多企業不但希望挽留既有顧客，還希望進一步了解這些顧客
的忠誠度，那麼最好的辦法就是衡量既有顧客的業務成長率。

■顧客爭取率

凡是追求業務成長的企業，都會制定一個目標增加目標區隔
的顧客總數。而顧客爭取率的量度，無論用的是絕對數目或相對
數目，都是衡量事業單位吸引或爭取新顧客、新生意的效率；衡

量的方法可以是計算新顧客的數目,也可以是新顧客帶來的銷售額。許多企業(例如:經營信用卡或簽帳卡、雜誌訂購業務、行動電話服務、有線電視、銀行和其他金融服務的公司)經常透過大量而十分昂貴的行銷活動來開發新客羣,這些公司其實應該檢查招攬活動的效益。它們可以衡量對招攬活動做出回應的潛在顧客人數,以及這些顧客的轉變率——新顧客的實際人數除以潛在顧客的人數;同時也可以衡量招徠一個新顧客的平均成本,以及新顧客的營收相對於推銷活動次數的比率,或相對於招攬成本的比率。

■顧客滿意度

　　滿足顧客需求是驅動顧客延續率和顧客爭取率的力量。顧客滿意的高低反映了顧客眼中公司表現的優劣。在此,無論我們如何強調顧客滿意度,也不能表達其重要性於萬一。根據最近一項研究報告指出,如果企業僅在顧客滿意度上表現不差,並不能驅動高度的顧客忠誠、延續率和獲利率;唯有當顧客認為他們的購買經驗是百分之百或極端令人滿意時,企業才有把握這些顧客會重複採購。[3]

　　有些企業特別幸運,它們的顧客主動為所有的供應商評分。舉例來說,惠普(Hewlett-Packard)公司為它的各類供應廠商打分數和排名次;福特汽車表揚並頒獎給最有價值的供應商。有些跨國公司的財務主管給往來的銀行一份成績單,上面對各家銀行在融資、金融服務和建議方面的表現有詳細的評語。再如洛克華德,其與第一級顧客的關係中,就包括了顧客每個月的回饋報

告，這份報告根據顧客事先指定的優先績效指標，評估洛克華德的表現。

　　但是，企業不能指望所有的目標顧客都會主動提供績效的回饋。許多企業，包括英國航空公司（British Airways）、全錄、寶鹼（Procter & Gamble）、摩托羅拉（Motorola）、百事可樂（PepsiCo）、波音（Boeing）和3M公司，都舉辦系統化的顧客滿意度調查。填寫一份問卷調查似乎不費吹灰之力，但是要得到收回比率高而有效的顧客回應則煞費苦心，這需要專門的技術。常用的調查方法有三種：信函調查、電話訪問和當面訪問。在這三種方式中，信函調查的成本最低，電話訪問次之，當面訪問最高，但回應率和資訊價值也跟成本成正比。現今，顧客滿意度調查已成為市調機構最熱門的科目，總花費已接近二億美元，而且每年還以25％的比率成長。這種專業性的服務往往需要動員心理學、市場研究、統計學和訪問技術方面的專才，以及數量龐大的人員、能夠巨細無遺計算各種指標的電腦軟體才能達成。

■顧客獲利率

　　在佔有率、延續率、爭取率、滿意度這四個核心顧客量度上大獲成功，並不能保證企業從顧客身上賺到錢。要想得到萬分滿意的顧客（和非常憤怒的競爭者），最簡單的辦法莫過於賤賣產品和服務。但是顧客滿意度和市場佔有率本身不是目的，它們不過是增加財務報酬的手段，因此除了衡量自己與顧客做了多少生意之外，企業還希望衡量這些生意的獲利率，尤其是目標顧客區隔的獲利率。而作業制成本系統不僅可以衡量個別顧客的獲利

率,也可以衡量總體顧客的獲利率。[4] 企業不應以擁有滿意和快樂的顧客為滿足,它們還應該讓這些顧客成為獲利的顧客,因此像顧客獲利率之類的財務量度,就可以使一個以顧客為焦點的企業不至於沉迷於顧客而忘卻其他目標。畢竟,並非所有的顧客要求都能夠得到滿足而且獲利,當碰到特別困難的服務要求時,有時事業單位必須拒絕這筆生意,有時則需要提高價格來補貼。萬一這些顧客需求對企業特別重要,又不可能為他們調整價格的話,事業單位仍然可以在作業制成本系統中獲知無利可圖的訊息。此一訊息可以協助企業了解這筆生意涉及哪些主要流程,這些流程有沒有加以改造或重新設計的可能,因此它還是有機會修正對顧客的服務,既能滿足顧客要求,又有利可圖。

顧客獲利率的量度可能會顯示出某些目標顧客根本無利可圖,這種情形尤其容易出現在新爭取的顧客身上。因為,招攬新顧客的費用相當可觀,出售給這些顧客的產品和服務,短期內無法以邊際利潤抵銷。因此,保留或拒絕不賺錢的顧客時,必須基於顧客的終生獲利性(lifetime profitability)來考量。新爭取的顧客具有成長潛力,因此即使眼前無利可圖,仍然有保留的價值。如果企業已經與顧客往來多年而仍無法獲利的話,可能需要採取斷然的行動(或尋找其他理由,例如:商業信用和學習機會)把他們轉成資產。

圖 4-2 提供了一個兼顧目標市場區隔和顧客獲利率的簡單考量方法。

在圖 4-2 中,左上右下對角線上的兩種顧客不難處理。企業當然希望保留目標區隔中賺錢的顧客,對非目標區隔中不賺錢的

圖 4-2　目標區隔與顧客獲利率

顧　　　　客	獲　　　　利	非　獲　利
目　標　區　隔	保留	轉移
非　目　標　區　隔	監視	取消

顧客，應該沒有保留的興趣。至於右上左下對角線上的兩種顧
客，則產生了饒富趣味的管理題目。目標區隔中不賺錢的顧客
（右上角）代表了機會，企業可以把他們轉變成獲利的顧客。如
上所述，企業需要對新爭取的顧客採取一些行動，不可靜觀其
變，等到銷路增加之後再來研究他們的獲利率。至於長期不賺錢
的顧客，可能需要調整他們用得最多的服務或產品的價格，或改
進生產和服務方法。而非目標區隔中賺錢的顧客（左下角）當然
可以保留，但必須密切觀察，以防萬一他們對服務或產品的特色
有了新的要求，或改變他們購買產品和服務的數量和組合時，又
會變成不賺錢的顧客了。像這樣用市場區隔和獲利率的兩種量度
同時檢視顧客，可以幫助經理人了解他們的市場區隔策略是否有
效。

核心之外：衡量顧客價值主張

　　顧客價值主張代表企業透過產品和服務而提供的屬性，目的
是創造目標區隔中的顧客忠誠和滿意度。價值主張是一個重要的
觀念，若欲了解顧客滿意度、爭取率、延續率、市場和客戶佔有
率這四個核心量度的驅動力量，就必須了解價值主張。

　　雖然不同的產業有不同的價值主張，甚至同一個產業中不同
市場區隔的價值主張也不盡相同，但是我們從為許多不同產業構
築計分卡的經驗中，發現幾乎所有產業的價值主張都有一套共通
的屬性。這些屬性可以歸納成三大類（請參考**圖** 4-3）：

- 產品和服務的屬性
- 顧客關係
- 形象與商譽

■ 產品和服務的屬性

　　產品和服務的屬性包括功能、價格和品質。舉例來說，我們
可以把洛克華德辨別的兩種顧客區隔看成一個典型的顧客取捨問
題：一種顧客需要可靠和廉價的供應者，另一種顧客則需要差異
化的供應者，並且能夠提供獨特的產品、特色和服務。洛克華德
的第二級顧客不需要浮華或客製化的東西，他們需要基本的產
品、可靠和準時的交貨、產品零缺點，而且價格越便宜越好。反
之，洛克華德的第一級顧客卻願意付出高價來換取特殊的產品或
服務，他們認為這些產品特色和服務對他們達到競爭策略願景極
有幫助。同樣的，大都會銀行的顧客也分成幾個市場區隔，其中
一個區隔尋求價格最低的供應者，只消提供標準的銀行商品，如
支票帳戶即可。另一個區隔的顧客卻把銀行當做供應一切金融商
品和服務的來源，而且他們願意付出一個合理但不見得是最便宜
的價格來進行交易。不過，這兩個區隔對銀行交易的要求則一
致，它們都希望高品質（零缺點）的服務。

圖4-3　顧客價值主張

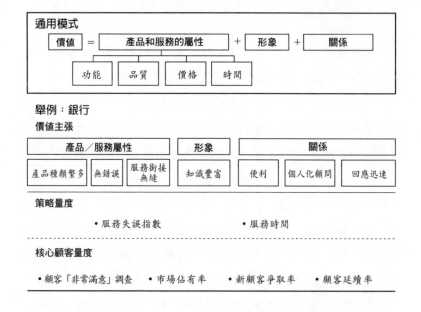

■顧客關係

顧客關係層面包括產品和服務的交貨，這涉及回應時間和交貨時間，以及顧客向公司採購時的感受。舉例而言，大都會銀行的顧客關係目標，是建立並維護殷勤待客的形象。大都會定義卓越的顧客關係有三項：

1. 知識豐富的員工：員工有能力辨識顧客需求，有知識主動滿足這些需求。

2. 接觸便利：提供顧客一天二十四小時的銀行服務或資訊。

3.回應能力：迅速服務顧客。臨場反應足夠即時回應顧客的
要求。

零售連鎖業如諾斯充百貨（Nordstrom），強調它的銷售員隨
時準備為目標顧客提供超水準的服務。直覺（Intuit），一家小型
電腦軟體公司，卻在個人理財軟體市場上享有領導的地位，它的
成功是來自用戶對其產品親切介面的愛用與支持。此外，顧客關
係層面也包括長期的允諾，例如：供應商把自己的和顧客的資訊
系統連結起來，透過電子數據交換系統進行交易，包括分享產品
設計、連繫製造日程、電子化下單、開發票和付款。顧客關係還
可能包括賦予某一個供應商優先選用的資格，因此供應商可以直
接送貨到廠區工作站，免掉收貨、檢驗、搬運和儲存的繁雜手
續。有些公司甚至把自己的採購功能交給合格的供應商，提供辦
公室和倉儲設施給供應商派駐的代表，允許供應商全權管理物料
的流動，及時運送正確數量和組合的材料到工作站。在這種關係
下，顧客選擇供應商的原則，便與供應商的報價高低毫無關係。

■形象與商譽
形象與商譽層面反映了企業吸引顧客的無形因素。有些公司
能夠利用廣告及高品質的產品和服務創造顧客忠誠，使得顧客對
其產品或服務支持的程度，遠超過產品或服務本身的有形價值。
像消費者對一些名牌運動鞋、名設計師的服裝、主題遊樂區（廣
告宣傳：「我要去迪士尼世界」）、香菸（廣告宣傳：「萬寶路
人」）、飲料（廣告宣傳：「百事新生代」）情有獨鍾，甚至連

買雞肉都要指定牌子（普渡牌〔Perdue〕），在在都是形象與商譽對目標消費者區隔的影響力之明證。因此之故，各個企業無不用心建立自己的形象與商譽。例如，大都會銀行企圖建立的商譽，是知識豐富、態度友善，能夠提供全方位金融商品和服務的理財顧問。拓荒者石油則企圖在一個以貨品買賣為主的市場上區隔自己的產品，它利用廣告來宣傳一些表面看不見的產品特色，例如：強調產品純度高，可以使引擎保持清潔，沒有沉澱物。有些銀行希望傳達個人化、高素質的金融諮詢和服務形象；號稱美國六大（Big Six）的會計師事務所，更是企圖建立高品質商譽，以與與其他規模較小、地區性的競爭者有所區隔。

　　另一方面，形象和商譽還有助於企業在顧客心目中建立先入為主的印象。舉例來說，洛克華德公司亟欲擺脫該行業在 1970 年代初期石油熱潮時留給人們的印象，那時候人們一提到海底工程建築公司，腦中就浮起一羣穿著潛水衣，身背氧氣筒，手拿焊槍，從接駁船跳入北海的玩命傢伙。洛克華德構築平衡計分卡，並建立顧客目標及顧客回饋價值，目的即在於傳達一個嶄新的專業形象，它希望藉此告訴它的第一級顧客，現在的洛克華德是一個科技先進、值得信賴且有價值的合作夥伴，具備與顧客建立長期關係的能力。

　　肯亞商店是另一個例子。它是一家大型服飾零售商，它設計了一個目標顧客的形象：

- 二十歲到四十歲的女性（目標：二十九歲）
- 大專學歷

- 全職工作，擔任專業經理的職位
- 衣著創新而時髦
- 充滿自信，有高度幽默感

他們透過各式各樣的廣告和店內的文宣，對外傳播它的目標顧客形象。肯亞透過向潛在顧客傳達一個清楚的形象，讓顧客幻想自己只要在肯亞買衣服，便會擁有同樣的形象。公司除了向它的顧客出售高品質、價格合理和時髦的服裝外，更爲她們編織了一個美麗的夢。由此觀之，凡是企圖利用形象與商譽屬性的公司，都可以描繪出它們的理想顧客形象，然後利用形象的聯想力來影響顧客的購買行爲。

以下我們透過肯亞、洛克華德、拓荒者的個案研究，來說明如何利用產品和服務的屬性、關係、形象與商譽以建立顧客價值訴求。

肯亞商店：直接銷售給大眾市場

肯亞商店發展顧客目標的第一步，是界定一個顧客策略：

1. 肯亞必須增加它的顧客衣櫃佔有率。
2. 利用顧客忠誠來增加衣櫃佔有率：希望顧客一年四季光顧肯亞商店，同時也在此採購生活上所需的一切衣服。
3. 爲了創造顧客忠誠：

- 商品必須能夠界定目標顧客、滿足他（她）們的需求和希望的形象。
- 品牌必須滿足顧客的嚮往和追求的生活方式。
- 購物經驗足以提高顧客忠誠度。

4.正確無誤的掌握顧客羣以及他（她）們的消費習慣。

肯亞商店以顧客忠誠和顧客意見，做爲核心顧客成果的量度，這些量度的績效驅動因素，是從策略目標中引伸出來的。績效驅動因素代表了三個價值主張因素的目標和量度。

產品屬性

肯亞商店界定了三個目標：價格、時尙、品質爲消費者價值主張的產品屬性。

價格目標：

提供時尚和品質，讓顧客覺得物超所值、價錢公道。

這個目標的量度是：肯亞商店希望維持的平均單位零售價（即無折扣的價格），以及各商店的平均交易數。

時尚與設計的目標：

提供時髦的商品，肯亞品牌可以滿足顧客的時尚嚮往和衣著需要。

這個目標顯然不是那麼容易轉成特定的營運量度。在此，肯亞選擇的第一個量度是「策略商品」的年平均營收成長率，而所謂的策略商品則是指最能夠代表公司形象的主要商品項目。第二個量度是 MMU（零售業維持固定毛利的術語，代表售價扣除折扣之後的實際邊際利潤），MMU 的改善是一個成果（落後）指標，顯示商品的設計與時尚深受顧客喜愛，因此能夠維持良好的利潤。

品質目標如下：

在同一款式及橫跨所有產品範疇內，保證最高品質和連貫性。

衡量品質的標準是退貨率，退貨率可以具體顯示消費者對品質和價格是否公道的滿意度。

關係：購物經驗

肯亞商店認為購物經驗極其重要。在購物經驗中，肯亞強調的是商品的齊全和店內的購物感覺。商品齊全的意思是，凡是顧客看中的東西，店裏一定有貨。衡量方法是：請顧客填寫「您的看法如何」的意見卡，詢問顧客對尺碼、顏色是否齊全的滿意程度。肯亞以「完美購物經驗」的六點願景聲明，闡述它所追求的購物經驗：

1.商店亮麗，領先潮流

2.店員漂亮，打扮時髦，面帶微笑

3.清楚標示任何的減價活動

4.店員對產品瞭若指掌

5.店員招呼親切，叫得出客人名字

6.送客人走時，誠懇說聲「謝謝惠顧」和「歡迎下次光臨」

　　肯亞的目標是顧客每一次光臨都能感受到這六點。它以「神祕顧客」的稽核方式，檢視各店是否確切貫徹這個目標。

品牌與形象

　　如前所述，肯亞商店已經建立了一個非常具體的「理想顧客」的定義。理想顧客的形象讓所有員工都明白顧客對時裝的期望。肯亞的品牌形象目標如下：

> 透過掌握目標顧客的需求並滿足她們的需求來區隔市場，
> 進而把「肯亞」塑造成爲一個舉足輕重的全國性品牌。

　　肯亞以「主要商品項目的市場佔有率」和「品牌項目賺取的溢價」來衡量公司是否成功的樹立了一個領導性的品牌形象。同時，它還以自己的高價位商品較諸市面上其他同類商品所被接受的程度，來衡量其品牌形象是否深入人心。

　　至於肯亞以什麼機制達到顧客價值主張的目標和量度（見圖

圖 4-4　顧客價值主張——肯亞商店

價值主張

產品屬性			形象	關係	
價格利益	時尚與設計	品質	品牌形象	商品齊全	購物經驗

策略量度

- 平均單位　• 溢價　　　• 退貨率　• 市場佔有率　• 缺貨率　　• 神祕顧客
　零售價　　　　　　　　　　　　（主要商品）　（主要商品）

- 平均商店　• 目標商品　　　　• 品牌商標溢價
　交易量　　　成長率

核心顧客量度

- 顧客忠誠　　　　　　• 顧客滿意度
　（年採購成長率）　　　（調查）

4-4），則是在企業內部流程構面中界定的，詳情留待下一章討論。

洛克華德：直接銷售給個別顧客

　　洛克華德在顧客構面中使用了兩個核心成果量度，一個是年度顧客意見調查，由顧客針對洛克華德及其競爭者進行評比；另一個量度是檢視（第一級）顧客市場和客戶佔有率。對於價格敏感型的第二級顧客，洛克華德另設計了一個價格指數，做為競爭投標的參考。洛克華德希望仍然保留第二級顧客的業務，這些業務可以協助產能管理並提供訂單儲備，而後者有助提高財務預測的準確性。

圖4-5　顧客價值主張(第一級顧客)──洛克華德

產品屬性				形象	關係
功能	品質	價格	及時性	專業管理	關係
• 安全 • 工程服務	• 已提交程序極少變動 • 品質認知及表現 • 提供設備的標準 • 人員素質 • 投產品質	• 工時 • 物有所值 • 降低成本的創新性	• 符合進度 • 及時提交程序		• 承包商的誠信與公開 • 彈性 • 合約的回應能力 • 團隊和諧與合作精神

　　為了衡量第一級顧客的價值主張，洛克華德設計了一個客製化的顧客滿意度指數，它可以反映出產品和服務的屬性，以及洛克華德的專案小組與顧客的關係。洛克華德辨認了十六個與專案管理有關的屬性（見圖 4-5）。每個專案開始前，顧客先從十六個屬性中選出一組他們認為最重要的屬性，每個屬性還可以加重計分，以反映它們的相對重要性。洛克華德的專案小組每個月收到顧客的滿意度回饋表，上面記載顧客對選擇屬性的評分，評分標準是 1～10 分，然後便可計算出一個加權的顧客滿意度指數（請參考圖 4-6）。這個方法使洛克華德能夠在每一個專案上與每個顧客強調的專案目標保持同步。

　　除了每個月得到第一級顧客對每個專案的滿意度評分之外，

圖 4-6　顧客滿意度量度——洛克華德

衡量準則	顧客						平均滿意度
	A	B	C	D	E	F	
(1)安全	9	8	8	10		8	8.6
(2)符合進度	9	6	7				7.3
(3)工作時間與歇工時間的比率	9	5	4				6.0
(4)及時提交程序	9	4	5				6.0
(5)已提交程序極少變動	9	5	6				6.7
(6)承包商的誠信與公開	4	7	7	10	9		8.3
(7)彈性	9	4	7		9		7.3
(8)合約的回應能力	8	5	7				6.7
(9)工程服務	8	7	7				7.3
(10)對品質的認知及表現	10	6	8		8	7	7.8
(11)物有所值	7	6	6	10	9	7	7.2
(12)提供設備的標準	9	7	7			8	7.8
(13)人員素質	10	7	7	10		8	8.5
(14)降低成本的創新性和努力					7		7.0
(15)投產品質				10			10.0
(16)團隊和諧與合作精神			7				7.0
滿意度指數	**8.8**	**5.9**	**6.6**	**10.0**	**8.4**	**7.6**	**7.9**

洛克華德加總專案的十六個屬性的評分，算出每一個屬性的平均分數。這個平均成績可以顯示專案小組在哪些地方普遍表現良好，哪些地方表現令顧客失望。

拓荒者石油：間接銷售給大衆市場

拓荒者石油的顧客構面是一個很有意思的例子。拓荒者是一個典型的以零售、經銷和批發商為銷售對象的公司。這種公司一般而言有兩個獨特的顧客羣體。第一個羣體是直接顧客，即向它們購買產品或服務，然後再轉售給下游的顧客組織。第二個羣體是顧客的顧客，通常就是最終消費者。對於這種公司，我們建議把顧客構面分成兩個區隔：直接顧客和最終消費者。舉例而言，封裝消費品的生產者，如寶鹼、可口可樂、匹茲伯立（Pillsbury），必須掌握它們的零售商、批發商和經銷商，並與之密切合作。在此同時也必須了解購買它們產品的最終消費者的口味與偏好。

拓荒者的經銷商（中間顧客）是獨立商人，不是公司的員工。經銷商有自己的財務目標——主要是獲利能力，而期望它們的供應商（拓荒者）提供培訓和企管的技術。經銷商希望拓荒者提供範圍廣泛的非汽油類服務，例如洗車、潤滑設施和供應、便利商店等，而且希望拓荒者牌汽油有一個強力的品牌形象，使它們能夠區分自己和競爭的加油站。

拓荒者為顧客構面界定的核心成果目標，是與經銷商有關的滿意度、延續率和新經銷商爭取率，它也為目標經銷商的價值主張辨別了一些量度——即核心成果的績效驅動因素。產品和服務的屬性，包括新產品和服務的目標（功能），以及經銷商的獲利能力（價格、品質、功能）。關係層面強調拓荒者如何協助經銷

圖 4-7　顧客價值主張──拓荒者石油

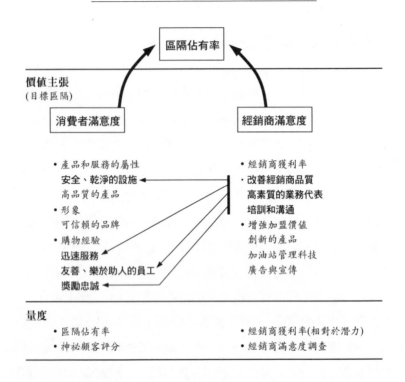

商及其員工培養管理技術；而在形象與商譽方面，則衡量品牌宣傳的效果（見**圖 4-7**）。

　　至於消費者構面，拓荒者透過市場研究（本章前已敍述）而了解目標區隔中的消費者之所以選擇名牌汽油的經銷商，是因為這些加油站安全、清潔、工作人員態度親切；第二大區隔則特別重視服務速度。拓荒者衡量消費者滿意度（這是一個核心成果量度）的方法，是透過一個「神祕顧客」計畫，由獨立的第三者到各零售點去購買產品，然後依照「乾淨、友善、迅速」的策略目

標來評估購物經驗。消費者滿意度的績效驅動因素，則包括乾淨、安全、員工態度以及服務迅速這幾個量度。

因為拓荒者的產品（汽油）本質是貨品，消費者挑選競爭加油站的時候，不會特別關心產品的屬性。實際上，目標消費者的喜好（已把價格至上的區隔排除在外），強調的是關係對購物決策的影響。不過，拓荒者還是調查了消費者對產品品質和品牌形象的觀感，因此它能夠為產品屬性及商譽、形象各自設定了一個量度。從**圖 4-7** 上，我們可以看到拓荒者提供給目標消費者的價值主張。

拓荒者的計分卡流程並未設定經銷商和消費者的目標，因為它已透過正常的市場研究確立了這些目標。計分卡則幫助資深管理階層關切並表述這些目標，它的最大貢獻在於提供了一個機制，使經理人能夠向整個組織澄清並傳達公司的目標經銷商和消費者區隔，以及相關的價值主張。拓荒者以計分卡顧客構面的目標和量度為基礎，建立了一個龐大的溝通計畫，向超過五千名員工傳達公司的策略。此外，由於計分卡顯示顧客和消費者的績效改進與財務目標的連結關係，因此每一個員工都能夠充分了解策略的意義，人人都明白自己應該如何對事業單位的整體目標做出貢獻，追求高度的財務績效。

時間、品質和價格

從肯亞、洛克華德和拓荒者這三個個案研究中，我們看到了

如何為顧客價值主張制定目標。雖然每一個企業都應該在自己的平衡計分卡顧客構面中，發展自己獨特的價值主張，但我們發現，幾乎所有的價值主張中都包含一些與顧客流程的回應時間、品質和價格有關的量度。我們在本章後面的附錄中，會簡單討論一些代表顧客關係的時間、品質和價格層面的量度。

本章摘要

當管理階層構築好計分卡的顧客構面之後，他們應該已經對目標顧客和業務區隔有了清晰的概念，而且為這些目標區隔選定了一套核心成果的衡量標準：佔有率、延續率、爭取率、滿意度，和獲利率。這些成果量度代表企業的行銷、營運、後勤以及產品與服務的開發流程指標。但是這些成果量度也有一些傳統財務量度的缺點，它們是落後量度，不能夠即時反映在顧客滿意度或延續率方面的表現，等他們發現缺失時，往往已經來不及應變了。而且這些量度無法發揮指點迷津的作用，對於線上員工輔助效果不彰。

除了成果量度之外，管理階層必須辨別目標區隔的顧客最重視的價值，以及選擇提供給這些顧客的價值主張。然後他們可以從價值主張的三種屬性中選擇適當的目標和量度，只要能夠達到這些目標和量度，企業便能夠維持並擴大來自目標顧客的營收。這三種屬性是：

- 產品和服務的屬性：功能、品質、價格
- 顧客關係：購物經驗和個人關係的品質
- 形象與商譽

選定這三種屬性的特定目標和量度之後，管理階層便能夠聚集組織之力，提供卓越的價值主張給目標顧客。

本章附錄

顧客滿意度的績效驅動因素

我們希望在這裏介紹一些具有代表性的量度，企業可以參考這些量度，為平衡計分卡的顧客構面制定一套關於時間、品質和價格的衡量標準。

時間

在現今的競爭環境中，時間是一個重要的競爭武器。對顧客要求做出迅速和正確的回應，往往是爭取並留住顧客的關鍵。以赫茲（Hertz）公司推出的貴賓卡為例，他們把行色匆匆的旅客送到預租車子之處，此時租車表格早已處理好擱在車裏了，行李箱蓋已經打開等著他放行李，如果是夏天，這時冷氣也已打開了，

如果是冬天，暖氣已開放。旅客只消在離開停車場前出示駕駛執照證明身分，就可以把車開走了。銀行在時間競爭上，則是加速處理房貸和其他信貸業務，把等候時間從幾個禮拜縮減至幾分鐘。再如日本的汽車廠，從接到一輛客製化汽車的訂單，到把這輛新車送到消費者的家門口，所需時間（一個星期）比顧客向政府機關申請一張有效停車證的時間還要短。這些企業紛紛以時間基準的顧客量度做為衡量標準，證明縮短前置時間（lead time），對於滿足目標顧客的期望非常重要。

有些顧客真正關心的是前置時間的可靠性，他們可能並不介意自己拿到的是不是最短的前置時間。舉例來說，許多運輸公司情願用卡車而不願用火車來運貨，並不是因為在長途運輸上卡車比火車省錢或快捷，而是因為很多鐵路公司不能夠保證準時到站。運輸公司只有一天的收貨窗口，因此它們（和它們的顧客）情願用貴一點、甚至稍費時間的運輸工具，以保證貨物在預定時間內送達。此外，送貨時間的可靠性，對於實行及時（just-in-time）生產原則、零庫存的製造工廠尤為重要。本田和豐田的汽車裝配廠，只給它們的原材料供應商一個小時的收貨窗口。有時候貨車司機到早了，只好在工廠外面兜圈子，直到製造流程開放它收貨為止。如果工廠的倉庫作業是不儲存任何原料和外購的零件，那麼只要這些原材料的交貨時間稍微延誤，就可能造成整個生產設施的停擺。在服務公司方面，如果消費者為了收貨而請假在家等候，結果送貨的人沒有按時出現，或是安裝工作不能在預定時間內完成，可想而知，顧客會多麼焦慮生氣。如果交貨可靠性對重要的顧客區隔極為緊要，那麼顧客滿意度和延續率的績效

驅動因素就應該包括如期交貨的量度，但此一量度必須基於顧客的期望。你不妨試探一下本田或豐田，告訴它們你定義的「如期」是比預定時間多一天或少一天，而這兩家公司的製造流程至多只能忍受前後一小時的差距，看看你能夠從它們那裏拿到多少生意。

又如十分昂貴的醫療診斷設備，購買或租賃這些設備的醫院和診所必然會要求設備的高度可靠性和充分使用率。有一家診斷設備製造商制定了兩個以顧客為主的衡量標準：(1)設備使用時間比率，(2)維修服務的平均時間。由於對這兩個目標的要求，這家公司在設備上安裝了故障偵測系統，一旦察覺設備可能發生故障，系統會自動傳呼維修人員。

前置時間的重要性並不限於既有的產品和服務，像有些顧客便希望供應商源源不斷的推出新的產品和服務，對於這種市場區隔，顧客滿意度的的績效驅動因素就應該包括縮短新產品和服務上市的前置時間。衡量這個目標的方法，是從掌握顧客的新需求，到新產品或服務交到顧客手中的時間。我們會在下一章討論企業內部流程構面中的「創新流程」時，繼續探討上市時間（time-to-market）的量度。

品質

品質在 1980 年代是一個關鍵的競爭手段，其重要性一直延續至今。但是到了 1990 年代中葉，品質已經從策略優勢轉變為競爭

的必要條件了。很多企業因為無法提供零缺點的產品和服務，在市場上已經變得無足輕重。過去十五年來企業對品質改進的高度重視，導致今天品質只剩下有限的競爭優勢，如今品質已成為一個「保健因子」，顧客視品質為產品的一部分，認為他們的供應商理應一絲不苟的遵照產品和服務的規格。儘管如此，在某些產業、地區或市場區隔中，卓越的品質仍然可以提供企業做為市場區隔的利基。如果情形如此，那麼平衡計分卡的顧客構面中，就應該包括顧客認定的品質衡量標準。

製造品的品質，可以用顧客發覺產品出錯的次數來衡量（例如每百萬個產品的不良率〔PPM〕）。摩托羅拉公司著名的「六個席格瑪」（6-Sigma）計畫，就是希望把不良率減至低於十個PPM。第三方的評鑑通常也可以提供品質方面的回饋，例如鮑爾（J. D. Power）機構對汽車公司和航空公司做評鑑並予以排名；交通部門公布航空公司航班誤點和行李遺失率，都是很好的例子。

唾手可得的品質量度，還包括退貨率、保修期間的理賠、現場修理的要求等。然而，服務業比製造業更多了一個難題，當製造業的產品或設備出現故障或不能滿足顧客時，顧客通常會要求退貨或打電話要求公司修理；相反的，當服務公司出現品質問題時，顧客不但無貨可退，而且經常因為找不到負責人而投訴無門，通常顧客的反應是，日後不再光顧這家公司了。服務公司最終才發覺，它的業務和市場佔有率減少了，但是這個信號來得太遲，而且幾乎毫無挽救餘地。更糟的是，服務公司甚至經常搞不清楚到底哪些顧客因服務惡劣而把公司列為拒絕往來戶。正因如

此,有些服務公司向顧客提出服務保證。〔5〕不但保證照價賠償,甚至賠償價格超出原價很多,這種保證帶給公司的好處不勝枚舉。首先,它可以留住一個可能永遠喪失的顧客;其次,公司可以獲得警惕,了解自己的服務出現了缺失,可以及時糾正改進。最後,服務保證本身是一個強大的激勵和誘因,可以促使客服部門避免犯錯,以免引起顧客的索賠要求。因此,凡是實施服務保證的公司,最好把服務保證的賠償次數和成本列入顧客構面的量度中。

品質也可能指的是時間方面的績效。像前面討論的如期交貨量度,事實上即是衡量企業在如期交貨方面的績效品質。

價格

我們花了那麼多篇幅強調時間、回應能力和品質,讀者可能要問,難道顧客不關心價錢了嗎?這一點讀者大可放心,不論事業單位採取的是低成本策略,還是差異化策略,顧客永遠都會關心他們購買產品或服務的價格。在價格主導購買決策的市場區隔中,事業單位可以比較自己的售價淨額(扣除折扣和折讓後的價格)和競爭對手的售價淨額。如果事業單位透過投標手續來出售產品或服務,那麼得標率——尤其是目標區隔的得標率,會是一個很好的價格競爭力指標。

即使是價格敏感的顧客,他們最喜歡的供應商也未必是價格最低的一家,反而是採購和使用產品或服務成本最低的一家。乍

看之下，讀者可能認爲我們在玩文字遊戲，故意把低價格和低成本當做兩碼子事，但這兩者的確有實際上的差別。讓我們舉一個製造業的例子來說明此點。假如某製造公司正打算向一家供應商洽購一批重要的零件，這家供應商以廉價爲號召，但到頭來可能變成一個成本極高的供應商。因爲，該低價供應商可能只能供應大批量的零件，因此該製造商需要投資大量的儲藏空間，以及收貨、搬運的資源，加上預先付款購買一時用不上的零件而多付出的資金成本。再者，該低價供應商也可能不是一個認證過的供應商，換句話說，它不能保證送來的零件一定符合製造商的採購規格。因此，該製造商必須檢驗進貨，退回有缺陷的零件，並安排更換零件的進貨事宜（換回來的零件也必須經過驗收手續）。第三，該低價供應商也可能沒有很好的如期交貨能力，慮及供應商萬一不能按時交貨的後果，該製造商只好提前訂貨並儲存一定數量的零件。延遲交貨會增加成本，因爲它會造成工廠必須趕工和重新安排作業日程來避開缺貨的零件，而且低價的供應商可能無法與它的顧客用電子連線，在在都迫使顧客必須在訂購和付款上花費更多的成本。

　　相反的，一個低成本的供應商可能售價稍爲高一點，但它能夠交運零缺點的產品，而且直接送到工作站，及時銜接生產流程。低成本供應商也允許顧客用電子方式訂貨和付款，如果向這家低成本供應商購買零件，那麼該製造公司幾乎完全不用在訂購、收貨、驗貨、儲存、搬運、趕工、重新排期、重做和付款手續上花任何成本。我們在本章前面曾經提過，有些公司讓某些供應商取代自己的採購功能，它們自己不預存任何零件，而由供應

商直接把生產流程需要的零件及時送到工作站。由此可知，供應商的目標，應該是調整自己的製造和企業流程，使自己能夠成為顧客最低成本的供應商。事實上，供應商可以選擇在成本方面（對顧客而言）與人一較長短，而非一味以低價和折扣爲號召；而採用這種競爭方式的供應商，需要設定一個目標來減少它的顧客的採購成本。

　　此外，在某些產業中，企業可以比顧客的最低成本的供應商還要更上層樓。如果顧客經營轉售業務，也就是把它們採購回來的東西轉手賣給它們的顧客或消費者（例如：經銷商、批發商、零售商），那麼供應商就應該努力變成顧客的獲利最高的供應商。這類供應商可以利用作業制成本技術，協助顧客建立一個作業制成本模式來計算每一個供應商的獲利率。舉例而言，楓葉王（Maplehurst）是一家冷凍糕餅公司，它的顧客是超級市場的糕餅部。楓葉王主動協助它的顧客計算不同級別的產品獲利率，包括直接轉售的麵包、蛋糕、鬆餅以及店內自製的糕餅——加熱的冷凍糕餅（楓葉王的產品線）。楓葉王因此能夠向它的顧客證明，冷凍（和隨後在店內加熱的）食品是它們的產品線中獲利最好的一種，這個新發現爲楓葉王帶來了不少生意。

　　再來看看目前的飲料市場。該市場正在進行一場爭奪戰，戰場的一方是知名的品牌，如可口可樂和百事可樂，另一方是零售商的自有品牌，如總統牌（President's Choice）和安全道牌（Safeway Select）。雙方在這場戰爭中的武器都是幫食品店計算哪一種飲料的獲利率最高。經銷商、批發商和零售商，通常以毛利（售價減採購價）來計算每一種產品或供應商的獲利率，但是這

些飲料公司的計算方式比傳統的毛利複雜多了。舉例來說，全國性品牌的飲料公司把產品直接送到商店，它們的送貨員還負責把產品擺上貨架。零售商自有品牌的飲料公司則把產品送到倉庫，食品店需要花自己的資源來收貨、搬運、儲存、運輸和展銷。但是，全國性品牌往往佔據店裏最顯著和昂貴的空間，零售商自有品牌的產品只佔平常的貨架空間。因此，在比較兩種不同的供應商獲利率時，必須小心而正確的把所有的成本因素都計算在內。

優秀的供應商可以從計算顧客的獲利率中得到龐大的利益。試問，世上有哪一個訊息比證明自己是最能夠幫顧客賺錢的供應商更具說服力呢？因此，凡是以中間商為顧客的公司，都應該衡量顧客的獲利率，努力把自己變成顧客的高獲利供應商，藉此來驅動顧客的滿意度、忠誠度和延續率。當然，供應商也必須用自己從這些顧客身上獲得的利潤來平衡這個量度，畢竟，為了增加顧客的利潤而降低自己的利潤，雖可能為你帶來滿意和忠誠的顧客，卻是不會讓你的股東和銀行高興的。

註：

1　請參考下列這本書關於界限系統（boundary systems）的討論：R. Simons, *Levers of Control : How Managers Use Innovative Control Systems to Drive Strategic Renewal* (Boston : Harvard Business School Press, 1995), 47–55, 156。

2　J. Heskett, T. Jones, G. Loveman, E. Sasser, and L. Schlesinger,

"Putting the Service Profit Chain to Work," *Harvard Business Review* (March—April 1994): 164—174.

3 T. O. Jones and W. E. Sasser, "Why Satisfied Customers Defect," *Harvard Business Review* (November—December 1995) : 88—99.

4 R. Cooper and R. S. Kaplan, "Profit Priorities from Activity-Based Costing," *Harvard Business Review* (May—June 1991) : 130—135.

5 C. Hart, "The Power of Unconditional Service Guarantees," *Harvard Business Review* (July—August 1988) : 54—62; and J. Heskett, E. Sasser, and C. Hart, *Service Breakthroughs : Changing the Rules of the Game* (New York : Free Press, 1990).

5

企業內部流程構面

　　在企業內部流程構面中,管理階層要辨識公司是否能夠達到顧客和股東的目標。發展平衡計分卡的順序,通常是先制定財務構面和顧客構面的目標與量度,然後才制定企業內部流程構面的目標與量度,這個順序使企業在制定企業內部流程的衡量標準時,能夠抓住重點,專心衡量那些與顧客和股東目標息息相關的流程。[1]

　　大多數企業目前使用的績效衡量系統,重點在於改進既有的營運流程。我們建議經理人在建立平衡計分卡的時候,先界定一個完整的內部流程價值鏈。價值鏈的起端是創新流程,即辨別目前和未來顧客的需求,並發展新的解決方案來滿足這些需求。接下來是營運流程,即提供既有的產品和服務給既有的顧客。價值鏈的尾端是售後服務,即在銷售之後提供服務給顧客,增加顧客從公司的產品和服務中獲得價值。

　　平衡計分卡與傳統績效衡量系統的最大分野,在於它設計企

業內部流程構面目標與量度的過程。傳統的績效衡量系統重視控制和改進既有的責任中心和部門，純粹依賴財務衡量指標和每月的差異報告（variance report）來控制部門的運作，其局限性早已眾所周知。[2] 好在今天大多數企業已經不再以財務結果的差異分析做為主要的評估和控制手段，今天企業紛紛採用品質、良品率（yield）、生產量（throughput）和週期時間（cycle time）的量度，來彌補財務衡量之不足。[3] 這些較為周全的績效衡量系統，當然比從前完全依賴月份差異報告的做法進步很多，但是它們仍舊著重於改進個別部門的績效，而非改進整合性企業流程的績效。所以，近年的趨勢是鼓勵企業衡量企業流程的績效，例如訂單供貨（order fulfillment）、採購、生產規畫和控制等跨越數個組織部門的流程。衡量這些流程績效，通常要先定義、適當的成本、品質、生產量和時間量度，然後才能進行衡量。[4]

　　對大部分企業而言，能夠衡量跨功能和整合性的企業流程，已經比從前的績效衡量系統進步太多了。事實上，這也是 1990 年我們聯合十二家公司，花了一整年的時間研究績效衡量系統的最初目的。這項研究計畫，以模擬設備（Analog Devices）和其他公司的經驗為基礎，引發我們創造平衡計分卡做為一個新的企業績效衡量系統。[5]

　　隨後在與一些推動新制度公司的工作經驗中，讓我們體會到，即使改良過的績效衡量系統還是有很大的局限性。我們相信，僅僅用財務和非財務性的績效量度來衡量既有的企業流程，並不能引導企業在績效上有大幅度的改進。把績效量度施加在既有的、甚至改造過的流程上，頂多能夠帶動一些局部性的改進，

並不能夠爲顧客和股東帶來耀眼的成果。

今天任何一家企業無不對它們的企業流程下功夫，企圖改進品質，縮短週期時間，增加良品率，擴大生產量並降低成本。因此，光是努力改進既有流程的週期時間、生產量、品質和成本，未必能夠產生獨特的能力。除非企業能夠做到在一切企業流程上超越競爭對手，在品質、時間、生產力和成本方面，處處都比別人強，否則這些改進只能幫助企業存活，但不能產生獨特和永續的競爭優勢。[6]

在建立平衡計分卡的過程中，企業需要先明定一個策略來滿足股東和目標顧客的期望，然後再從這個策略衍生出企業內部流程的目標與量度。這個由上到下、順序發展的過程，往往會暴露出組織需要嶄新的企業流程，而且必須在這些流程上表現卓越。

洛克華德的經驗便提供了兩個活生生的例子，說明爲什麼企業可能需要全新的企業流程，才能夠達到它們在財務和顧客方面的目標。讓我們回顧一下第 3 章曾經提到的洛克華德的財務困擾，它因爲許多建築案在工程結束後遲遲不能結帳而深受其害。有些顧客拖延尾款長達一百天以上，導致洛克華德的應收帳款過高和資本運用報酬率（ROCE）過低。爲了改善 ROCE，洛克華德的管理階層下令必須縮短結帳週期，做爲公司的財務目標之一。在構築計分卡的時候，管理階層把這個財務目標連到一個內部流程，以便更快收齊工程尾款。如果只是簡單分析一下，企業可能會立刻把注意力放在應收帳款的流程上，企圖找出流程出了什麼問題，爲什麼會造成一百一十天的收款期。但是一百一十天收款期的問題根源，其實跟應收帳款部門毫無關係，無論企業如何改

進應收帳款流程的品質，或改造這個流程，也不可能把結帳週期縮短到哪裏去。顧客之所以延遲付款，並不是因爲他們沒有接到收款通知，也不是因爲他們非等到應收帳款部門的三催四請才肯付款，顧客不肯按時付款，是因爲站在他們的立場，專案根本沒有完成。

任何人只要跟承包商打過交道，尤其有過蓋房子或整修房子經驗的人，都知道承包商給什麼叫做「專案大功告成」下的定義，往往跟顧客的定義有很大的出入。因此，儘管洛克華德的工程師已經把最後一根該焊接的管線焊接好，專案小組也已經轉去做下一個工程，也不代表顧客對工程結果完全滿意。當顧客和承包商對專案是否已經完成的意見相左時，顧客的抗議方式之一就是扣留尾款不付，直到承包商回頭把其他工作做好，雙方一致同意專案確已大功告成，他們才肯付清尾款。

所以，洛克華德解決結帳期過長的問題，不是加強應收帳款部門的培訓和教育，解決方案是必須大力改進洛克華德的專案經理與顧客代表之間的溝通。良好的溝通，可以幫助專案經理提早察覺顧客對已完成的部分和專案進度的任何顧慮。如果在整個專案過程中與顧客保持不斷的溝通，而且在專案的每一個階段都能夠維持顧客的滿意，沒有理由不能準時收到尾款。洛克華德因而設計了一個嶄新的內部流程，新流程要求專案經理持續與顧客就進度和完工定義進行溝通，並且在每個階段完成後提醒顧客按時付款，尤其在專案結束時要求顧客付清尾款。流程同時強調專案工程師必須視專案的業務成功爲己任，不能只顧專案的技術成功。這個新流程看似爲專案工程師和專案經理而設，實際上卻是

從增加資本運用報酬率的財務目標衍生出來的。

在第二個例子中，新的內部流程是從洛克華德希望變成第一級顧客的優選供應商的顧客目標衍生出來的。洛克華德的經理人意識到，如果公司希望贏得第一級顧客的生意，就必須提供顧客認為有價值的服務，問題在於如何決定顧客重視的服務是什麼。與其大張旗鼓進行顧客意見調查，洛克華德的管理階層要求公司的經理人在日常活動中不停的發掘顧客源源不斷的需求。顧客重視的服務可能是創新的科技，以協助他們在險惡的深海環境中工作，也可能是加強安全管理，提供新的專案融資辦法，或改進專案管理方法。於是，洛克華德設計了一個內部流程來預測和影響顧客的未來需求。這個流程對公司是一個打破慣例的創舉，洛克華德過去一向後知後覺，只會坐等顧客的招標書，然後按照招標書的內容準備工作計畫和底價。未來的洛克華德將主動出擊，以影響顧客招標書的內容來取得優勢。

由此觀之，連結企業內部流程的目標至財務和顧客目標的過程，幫助洛克華德的經理人發掘出兩個全新而且必須表現卓越的內部流程：

1. 妥善管理目前的專案關係，以便迅速結束結帳週期。
2. 預期和影響顧客的未來需求。

若非透過一個由上到下化策略為營運目標的程序，不可能引伸出這兩個流程的目標與量度。由於這個程序，經理人能夠為企業內部流程構面找出新的流程，而以這些新流程為顧客和股東創

造出突破性的績效。

企業內部流程的價值鏈

每一個企業都有自己一套獨特的創造顧客價值和產生財務結果的流程。不過我們發現企業有一個共通的內部價值鏈模式，可供發展企業內部流程構面時參考（見圖 5-1）。模式中包含三個主要的企業流程：

- 創新
- 營運
- 售後服務

內部價值鏈的第一個階段是創新流程，事業單位在這個流程中研究顧客新出現的或潛在的需求，然後創造產品或服務來滿足這些需求。內部價值鏈的第二個階段是營運流程，目的是製造並

圖 5-1　企業內部流程構面──通則性價值鏈模式

遞交產品和服務給顧客。營運流程向來是大部分組織的績效衡量系統所關注的對象。對生產和服務流程來說，良好的營運和降低成本仍然是非常重要的目標。但是，我們可以從圖 5-1 中看出，在整個追求財務和顧客目標的內部價值鏈中，良好的營運只是其中的一個環節，甚至不是一個最具決定性的環節。

內部價值鏈的第三個階段，是售出或遞交產品和服務之後繼續為顧客效勞。有些企業把傑出的售後服務明定為策略，例如：出售複雜先進設備或系統的公司，可能提供顧客培訓課程來協助顧客的員工提高使用設備和系統的效率。它們也可能在設備出現故障時，提供迅速的維修服務。例如，某工業化學品經銷商發展了一種替顧客處置廢棄化學品和保存詳細紀錄的能力，顧客因此不需自己承擔這件昂貴的工作，不必憂慮事故賠償的風險，也不用窮於應付環保局、職業安全暨健康管理局等政府機關的嚴密監督。所有這些售後服務活動，都可以增加目標顧客使用公司的產品和服務的價值。

創新流程

有些事業單位價值鏈的設計，是把研究和發展當做支援流程，而非價值創造流程的主要成分。事實上，我們早期發表的關於平衡計分卡的文章，也是把創新流程與企業內部流程構面分開來看的。後來，我們從在一些企業內的工作經驗中體會到，創新流程其實是一個非常關鍵的內部流程。對許多企業而言，創新流程的效益、效率和及時性，甚至比日常營運流程的卓越性還要重

要，儘管後者是討論內部價值鏈的文章一向關注的對象。創新週期比營運週期還要重要，這一點在設計和發展週期特別長的企業尤其顯著，例如藥劑、農化品、軟體、高科技電子等產業。當這些企業進入產品製造的階段後，毛利可能相當的高，大幅降低成本的機會也可能十分有限，因為它們大部分的成本預算是用在研發上。有了這樣對創新流程的理解，促使我們為平衡計分卡的內容做了一次「大搬家」，把創新流程重新定位為企業內部流程構面一個不可分割的部分。

　　我們可以把創新流程想像成價值創造的「長波」。企業首先辨別和孕育新市場、新顧客以及既有顧客新出現的和潛在的需求。順著價值創造和成長的長波而行，企業接著設計和開發新的產品和服務，幫助它們開關新市場和客源，滿足顧客的新需求。營運流程剛好相反，它代表價值創造的「短波」，企業在這個流程中僅僅提供既有的產品和服務給既有的顧客。

　　創新流程（見圖 5-2）包括兩個部分。第一個部分是市場研究，目的是辨認市場的規模、顧客的喜好，以及目標產品或服務的價格點。在企業部署內部流程來滿足特定的顧客需求之際，如

圖 5-2　企業內部流程構面──創新流程

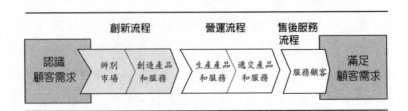

何獲得正確而有效的市場規模和顧客喜好的情報，是一個必須全
力以赴的課題。除了調查既有的和潛在的顧客外，經理人也應該
運用想像力，尋思企業可以一展長才的嶄新機會和市場。哈默爾
和普哈拉（Hamel and Prahalad）便描述創新流程為尋找「白色的
空間……，存在於以產品為基礎的業務中，或圍繞於其外的機
會」。他們督促企業不應以滿足或取悅顧客為目的，而應該力求
製造顧客的驚喜。他們建議企業尋找下面兩個關鍵問題的答案：

1.顧客希望未來產品為他們帶來哪些利益？
2.如何透過創新的手法，比競爭對手搶先一步提供這些利益
給市場？[7]

洛克華德鼓勵員工多花時間與顧客交流，目的就是為了發掘
顧客的新需求，並思索滿足這些需求的創新手法。顧客和市場研
究的績效量度，可能是計算開發了多少個嶄新的產品和服務，也
可能是衡量是否成功的替目標顧客羣開發特定的產品和服務，或
僅是評估對於新興顧客喜好的準備工作。

市場研究的成果，回饋了必要的資訊給產品和服務的設計與
開發流程，即創新流程的第二步。[8] 組織的研發部門在這個步
驟中：

• 從事基礎研究，設計革新的產品和服務價值給顧客；
• 進行應用研究，利用既有的科技創造下一代的產品和服
  務；

• 集中全力開發新的產品和服務。

過去很少人花工夫研究如何衡量產品設計與開發流程的績效，有幾個因素造成這方面的疏忽。大部分組織的績效衡量系統都是幾十年前設計出來的，那個時代人們關心的是製造和營運流程的績效，而非研究和發展工作的績效。這也難怪，因為從前組織花在生產流程上的費用，遠超過它們花在研發流程上的費用，而且以高效率製造大量的產品亦能成功。但是，今天許多組織的競爭優勢來自源源不斷的創新和服務，研發流程在企業價值鏈的地位也日益重要。因此，組織必須以特定的目標和量度，激勵並評估研發流程的成功。

研發流程日益重要，導致組織在研發流程的花費也越來越高。事實上，有些企業花在研究、設計和開發流程上的費用，已經超過了生產的費用。例如某汽車組件供應廠，它的開支中有10％花在設計與開發工作上，只有9％是生產的直接勞務費用。這家公司以標準成本和詳盡的差異分析系統來嚴格控制直接勞務成本，卻幾乎沒有任何財務系統來監控設計與開發部門的開支，或衡量其成果。事實上，許多公司的績效衡量系統仍然死盯著營運效率，對研發流程的效益則漠不關心。

誠然不錯，跟製造流程比起來，研發流程的開支（薪資、設備和材料）與成果（創新的產品和服務）之間的關係確實顯得薄弱和不明確，因此很難像製造流程一樣，建立一套標準來衡量從人工、材料、設備資源到製成品之間的轉換。例如，在電子產業裏，一個典型的產品開發流程可能歷時兩年，之後還得花五年時

間來銷售產品。因此產品開發流程是否成功，可能要等三年之後才會露出一點蛛絲馬跡。製造流程的週期時間則比較好辦，可以用幾分鐘到幾天來計算，因此比較適合用標準、良品率和各式各樣的生產力量度來評估和控制。但是，即使衡量研發流程的投入至產出的轉換困難重重，卻也不能成為企業不替這麼重要的組織流程制定目標與量度的藉口。在此，我們奉勸所有的公司千萬要小心，莫陷入了「如果你不能衡量你要的東西，那麼就要你能衡量的東西」的陷阱。

■基礎和應用研究的量度

超微（AMD）是一家領先的半導體製造業者，科技瞬息萬變是這個產業的特點。超微在平衡計分卡上用了許多專門衡量創新流程的量度，包括：

1. 新產品佔營收的百分比
2. 獨家產品佔營收的百分比 [9]
3. 新產品上市速度與競爭者之比，以及新產品上市速度與計畫之比
4. 製程能力（一塊矽晶片可以容納多少晶體之密度）
5. 開發下一代產品的時間

從這些量度上可以看出超微公司把高效益的創新流程看得多麼重要。

模擬設備公司也是一家半導體業者，它以一個量度——為期

五年的稅前營業利潤和全部開發成本的比率，來衡量研發流程的
報酬。這個量度可以衡量所有新上市產品的總合，也可以用來衡
量個別的產品。以營業利潤和開發成本的比率做為衡量績效的標
準，可以使設計和開發工程師時刻警惕，研發活動的目的不只是
創造技術先進和新穎的設備，也必須是具有市場潛力的設備，這
些設備不但可以償付開發成本，同時也能為公司創造利潤。

■產品開發的量度

　　儘管許多產品開發活動帶有先天的不確定性，我們仍然可以
在其中找到固定的模式，然後利用這些模式來發展衡量標準。舉
例來說，藥劑開發過程遵循一個固定的順序，首先是檢驗大量的
化合物，篩選其中具有潛力者，然後進行深入研究，先是實驗室
研究，然後移到動物身上做實驗，最後才是人體實驗，實驗完成
之後，還得通過一層層複雜的政府審查和核准的程序。每一個階
段都可以用一些量度來描述，例如良品率（多少個化合物從這個
階段成功的轉入下一個階段，除以多少個化合物曾經進入這個階
段）、週期時間（化合物在這個階段停留了多長時間），以及成
本（這個階段處理化合物的費用）。經理人可以制定目標來增加
開發流程中每一個階段的良品率，以及減少它們的週期時間和成
本。

　　另一個例子是，某電子公司針對新產品開發流程太長及成本
太高問題做了一次檢討。分析結果顯示，新產品上市時間過長的
罪魁禍首是，第一次設計出來的產品不能達到正常功能，必須重
新設計和測試，而且需要重複好幾次這個過程。因此，公司方面

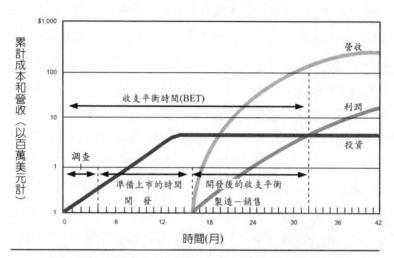

圖 5-3　收支平衡時間的量度

資料來源：摘自《哈佛商業評論》1991 年 1～2 月號："The Return Map：Tracking Product Teams"
一文，原作者為 Charles H. House 與 Raymond L. Price，已獲授權轉載。

決定保留上市時間做為產品開發流程的一個重要成果量度，但同時增加了幾個績效驅動因素。第一個績效驅動因素是，一定比例的產品初次設計即完全符合規格；另一個績效驅動因素，是產品經過幾次重新設計，不論多麼細微的修改，才能進入生產階段。據公司估計，每一個設計錯誤所造成的損失是十八萬五千美元。以公司一年推出一百一十個新產品，每推出一個新產品平均有兩個錯誤來計算，那麼一年花在設計錯誤上的成本就高達四千萬美元，超過營收的 5 ％。不僅如此，由於浪費時間在修正錯誤上而耽擱了新產品的上市時間，所以這筆費用還得加上損失的銷售價值。

　　針對此，惠普公司的工程師發明了一個「收支平衡時間」

（break-even time, BET）的衡量標準，用來衡量產品開發週期的
效能。[10] BET 計算產品從開發到上市，並產生利潤償付開發成
本爲止，共需多少時間（見圖 5-3）。BET 把一個高效益的產品
開發流程必備的三個因素混合在一個量度之中。首先，如果公司
希望研發流程做到收支平衡，就必須收回在產品開發上的投資，
因此 BET 不僅衡量產品開發流程的成果，也衡量流程的成本，它
鼓勵產品開發流程增加效率。其次，BET 強調獲利能力，它鼓勵
行銷、生產和設計部門之間的合作，如此開發出來的產品才能夠
滿足顧客的眞正需求——包括效益高的銷售通路和吸引人的價
格，而且能夠把成本維持在某一個水準之下，使產品的銷售利潤
足以償付開發成本。第三，BET 的衡量基準是時間，它鼓勵員工
比競爭對手搶先一步推出新產品，如此才能更快的售出更多的產
品，償付產品開發成本。

　　BET 固然是一個相當吸引人的量度，做爲一個理想行爲的指
標甚好，但要做爲一個成果量度則稍嫌不足。問題之一是，遞增
式的產品開發也一樣可以達到卓越的收支平衡時間，不一定需要
突破性的產品開發。其次，如果公司同時有數個開發專案在進
行，則很難計算出 BET 的平均值，因爲只要其中一個專案的 BET
拉得太長，就會扭曲合計的指數。最後，產品開發專案的眞正收
支平衡時間不是馬上看得出來的，只有在專案結束很久之後才能
顯示出來。所以，惠普的工程部副總裁派特森（Marv Patterson）
的結論是：「用它來描述企業期望培養的產品開發流程，不失爲
一個非常好的衡量標準。此外，惠普經常在尙未投入大量資源
前，先用這個量度評估可行性，以避免無謂的投資。」

　　從惠普使用BET的經驗中凸顯了一個重點，亦即必須以創新產品來平衡產品開發流程中週期時間、開支和良品率的壓力，否則產品設計師和開發人員可能會避重就輕，選擇容易、迅速和可以預期的產品改良，而不肯下工夫開發突破性的產品。有些量度，譬如新產品的毛利，有助於區別哪些產品真正創新，哪些產品只是既有產品和科技的簡單延伸。此外，企業也可以從新產品上市後的逐年銷售狀況衍生出一些量度。例如，遞增式產品是現有產品線的簡單延伸，因此可能只有短短幾年的壽命，銷路會逐年遞減，通常到第五年的時候，銷路只佔前兩年的一小部分而已。反之，創新的產品或服務通常享有較長的生命週期，在未來幾年內應該是漸入佳境，一年好過一年。

營運流程

　　營運流程（見圖 5-4）是價值創造的短波。此流程是從收到顧客的訂單開始，到遞交產品或服務給該顧客為止。它強調以高效率、一貫和及時的手段，提供既有的產品和服務給既有的顧

圖 5-4　企業內部流程構面——營運流程

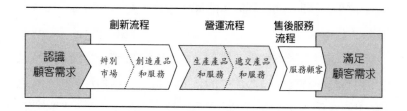

客。

在此流程中，例如顧客訂單的接單與處理，以及供應商、生產、交貨等流程，往往是重複的，因此很容易以科學化的管理技術加以控制和改進。傳統上，企業都是以標準成本、預算和差異等財務量度來監控這些流程。但是長久下來，過度重視工人效率、機器效率、採購價差等狹隘的財務量度，會導致高度的功能失調，例如：不管有沒有訂單，都讓工人和機器不停的製造存貨；不斷的更換供應商來追逐最便宜的進價，卻忽略了向低價供應商進貨，會因為大批訂貨、品質低劣、交貨時間不確定，以及不順暢的訂購、收貨、開發票、收款流程而增加成本。這類傳統成本會計量度所暴露出來的缺點，在今天這個處處講究時效、提高品質和顧客至上的環境中，已被再三討論並充分證實了。[11]

近年來，由於受到日本製造業的全面品管和時間式競爭法的影響，許多企業都採用與品質和週期時間有關的衡量標準，來彌補傳統的成本和財務量度之不足。[12] 經過十五年的發展，衡量營運流程的品質、週期時間、成本方法已有長足的進步，而且任何組織的企業內部流程構面可能都會涵蓋這類衡量標準，做為關鍵的績效量度。這些衡量標準往往是概括性的，而且並非計分卡獨有，所以我們在此略過不表。讀者如果希望能多了解一些關於營運流程的時間、品質和成本的績效量度，可以參考本章後面的附錄。

除了這些衡量標準外，經理人也可能希望進一步衡量流程及產品和服務的特性。這些特殊的量度，可能包括彈性標準，或產品和服務在創造顧客價值上的某種特性，例如：企業可能因為提

供獨特的產品和服務的績效（可用精確度、尺寸、速度、清晰度
或能源消耗量來衡量），而在目標市場區隔中賺取更高的利潤。
如果企業能夠辨別自己的產品和服務的差異化，則可能希望在平
衡計分卡的衡量標準中強調它們的重要性；反之，平衡計分卡的
企業內部流程構面，當然也可以把產品和服務的重要績效屬性
（回應時間、品質和成本之外的屬性），列入營運流程的衡量標
準中。

售後服務

　　內部價值鏈的最後一個階段是售後服務（見圖 5-5）。售後
服務包括保修期和修理工作、瑕疵和退貨的處理，以及付款手續
（例如信用卡的管理工作）。舉例來說，出售複雜先進設備或系
統的公司，例如奧的斯電梯（Otis Elevator）和奇異醫療系統
（General Electric Medical Systems，專門製造電子顯影設備，包
括電腦輔助的 X 光斷層掃瞄器〔CAT〕和磁波共振機〔MRI〕），
深知它們設備的任何故障都會為顧客帶來極大的損失和不便，為

圖 5-5　企業內部流程構面——售後服務流程

　　了增加產品的價值，這些公司紛紛提供迅速、可靠的服務，盡量減少設備可能出現的故障。它們甚至在設備中裝置一種電子設備，這種設備能夠偵測故障與錯誤，然後自動發出信號通知公司的服務人員。這個科技最令顧客驚訝的是，往往在顧客尚未發現設備有任何異樣之前，維修人員已經趕到現場進行預防性的維修了。再如一些新成立的汽車代理商，像愛酷拉（Acura）和釷星（Saturn），由於提供完善的保修期服務、定期保養和修理等服務，而贏得嘉評如潮——回應快、親切可靠的保修和服務，在這些汽車代理商提供顧客的價值主張中已佔有重要的地位。有些百貨公司在類似的售後服務中，也提供顧客隨時換貨、退貨的服務。

　　企業如果希望達到顧客期望的售後服務，不妨以衡量營運流程的時間、品質和成本的一些量度（請參考本章附錄）來衡量售後服務的績效。換言之，衡量對故障的回應速度可以用週期時間——即從顧客提出要求到問題的完全解決需時多久——來評估；售後服務流程的效率則可以用成本量度——使用資源的成本——來評估；另外，企業還可以用一次成功率（first-pass yield）來衡量多少比率的顧客要求是一個電話就能解決問題的。

　　售後服務的另一個層面是開發票和收款的流程。本章前面討論過的洛克華德公司希望縮短專案結束到顧客付清尾款間的時間，足以成為企業加強開發票和收款流程管理的一個絕佳例子。如果企業的營收中有大量的賒帳或公司發行的信用卡，則可能需要用成本、品質和週期時間的衡量標準來管理開發票、收款並解決爭端。

如果企業的生產過程涉及危險性或對環境有害的化學品和材料，則需要引進一些與廢料和副產品安全處理有關的重要績效量度。如果良好的社區關係是維續享有特許經營權的策略目標，那麼企業就應該在售後服務中制定目標來追求良好的環保績效。還有些量度，例如製程中產生多少廢料和廢品，其對環境影響的重要性，勝過生產成本是否稍微提高的考量。

企業內部流程構面的實例

肯亞商店

肯亞商店（上一章已介紹過）是營業額幾十億美元的服飾零售業者。它的資深管理階層有強烈的企圖心，他們希望在五年內推動營業額成長 150 %。他們試圖以下列方式達到這個目標：

1.高級的品牌形象；
2.時髦、設計佳、品質高的商品，以及誘人的價格；
3.迅速、高效率的服務並供應齊全的商品。

肯亞已經為產品屬性、顧客關係、形象和品牌確立了特定的顧客目標與量度（請參考第 4 章）。為了達到這些顧客目標，肯亞辨別了五個關鍵的企業內部流程：

1. 品牌管理
2. 時尚領導
3. 貨源領導（sourcing leadership）
4. 商品供應
5. 愉悅的購物經驗

前兩個流程——品牌管理和時尚領導，可以視為肯亞的創新流程，即辨別並影響顧客的需求，進而開發時尚的商品來滿足這些需求。後三個流程則與營運流程有關，即把正確的商品送到零售點，並提供顧客一個「完美的購物經驗」。

■ 品牌管理

肯亞為品牌管理流程確立了四個次級目標：

1. 品牌概念定義：建立肯亞品牌為一個舉足輕重的全國性品牌，同時不斷增加目標顧客的衣櫃佔有率。
2. 支配性產品類別：持續增加便裝長褲和牛仔褲的銷路，使其在產品組合中佔主導地位。
3. 市場定位策略：擴大肯亞形象，使它從一個成功的自有商標變成顧客熟知的成熟品牌。
4. 商店概念定義：訂定成功的商品展示與行銷計畫。

這些次級目標的作用，是在目標顧客心目中建立對肯亞的概念和忠誠。肯亞並用以下的量度來衡量這些次級目標：

*1.*特選產品類別的市場佔有率（例如便裝長褲和牛仔褲）

*2.*品牌知名度（透過市場調查）

*3.*每年新增的顧客帳戶

這些量度可以忠實反映出肯亞的品牌管理策略是否成功。

■ 時尚領導

時尚領導的定義是：提供時髦的商品給特定的顧客。這些商品既維護企業的品牌形象，又能夠影響顧客的購買習慣。

時尚領導強調有效運用資訊來選擇顧客渴望的服裝類別。這個目標傳達的訊息，是必須掌握流行趨勢和迅速散布這個資訊，才能比競爭對手搶先一步推出主要的商品。肯亞衡量時尚領導的第一個量度是，公司的主要商品項目中有多少是率先上市的。第二個量度是，新上市的商品項目佔全部營業額的比重；至於這個量度涉及哪些商品項目，則每年不同，須根據當年重點推銷的時裝類別或配件而定。

■ 貨源領導

身為一家零售商，肯亞深知自己的卓越績效極端依賴主要供應商。唯有供應商能夠做到以快速供貨、回應快和降低成本生產時，肯亞才有可能達成目標。貨源領導強調的是與供應商的互動，以保證供應商能夠按照肯亞要求的數量和組合，迅速交運高品質的產品。肯亞的店員檢查所有進貨，並且詳細記錄進貨中有多少不良品無法銷售。在此，計分卡衡量所有與品質有關的退貨

圖5-6　內部計分卡與連結關係──肯亞商店

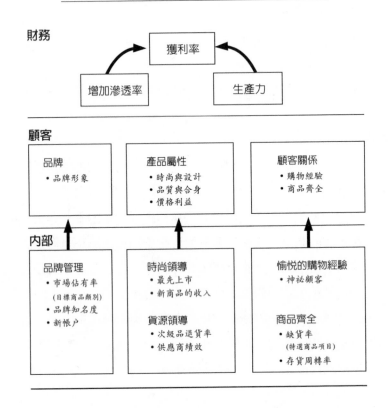

率，並且從退貨追蹤到相關的廠商。

第二個貨源領導量度則來自肯亞設計的廠商評分卡，用來評估供應商在品質、價格、前置時間和時尚建議等方面的表現。

■商品供應

商品供應追求的目標是「完美存貨」，這個目標攸關公司是否能夠達到顧客滿意度、營收、毛利目標。所謂完美存貨，指的

是根據預測的顧客需求，購買正確數量、顏色和尺碼的商品，並且在正確的商店儲存適當組合的商品。這個目標包含了兩個因素，第一個因素是卓越的採購流程，衡量標準是商店在主要商品項目的缺貨率。另一方面，為了避免這個量度造成存貨過多的反效果，肯亞用主要商品的存貨周轉率予以平衡。

第二個因素是運送正確的產品到正確的商店，衡量這個因素有兩個量度，第一個量度是全部減價幅度，第二個關於產品分配的量度，是需要向其他商店調貨的商品比率。

■愉悅的購物經驗

我們已在第 4 章敘述了肯亞如何衡量愉悅的購物經驗：根據「完美購物經驗」的六個因素而評定的分數。這個量度在顧客構面和企業內部流程構面中都佔了一席之地。除了採用這個客製化的量度之外，肯亞也尋求顧客的回饋意見，因此這個次級目標中還包括顧客對於購物經驗的滿意度評分。

圖 5-6 顯示肯亞商店企業內部流程構面的所有目標與量度，以及它們與顧客構面的連結關係。

大都會銀行

大都會銀行的內部流程構面（見**圖** 5-7），採用了與肯亞相同的價值鏈順序。它用目標市場的獲利率來衡量創新流程分辨獲利高的市場及向這些市場銷售的能力。為了實施這個量度，大都會採用了一個全方位的作業制成本系統，這個系統能夠為銀行全

圖 5-7　內部計分卡──大都會銀行

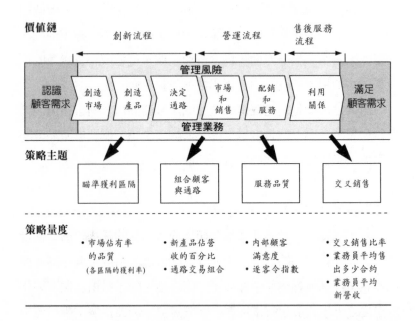

部三百萬個帳戶製作每月的盈虧報告。它用新產品佔營收的百分比來衡量銀行為目標顧客開發新產品的能力,而用各種通路(ATM、櫃枱出納員、電腦)佔交易量的百分比來衡量銀行透過理想的配銷通路提供產品的能力。

　　大都會的內部構面有一個主要的目標,就是提高業務員的生產力,包含向目標區隔中更多的顧客推銷,以及促進銀行與目標顧客的關係。此一生產力目標可以從三個策略量度上反映出來,讀者可以在圖 5-7 所示交叉銷售的策略主題下看到這三個量度。

　　至於產品和服務的遞交流程,大都會以兩個綜合指數來衡量:

- 逐客令（Trailway to Trolls）
- 內部顧客滿意度

　　逐客令的量度（trolls 指的是暴怒的顧客；請參考本章附錄）是一個綜合指數，包含了一百個可能造成顧客不滿的服務缺點。大都會在每一個分行和辦公室公布逐客令指數的構成分數，因此每一名員工都知道自己應該避免犯哪些錯誤。而內部顧客滿意度指標，是每個月在目標區隔中隨機抽樣調查顧客計算出來的。

　　總體來看，這些內部構面的量度衡量了銀行在各方面的能力，包括辨別獲利高的市場區隔，為這些區隔開發新的產品和服務，向這些區隔中的顧客出售既有的和新的產品，以及為這些顧客提供高效率、及時和零缺點的服務。

拓荒者石油

　　第三個企業內部流程構面的例子是拓荒者石油。我們在第4章中曾敘述拓荒者必須滿足兩種顧客，第一種是它的直接顧客，即汽油經銷商，第二種是在零售點購買拓荒者產品的最終消費者。拓荒者為內部構面制定的目標與量度，是必須同時滿足汽油經銷商和汽車駕駛人的期望。

　　在汽油經銷商方面（見圖5-8右半部），拓荒者制定了一個經銷商滿意度的顧客目標。為了達到這個顧客目標，拓荒者確立了兩個企業內部流程的目標：

圖 5-8 內部計分卡及連結關係——拓荒者石油

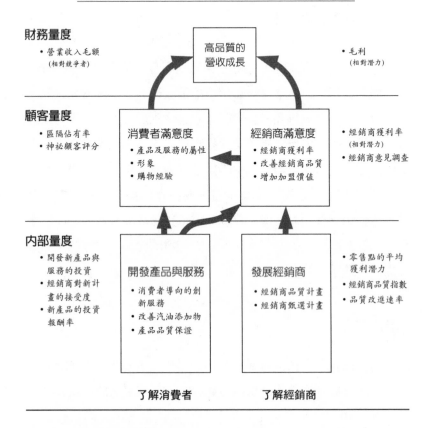

財務量度
- 營業收入毛額
  (相對競爭者)

高品質的
營收成長

- 毛利
  (相對潛力)

顧客量度
- 區隔佔有率
- 神祕顧客評分

消費者滿意度
- 產品及服務的屬性
- 形象
- 購物經驗

經銷商滿意度
- 經銷商獲利率
- 改善經銷商品質
- 增加加盟價值

- 經銷商獲利率
  (相對潛力)
- 經銷商意見調查

內部量度
- 開發新產品與服務的投資
- 經銷商對新計畫的接受度
- 新產品的投資報酬率

開發產品與服務
- 消費者導向的創新服務
- 改善汽油添加物
- 產品品質保證

發展經銷商
- 經銷商品質計畫
- 經銷商甄選計畫

- 零售點的平均獲利潛力
- 經銷商品質指數
- 品質改進速率

了解消費者　　　　　了解經銷商

- 開發新產品和服務
- 發展經銷商

　　開發新產品和服務的內部目標，實際上同時也驅動了經銷商滿意度和消費者滿意度的顧客目標。如果拓荒者能夠提供不同的產品和服務，使經銷商不必全憑價格競爭，那麼拓荒者便會成為

一個更具吸引力的供應者。而且新產品和服務也能夠吸引消費者，因為拓荒者的三個目標市場的消費者都希望加油站提供全套的產品和服務。衡量這個目標的量度是非汽油類的營收，包括經銷商從便利商店和服務區賺取的收入，此外，這個量度也與產業中的頂尖業者進行標竿檢測，檢測內容包括非汽油類的全部營收，以及每平方英尺的平均銷售額。

發展經銷商的目標有兩個量度，拓荒者為業務代表設計了一套工具，使他們在拜訪加盟經銷商的時候可以言之有物，此外也提供他們一套評估個別經銷商績效的參考標準。拓荒者評估經銷商是檢測它們在七個層面的表現：

1. 財務管理
2. 服務專用道
3. 人事管理
4. 洗車作業
5. 便利商店
6. 汽油採購
7. 良好的購物經驗

拓荒者把評分結果回饋給每家經銷商，協助他們掌握缺失。拓荒者也把所有經銷商的評分統計為指數，用來自我衡量，檢視自己在提高加盟經銷商的品質和績效方面做得如何。它也以主要經銷商的延續率來衡量企業是否維繫銷路好、獲利高的經銷商的忠誠。

在最終消費者方面,除了開發新產品和服務的目標外,拓荒者也制定了一個宣傳品牌形象的目標。衡量標準是:主要地區三種目標消費者市場區隔的佔有率,這三種市場區隔是馬路戰士、忠心耿耿型和 F3 世代(請參考第 4 章)。為了評估加盟經銷商是否提供良好的購物經驗給目標消費者,拓荒者採用神祕顧客的評分辦法,由獨立的第三者每月一次暗訪每個加油站(每季一次查訪當地競爭對手的加油站)。神祕顧客到各加油站購買汽油和零食,然後給經銷商打分數,並且比較經銷商與競爭對手加油站當月與上個月的表現。品質評分時,有五個項目加權計分:

1. 設施外觀
2. 服務區
3. 銷售區
4. 員工
5. 廁所

神祕顧客的評分有助加盟經銷商了解自己的表現,也誘導他們提供特殊的價值主張吸引拓荒者三種目標區隔的消費者。

本章摘要

經理人在企業內部流程構面中辨別關鍵流程,他們必須在這些流程上表現傑出,才能夠達到股東和目標顧客區隔的目標。傳

統的績效衡量系統只關心監督和改進流程成本、品質和時間。平衡計分卡則與之相反，它從外界顧客和股東的期待，衍生出內部流程的績效要求。

最近的趨勢是，把創新流程列為企業內部流程構面的一部分。創新流程強調兩個重點：首先，必須辨認市場區隔的特性，這些區隔是企業希望用未來的產品和服務爭取的對象；其次，設計和開發出來的產品和服務，必須能夠滿足這些目標區隔。這種做法促使企業把主力放在研究、設計和開發流程的管理上，以便創造新的產品、服務和市場。

然而，營運流程仍然非常重要，企業應該辨別這些流程的成本、品質、時間和績效特性（見本章附錄），才能提供優質的產品和服務給目標顧客。至於售後服務流程則是在適當的情形下，促使企業正視交貨後的服務層面。

本章附錄

營運流程——時間、品質、成本的衡量標準

衡量流程的時間

企業提供給目標顧客的價值主張中，經常把迅捷的回應時間當做一個重要的績效屬性（請參考第4章的討論）。因為顧客多半高度重視迅捷的前置時間，亦即從顧客下訂單那一刻開始，到顧客收到訂購的產品或服務為止，需時多久。此外，顧客也很重

視可靠的前置時間，例如，是否如期交貨。針對此，製造業通常以兩種方法滿足顧客迅捷和可靠前置時間的要求。第一種方法是利用高效率、可靠、零缺點、短週期的訂單履約和生產流程，迅速回應顧客訂單；另一種方法是大量生產和囤積所有的產品，因此只要交運庫存的製成品，便可滿足任何顧客要求。第一種方法使企業能夠成為一個低成本和及時的供應商，但第二種方法往往導致非常高的生產、庫存和廢棄成本，而且萬一顧客訂購的貨品不在慣常囤積的貨品種類之中時，會無力迅速回應（因為製造流程忙著生產慣常囤積的貨品）。因此，許多製造公司都希望擺脫第二種方法（大批生產可能用得上的存貨），改採第一種方法（及時生產少量的訂貨），所以，縮短內部流程的週期或產出時間便成為一個重要的目標。衡量週期或產出時間的方法很多。週期的開始，可以從下列時間計算起：

　　1.接到顧客訂單時
　　2.排定顧客訂單或生產批次時
　　3.為顧客訂單或批次生產而訂購原料時
　　4.原料到貨時
　　5.開始生產顧客訂單或批次生產時

同樣的，週期的結束也可以用下列時間來決定：

　　1.顧客訂單或某個生產批次的生產完成時
　　2.顧客訂單或批次生產的成品進入庫存、隨時可以交運時

3.顧客訂貨交運時

4.顧客收到訂貨時

　　至於選擇哪一個起點和終點，則要看企業希望縮短哪一個營運流程的週期，用該流程的範圍來決定。定義較廣的是訂單履約流程，它從接到顧客的訂單開始，到顧客收到訂貨為止；定義較窄的週期，以改善廠房間的物料流動為目的，起點是批次生產開始時，終點是生產完成時。不論用哪一種定義，企業都應該持續衡量週期時間，並為員工設定縮短週期的指標。

　　許多企業企圖採用及時（JIT）生產流程，它們常用的衡量尺度是製造週期效能（manufacturing cycle effectiveness, MCE），其定義如下：

$$製造週期效能（MCE）＝\frac{加工時間（Processing\ Time）}{產出時間（Throughput\ Time）}$$

MCE 值應該小於 1，因為：

$$產出時間＝加工時間＋檢驗時間＋移動時間＋等候或儲存時間$$

　　加工時間是實際製造產品的時間（無論是製造或組裝）。許多生產作業的加工時間其實不到產出時間的 5％，換句話說，如果全部產出時間是六個星期（三十個工作天），其中真正花在加工上的時間可能只有一天到兩天。其餘時間裏，組件或產品不是正在檢驗中，就是在廠房裏移來移去，或者根本在枯等、在倉庫

或廠房裏閒置，或處於剛完成一個加工作業，等待下個作業的排期或等候安置機械和零件的空檔。完美的及時生產流程的產出時間，應該等於它的加工時間，當達到這個理想境界的時候，MCE值等於 1 。這個目標就像零缺點一樣，可能是一個永遠無法企及但值得追求的目標。

　　MCE值背後有一個理論，就是：除了加工時間外，所有花在檢驗、重做有缺陷的貨品、把貨品從一個製程移到下一個製程，以及枯等下一個加工作業開始之前的時間，都是浪費掉的或沒有附加價值的時間。這些時間之所以是浪費，乃因為產品在這段時間中沒有任何具體的改進，對於滿足顧客的需求毫無助益，而且它們延遲了產品交貨，卻未增加任何價值。當 MCE 值近於 1 的時候，表示企業浪費在移動、檢驗、修理和儲存產品上的時間大為減少，迅速回應顧客訂單的能力則大為增加。

流程時間量度在服務業的應用

　　雖然及時生產流程和製造週期效能比率是為製造業而設計的，用在服務公司也一樣有效。姑不論其他的好處，單從消費者越來越無法忍受被迫排隊等候服務的這個角度來看，就知道消除浪費時間對服務遞交流程的重要性，甚至比對製造業還要重要。

　　讓我們看看銀行業的例子。很多人都有買房子的經驗，熟悉申請銀行貸款的過程。一開始是進入當地銀行的分行，填寫一份極其繁瑣的申請表，填表的時候必須一一交代你的履歷、薪水、

資產和負債，還得描述房子的細節。交上申請表之後，銀行櫃枱人員會謝謝你的惠顧，然後叫你回家靜候通知。

　　某銀行的副總裁很清楚處理一個房貸案的週期時間通常是二十六天，他要求員工記錄這二十六天中實際花在處理申請事宜上的時間。結果他發現，在這二十六天中，實際處理申貸作業的時間只有十五分鐘；換言之，MCE 值是 0.0004（0.25 小時 ÷〔26 天 × 24 小時〕）。這位副總裁因此下定決心改變房貸審批流程，他設下一個指標，把從顧客填完申請表到銀行批准的時間，縮短到十五分鐘。這個指標代表 MCE 值等於 1。若要達到這個指標，銀行職員就必須繼續處理所有具附加價值的工作，但消除一切沒有附加價值的等候時間。剛開始，每一個與房貸審批流程有關的職員都認為這簡直是天方夜譚，因為他們必須核實顧客的信用資料，而這個手續起碼需要一、兩個星期的時間。可是當他們進一步研究，卻發現幾乎所有潛在顧客的信用資料都可以在線上查詢得到，而且大部分分析工作和審批程序都可以改成自動化。於是，他們改變房貸審批流程，並加強資訊系統後，銀行終於做到了十五分鐘內完成批核程序。從此顧客填好申貸表後，會被請去喝一杯咖啡，等他喝完咖啡回來，銀行已經完成作業了。[13] 這個十五分鐘內一氣呵成的房貸審批流程，後來成為該銀行吸引客戶的有力訴求。

　　其他服務業的類似研究也得到相同的結論：顧客服務的週期時間一般很長，但實際加工時間卻非常短。像租車公司和一些連鎖旅館現在也紛紛為目標顧客提供自動化的登記和退租手續，顧客從此再也不需要耗時排隊等候了。由此可見，凡是希望及時提

供產品和服務給目標顧客的企業，都可以設定 MCE 值近於 1 的
目標，以這個標準來縮短顧客訂單的前置時間。

衡量流程的品質

今天幾乎每個企業都在實施品質方案或品質計畫，而任何一
個品質計畫都脫離不了衡量行動，因此許多企業早已熟悉各種衡
量流程品質的標準了，例如：

- 每百萬個產品的不良率
- 良品率（yields）（製程輸出完好貨品與輸入完好貨品之比
  率）
- 廢料率
- 廢品率
- 重做率
- 退貨率
- 統計流程控制（statistical process control）下的製程比率

對於服務性企業來說，隨時檢視有無足以造成成本、回應時
間或顧客滿意度損害的流程，是非常重要的一件事。了解流程的
缺點後，才能設計客製化的品質量度。例如，大都會銀行為了衡
量服務品質，發展了一個逐客令指數，用以指引內部流程中有哪
些缺失招致顧客不滿。指數中包括下列因素：

- 讓顧客久候
- 提供錯誤資訊
- 拒絕或耽擱顧客使用服務
- 不能滿足顧客的要求或不能完成交易
- 造成顧客的財務損失
- 不尊重顧客
- 溝通不良

　　另外，一次成功率是一個特別嚴厲的品質量度，跟MCE值不相上下。下面敘述的兩個真實故事，可以說明這個衡量標準的重要性。

國家汽車公司

　　幾年以前，作者之一有幸拜訪一家大汽車公司，我們姑且稱之為國家汽車（為了隱惡揚善）。工廠主管帶領我們在廠內四處參觀，介紹該工廠如何脫胎換骨轉變成一個全面品管和及時生產掛帥的環境。工廠為了宣傳全面品質計畫的成功，在生產線的終點掛了一面標語，上面宣稱製成品通過最後檢驗站的成績已達到完美的 155 分，留給參觀者很深刻的印象。接著，我們繼續參觀原材料進貨區，從前這裏是火車運送原料和外購零件的入口，現在連鐵軌都拆掉了，取而代之的是卸貨平台，滿載原料和零件的大卡車每天川流不息的在此卸貨。然而，在穿越工廠的時候，我們注意到許多高大的貨架，上面擺的好像是大量的存貨。於是有

訪客問道：「爲什麼還需要存貨呢？如果原料和零件都是及時送到，立刻銜接生產流程，生產流程又能毫無耽擱的把中間製品從一個製程轉到下一個，那麼這些存貨有什麼用呢？」這位主管立刻帶點不屑的口吻回答：「你看錯了，那可不是什麼存貨，那邊是重做區！」訪客於是恍然大悟，原來這家工廠達到完美品質分數的辦法，是在每一個製程之後檢驗貨品，把沒有通過品質測試的東西挑出來擱在一旁。如此看來，這家工廠採取的仍然是昂貴的作業方式——僅僅檢查品質，而不是把品質融入製程中。

國家電器公司

1980 年，國家電器公司的國防電子分公司深受品質問題困擾，它的印刷電路板生產和組裝流程出現嚴重的品質問題，於是公司派了一組工程師赴日向一家類似的電子公司取經。訪問開始後不久，日本人問：「貴工廠在一百個一批的印刷電路板當中，有多少完全通過製程？」國家電器的小組領導人覺得有點受辱，氣沖沖的答道：「當然是百分之百通過。電路板貴得很呢，我們不可能扔掉其中任何一個。」日本人趕忙爲翻譯的詞不達意而致歉。他的原意是問：「有多少個電路板一次通過全部製程，不需要經過任何重做手續？」國家電器的工程師們面面相覷，支吾一陣之後，不得不承認他們一點概念也沒有。他們並沒有蒐集這方面的資訊，甚至從來沒有想過要蒐集這個數字。他們忙著減少勞工和機械效率的逆差，根本沒有時間考慮採用新的生產量度——尤其是非財務性量度。儘管如此，這個問題還是引起他們的好

奇，於是請教主人在這方面是怎麼做的。日本人的答覆是，他們目前已達到 96 ％的一次成功率，而在十二個月之前他們只能做到 90 ％，經過一番努力才提高到現在的水準，不過他們的最終目標是希望達到 100 ％的一次成功率。

回國後，這羣工程師向工廠廠長和督察提出同一個問題，卻沒有人知道答案。於是，公司成立了一個專案小組研究這個問題。幾個星期之後，結果出來了，是 16 ％！人人都同意，如果不大幅改善這個數字的話，大家遲早得另謀生路。工廠遂展開了一項全面品管（TQM）方案，經過六個月的努力，一次成功率提升至 60 ％，而且帶來了作業工人減少 25 ％的意外收穫——從四百人減到三百人。原來多出來的那一百個人，實際上不過是忙著生產有缺陷的產品，然後檢驗和揀出缺陷，再加以修改，直到完全合格為止。一旦工廠決定不再製造和修改不良產品時，過去從事這些工作的一百個人就派不上用場了。

以上的兩個故事顯示了以一次成功率衡量品質的力量。由此可知，衡量一個品質計畫是否成功，不能只看出廠成品的品質，因為這些產品已經過無數次的檢驗和重做過程了。正確的衡量方法，應該是根據顧客要求的規格，在每一個製程階段嚴密檢視產品的不合格率是否下降。

衡量流程的成本

當人們的注意力集中在衡量流程時間和品質的時候，很容易
會忽略了成本層面。傳統的成本會計系統可以衡量個別的工作、
作業或部門的費用和效率，但無法衡量流程層次的成本──像訂
單履約、採購或生產規畫和控制之類的流程，通常動用到好幾個
責任中心的資源和活動。要一直到作業制成本（Activity-Based
Cost, ABC）系統出現之後，這些企業流程的成本才能夠真正加
以衡量。[14]

ABC 的早期應用出現在 1980 年代末期。某著名個人清潔用
品製造商是最早採用 ABC 的公司之一。它最初的研究對象是製
造成本，可是ABC分析的結果卻顯示製造成本居高不下的原因，
主要是新產品的小批量生產。每一次研發部門設計了新產品後，
都必須製造一小批產品，做為測試之用。新產品的小批生產作
業，常常會打斷一個運轉中的量產作業，因為工廠必須為這些小
批研發產品而更動生產線，事後還需要還原設備，才能夠恢復量
產的運轉。把新產品拿到市場測試後，消費者的回饋讓產品在設
計上做一些修改，進而導致更多次的小批生產。公司以往採用傳
統的（或任意的）成本分配程序，因此這些小批研發產品和測試
新配方而更動生產流程的成本，都被當做間接製造成本，全都算
在既有產品的帳上。在進行 ABC 研究時，該公司把所有為了行
銷測試所花的生產成本，包括大量、整批或小批生產（包括為了

生產測試產品而打斷量產，所造成的來回裝置設備成本），統統列入一個新的科目，叫做「推出新產品」。分析之後顯示，公司花在推出新產品的費用，遠比過去想像的為高。公司一向管理研發部門的全部開支，但是從來沒有計算過研發的開支和產出（創造並推出多個新產品）的比率，更沒有把研發造成的其他部門成本（例如，為了小批研發產品而增加的製造成本）計算在內。當公司經理人了解推出一個新產品的所有成本之後，他們對更動新產品的配方會三思而行，也會主動尋找更有效能的流程。而且他們對於簡單的產品延伸所造成的相關成本，也有了分析性的理解，能夠權衡這些延伸的利弊。

經由 ABC 分析，可以協助企業獲得流程成本的衡量標準，再加上品質和週期時間的衡量標準，即構成三組重要的參數，足以描繪出企業內部流程的特性。當企業實施內部流程改進方案（例如TQM），或突破性改進方案（例如改造或重新設計流程）時，這三組衡量標準——成本、品質、時間，便提供了改進方案實施效果的衡量資料。

註：

1 如果組織的策略出自資源基礎的觀點（resource-based view, RBV, 請參考D. Collis and C. Montgomery, "Competing on Resources : Strategy in the 1990s," *Harvard Business Review*〔July－August 1995〕: 118－128），則可以考慮在尚未建立顧客構面、甚至財

務構面的目標與量度之前，先建立企業內部流程構面的目標與
量度。RBV 式的企業策略，是利用某些關鍵性的核心能力（或
技能）獲得永續的競爭優勢。實施這種策略的組織，可以先把
關鍵能力變成核心內部流程的特定目標與量度，然後辨別這些
核心能力在哪些市場和顧客區隔中可以獲致成功，以及決定這
些區隔的目標與量度，這樣一來，企業內部流程的量度就可以連
上顧客構面了。

2　R. S. Kaplan, "Yesterday's Accounting Undermines Production,"
*Harvard Business Revi*ew（July－August 1984）: 95－101；H. T.
Johnson and R. S. Kaplan, *Relevance Lost*: *The Rise and Fall
of Management Accounting* (Boston: Harvard Business School
Press, 1987)；R. Howell, J. Brown, S. Soucy, and A. Seed,
Management Accounting in the New Manufacturing Environment
(Montvale, N. J.: National Association of Accountants and
CAM-I, 1987) ; and R. S. Kaplan, "Limitations of Cost Accounting
in Advanced Manufacturing Environments," in *Measures for
Manufacturing Excellence Accounting*, ed. R. S. Kaplan (Boston:
Harvard Business School Press, 1990), 15－38.

3　請參考下列文章：A. Nanni, J. Miller, and T. Vollmann, "What
Shall We Account For？" *Management Accounting* (January
1988): 42－48；John Lessner, "Performance Measurement in
a Just-in-Time Environment: Can Traditional Performance Me-
asurements Still Be Used？" *Journal of Cost Management* (Fall
1989): 22－28；Kelvin Cross and Richard Lynch, "Accounting
for Competitive Performance," *Journal of Cost Management*
(Spring 1989): 20－28；and A. Nanni, R. Dixon, and T. Vollmann,
"Strategic Control and Performance Measurement," *Journal of
Cost Management* (Summer 1990): 33－42.

4 雖然任何跨部門和跨組織界限的衡量方法都不是一件簡單的工作，但是大部分的企業流程都不難找到一些品質、良品率、產出率和週期時間的量度。衡量流程成本就比較困難，因為沒有實體可以讓我們直接衡量。因此，作業制成本系統在衡量企業流程的成本上扮演了極有價值的角色。

5 R. S. Kaplan, "Analog Devices：The Half-Life System," 9-190-061 (Boston：Harvard Business School, 1990) and R. S. Kaplan and D. P. Norton, "The Balanced Scorecard：Measures That Drive Performance," *Harvard Business Review* (January–February 1992)：71–79.

6 羅賓・庫伯（Robin Cooper）在其著作《*When Lean Enterprises Collide：Competing through Confrontation*》(Boston：Harvard Business School Press, 1995)中，力主許多日本企業並非在目標顧客和市場區隔中競爭，也不是用部分能力超越別人的方式來競爭，它們的競爭之道是企圖在成本、品質、功能和新產品上市時間上，處處超越競爭對手。

7 Gary Hamel and C. K. Prahalad, *Competing for the Future：Breakthrough Strategies for Seizing Control of Your Industry and Creating the Markets of Tomorrow* （中譯本：《競爭大未來》）(Boston：Harvard Business School Press, 1994), 84, 100, 101。

8 如果設計產品或服務前已進行市場研究，那麼在設計流程中便可利用目標成本（target costs）和價值工程（value engineering）等方法，使設計出來的產品既能夠綜合顧客期待的品質、功能和價格，又能夠把成本維持在一個能夠賺到理想利潤的水準。在設計階段就密集考慮品質、功能和成本，對某些產業格外重要，這些產業的產品成本中有80％以上在設計階段就決定了。請參考註 **6** 庫伯的著作，以及 Robin Cooper and W. Bruce

Chew, "Control Tomorrow's Costs Through Today's Designs," *Harvard Business Review* (January—February 1996)：88—97。

9　對藥劑和農化品公司而言，獨家產品指的是產品仍然享受專利權保護，有別於競爭者也可以製造的普通產品。

10　Charles H. House and Raymond L. Price, "The Return Map：Tracking Product Teams," *Harvard Business Review* (January—February 1991)：92—100；also Marvin L. Patterson, "Designing Metrics," chap. 3 in *Accelerating Innovation：Improving the Process of Product Development* (New York：Van Nostrand Reinhold, 1993).

11　請參考：Lessner, "Performance Measurement in a Just-in-Time Environment"；R. Kaplan, "Limitation of Cost Accounting in Advanced Manufacturing Environments," chap. 1 in *Measures for Manufacturing Excellence*；and Eliyahu Goldratt and Jeff Cox, *The Goal：A Process of Ongoing Improvement* (Croton-on-Hudson, N. Y.：North River Press, 1986)。

12　一些有代表性的參考資料如下：C. Berliner and J. Brimson, "CMS Performance Measurement," Chap. 6 in *Cost Management for Today's Advanced Manufacturing：The CAM-I Conceptual Design,* ed. C. Berliner and J. A. Brimson (Boston：Harvard Business School Press, 1988)；C. J. McNair, W. Mosconi, and T. Norris, *Meeting the Technology Challenge：Cost Accounting in a JIT Environment* (Montvale, N.J.：Institute of Management Accountants, 1988)；R. S. Kaplan, "Management Accounting for Advanced Technological Environments," *Science* (25 August 1989)：819—823；and R. Lynch and K. Cross, *Measure Up！Yardsticks for Continuous Improvement* (Cambridge, Mass.：Basil Blackwell, 1991)。

13 部分申請貸款的資料不可能在十五分鐘內核實，因此銀行批准貸款有附帶條件，也就是申請者必須提供正確的資料，包括：就業資料、薪資和欲購房子的市價，銀行會在隨後數天內核實這些資料。不過分析工作和信用紀錄的查核，的確可以在十五分鐘的作業時間內完成。

14 請參考 G. Cokins, A. Stratton, and J. Helbling, *An ABC Manager's Primer* (Montvale, N. J. : Institute of Management Accountants, 1993) and R. Cooper, R. Kaplan, L. Maisel, E. Morrissey, and R. Oehm, *Implementing Activity-Based Cost Management* (Montvale, N. J. : Institute of Management Accountants, 1993)。

6

學習與成長構面

　　在平衡計分卡的第四個、也是最後一個構面中，管理階層制定目標與量度來驅動組織的學習與成長。財務構面、顧客構面和企業內部流程構面的目標，確立了組織必須在哪些地方表現卓越，才能達到突破性的績效。而學習與成長構面的目標為其他三個構面的宏大目標提供了基礎架構，是驅使前面三個計分卡構面獲致卓越成果的動力。

　　當企業純粹以短期的財務績效做考核時，有些經理人就表示，為加強員工、系統和組織流程的能力而做投資往往很難堅持下去。由於傳統財務會計模式把這種投資當做期間費用，於是削減這方面的投資就變成製造短期遞增利潤的一條捷徑。一貫疏於加強員工、系統和組織的能力，長期下來會造成負面效果，但是短期內不見其弊，而且等到弊端暴露出來的時候，這些經理人大可以把責任推卸到別人頭上。

　　平衡計分卡則強調投資於未來的重要性，它主張企業不可只

投資於傳統的領域（例如新設備和新產品的研發）。設備和研發上的投資當然也很重要，但只投資在這些地方是絕對不足的。如果企業希望達到長期財務成長目標，就必須投資於它們的基礎架構——人、系統和程序。

根據我們在各種不同的企業建立平衡計分卡的經驗，學習與成長構面可以分成三個主要範疇：

1. 員工的能力
2. 資訊系統的能力
3. 激勵、授權和配合度

員工的能力

員工角色轉變，是過去十五年來企業管理思想最劇烈的改變之一。事實上，從工業時代邁向資訊時代的思維中，新管理哲學看待員工對組織的貢獻，是沒有任何變化及得上的。一個世紀前巨型工業公司的興起，加上科學化管理運動的影響，使得員工只限於從事規定範圍內、定義狹窄的工作。企業的菁英份子（即工程師和經理）詳細規定每一個生產線工人應該從事哪些例行公事，並且建立標準和監控系統保證工人完全照章行事。企業雇工的目的是從事體力勞動，不是利用他們的腦力。

到了今天，幾乎所有的例行工作都自動化了，電腦控制的製程已經取代人工，自動製造、加工和組裝。拜先進的資訊系統和

通訊技術之賜，越來越多的服務業已經不假人手，讓顧客直接進行交易，不僅如此，重複同樣的工作，維持同樣的效率和生產力，已不足以幫助組織獲致成功。組織必須持續改進，才勉強能夠維持目前的相對績效，如果它還希望進一步成長，希望超越目前的財務績效和顧客績效，那麼光靠遵守組織菁英制定的標準作業程序，是無法達到目的的。組織必須針對顧客需求改進流程和績效，但是改進的想法必須來自第一線的員工，因為只有他們才熟悉內部流程和顧客。從前為內部流程和顧客回應而制定的標準，可以提供一個基礎，做為持續改進的起點，但是舊的標準不可能成為自此以後的績效準繩。

力圖變革的組織，必須大幅改造員工的技術，如此才能動員員工的思想和創造力來追求組織的目標。讓我們再看大都會銀行的例子，從前大都會銀行強調高效率的處理顧客支票和定存帳戶的交易，我們在第 4 章中曾提到，大都會銀行的資深經理人制定了一個重要的財務目標，把業務重點改為高效益的行銷和銷售更廣的金融商品服務。某日一位顧客走進大都會銀行的分行，她剛剛換了新工作，希望知道如何把新公司發的薪水自動轉入她的支票帳戶，銀行行員毫不遲疑也完全正確的告訴這位顧客，她應該到公司的人事部去填一份授權單，這樣她的公司就可以直接把薪水存入她的支票帳戶。這位顧客的「需求」獲得滿足，高興的離去了。

可是這麼一來，銀行卻喪失了一個大好機會。這名銀行職員本來可以趁機從顧客身上挖掘到完整的個人財務資料，包括：

- 房屋或公寓：自己買的，還是租的？
- 汽車：有幾部，多舊了？
- 信用卡和簽帳卡：有幾張，是哪些發卡銀行的？
- 全年收入
- 全家的資產和負債
- 保險
- 孩子：有幾個，幾歲了？

如果他掌握了顧客的個人財務資料，就可以向顧客推薦其他的金融商品和服務，例如：信用卡、個人綜合貸款、二順位房貸、投資、共同基金、保險、房屋貸款、汽車貸款、大學教育基金計畫、助學貸款等，而不是劃地自限，只提供顧客上門時的單項需求。

但是在這名職員能夠有效的利用顧客的財務資料之前，他必須受過訓練，熟悉銀行的一切商品和服務，同時，他必須擁有技術，知道如何將銀行的商品和服務與顧客的需求結合起來。大都會銀行的經理人了解到，銀行需要進行一個長達數年的培訓計畫，協助第一線員工獲得這些能力，把他們從照章行事，訓練成洞燭先機、值得信賴和倚重的理財顧問。

核心的員工衡量標準羣

我們發現大部分企業都是從三組核心的成果量度衍生出它們

圖 6-1　學習與成長的衡量架構

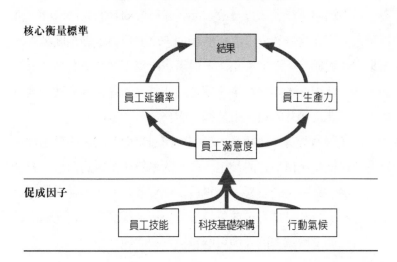

核心衡量標準

- 結果
- 員工延續率
- 員工生產力
- 員工滿意度

促成因子

- 員工技能
- 科技基礎架構
- 行動氣候

的員工目標（見**圖 6-1**），然後再以特定情況的成果驅動因素來補充這些核心的成果量度。這三組核心的員工衡量標準是：

1. 員工滿意度
2. 員工延續率
3. 員工生產力

其中又以員工滿意度的目標最為重要，經常被視為驅動員工延續率和生產力的力量。

衡量員工滿意度

員工滿意度反映員工士氣以及員工對工作的整體滿意度，今

天大多數企業都認為這是一個極為重要的目標。滿意的員工是提高生產力和回應能力，以及改進品質和顧客服務的先決條件。洛克華德公司在實施計分卡流程的初期，就發現員工滿意度調查的結果往往與顧客滿意度成正比，最滿意的員工往往擁有最滿意的顧客。由此觀之，如果企業希望達到非常高的顧客滿意度，則可能需要用非常滿意的員工來替顧客服務。

　　許多服務業有一個特徵，它們所聘雇來面對顧客的員工往往是待遇最低和技術最差的員工，員工的素質與士氣的低落，對企業的發展會有不良的影響。衡量員工滿意度的方法，通常是每年舉行一次全員意見調查，或是每個月隨機抽樣調查一定比率的員工。員工滿意度調查問卷中可能包括下列問題：

- 參與決策的程度
- 工作表現優良時是否獲得獎勵
- 是否能夠取得勝任工作必需的資訊
- 企業是否積極鼓勵員工的創造力和主動性
- 行政功能給予員工的支持程度
- 對企業的整體滿意程度

　　問卷設計可以採用 1～3，或 1～5 的評分尺度，最低分代表「不滿意」，最高分代表「非常（或極端）滿意」，員工則憑個人感覺給每一個問題打分數。收回問卷之後，便可以計算出員工滿意度的綜合指數，登錄在平衡計分卡上面，同時依分公司、部門、地點、主管分門別類做成員工滿意度報告，以供管理階層進

一步分析參考。

衡量員工延續率

員工延續率目標是挽留與企業長期利益息息相關的員工，這個量度背後的理論是，企業在員工身上做了長期投資，因此任何非出於公司意願的員工離職，都代表一種智慧資產的損失。長期而忠誠的員工，不但身繫企業價值和組織流程的知識，而且很可能擁有對顧客需求的敏感度。衡量員工延續率，通常是以主要員工的流失為指標。

衡量員工生產力

員工生產力是個成果量度，代表提高員工的技術和士氣、加強創新、改進內部流程，以及滿足顧客等行動所匯聚的衝擊力，目的是尋求員工的產量和製造這些產量所耗費資源之間的關係。

衡量員工生產力的辦法很多，最簡單的生產力量度是員工平均營收（revenue-per-employee），它代表每一個員工能夠製造多少產量。當員工和組織變得更有效能，能夠售出數量更多和附加價值更高的產品和服務時，員工平均營收也會隨之增加。

員工平均營收是一個簡單和容易理解的生產力量度，但它本身有不少局限，尤其當組織盲目追求某一個指標時，缺點尤為顯著。問題之一是，它沒有把與營收有關的成本考慮在內。因此，當公司新增的銷路是用比產品或服務的遞增成本為低的價格贏回

來的時候，就會出現員工平均營收增加但利潤減少的現象。而且，任何時候只要用比率來衡量某一個目標，起碼可以用兩種辦法來達到目的。第一種辦法，照說是比較理想的做法，是增加分子但維持分母不變，在這個例子裏代表增加員工的產量（營收），但維持員工人數不變；第二種辦法是減少分母，在這裏代表組織裁員，這個辦法通常是比較不利的做法，因為它雖然可能帶來短期的利益，卻冒了犧牲長期能力的風險。不過有另一種減少分母來增加員工平均營收的辦法，那就是外包。外包使組織能夠用較少的內部員工來支持同一個水準的產量（營收）。至於外包是不是一種合乎企業長期策略的理性做法，則必須權衡內部提供服務的能力（成本、品質、回應時間）和外界供應者的能力而定。不過員工平均營收的衡量標準與這個決定沒有直接關係。

有一種方法可以杜絕純粹為了提高員工平均營收而外包的弊端，那就是衡量員工的平均附加價值（value-added per employee），計算方法是先從分子（營收）中扣除外購材料、日用品和服務的成本，再除以員工人數。另外一種修正的辦法，則是以員工薪資而非員工人數做為分母，這個方法可以防止雇用生產力高但工資也較高的員工來取代既有的員工。這個員工產量與員工薪資的比率，衡量的是薪資報酬率，而非員工人數的報酬率。

由此觀之，只要企業內部結構沒有太劇烈的變動，員工平均營收與其他量度一樣，是一個非常有用的診斷性指標；但如果企業動用資本或外界供應者來取代內部勞力，就另當別論了。如果企業希望以員工平均營收的量度來鼓勵員工提高生產力，就必須以其他的經濟成功指標來予以平衡，這樣才不會出現用機能失調

圖 6-2　學習與成長的特定情況驅動因素

員工技能	科技基礎架構	行動氣候
策略性技術	策略性科技	主要決策週期
培訓水準	策略性資料庫	策略焦點
技術發揮	經驗累積	授權員工
	專屬軟體	個人配合度
	專利權、著作權	士氣
		團隊意識

的手段來達到目的的現象。

學習與成長的特定情況驅動因素

　　企業一旦選定了核心的員工衡量標準羣：滿意度、延續率和生產力，下一步便是辨別學習與成長構面中有哪些特定情況和獨特的驅動因素。我們發現這些驅動因素往往出自三個關鍵的促成因子（enablers）（見圖 6-2），它們是員工的技術再造、資訊系統的能力，以及激勵、授權和配合度。

員工的技術再造

　　許多採用平衡計分卡的企業都經歷激進的變化。如果企業希

図 6-3　學習與成長的衡量標準──技術再造

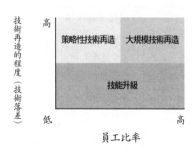

技術再造情況	策略主題是需要改造或提升員工的技術，才能達到組織的願景
策略性技術再造	部分的員工需要高水準的策略性技術
大規模技術再造	大部分員工需要大規模的技術革新
技能升級	大部分或小部分員工需要提高核心技術

望達到顧客和內部企業流程的目標，員工就必須肩負跟以往截然不同的新責任。我們在本章前面曾舉大都會銀行為例，說明員工為什麼需要再教育，他們必須改變過去被動回應顧客要求的習慣，主動預期顧客的需要並向他們推銷其他的產品和服務。這個轉型也是今天許多企業需要員工改變角色和責任的寫照。

　　我們可以從兩個層面來看員工技術再造的需求──需要技術再造的程度，以及需要技術再造的員工比率（見圖 6-3）。如果需要技術再造的程度很低（圖 6-3 的下半部），正常的培訓和教育已足以維持員工的能力。如果情形如此，員工技術再造的優先性就不會太高，用不著列入企業的平衡計分卡。

　　但是，如果企業的情形屬於圖 6-3 的上半部，就必須大幅改

圖 6-4　策略職位適任率──衡量概念

1 利用價值鏈辨別未來的重要職位羣

流程	活動	策略職位羣
創造市場	• 辨別區隔 • 經濟價值 • 聆聽顧客	顧客顧問 • 通才 • 專家
創造產品	• 設計產品 • 尋找貨源 • 開發與包裝	顧客服務
行銷與銷售	• 促銷 • 指導客戶	營運

2 根據整體市場發展策略而辨別需求的時間

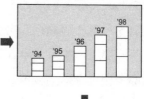

量度
策略職位適任率
(符合適任資格的比率)

	'94	'95	'96	'97
第 1 級	85 %	60 %	30 %	10 %
第 2 級	–	80 %	50 %	30 %
第 3 級	–	–	75 %	50 %
第 4 級				

3 界定每一個職位羣的技能要求

技能	顧客顧問 通才	顧客顧問 專家	顧客服務	營運
知識				
• 產業	×		×	
• 公司	×		×	
• 財務	×			
• 產品		×		×
• 系統			×	×
技術				
• 銷售	×	×	×	×
• 諮詢	×	×	×	×
• 財務分析		×	×	×
• 服務水準	×		×	
性向				
• 風格	×			
• 文化	×		×	
• 背景		×		×

5 制定技能發展策略以建立職位晉升管道

第 1 級	認證(大師級)
第 2 級	資深(幹練級)
第 3 級	中等(技師級)
第 4 級	初級(學徒級)

4 評估人才儲備來決定哪些員工目前已符合資格或具備技術再造的潛力

造員工的技術，否則無法達到企業內部流程、顧客和長期財務的
目標。我們曾見過一些不同產業的組織設計了一個叫做策略職位
適任率（strategic job coverage ratio）的新量度，用來衡量員工技
術再造的目標。這個比率計算的是符合特定策略職位資格的員工
人數，相對於組織預期自己需要的人數。適任資格的定義，是擔
任某一個職位的員工應該具備哪些重要的能力，才能夠達到特定
的顧客和企業內部流程的目標。圖 6-4 描述某公司在發展策略職
位適任率時所採取的步驟。

策略職位適任率往往會暴露企業目前的技術、知識和態度的
水準，距離未來的需要有一大段差距。這樣一個落差會激勵企業
採取必要的策略行動來縮小人力資源上的落差。

至於需要大規模技術再造的企業（圖 6-3 的右上角），可以
採用另一個量度，衡量需要多少時間才能夠把既有的員工提升到
新的、必要的技能水準。如果企業希望達到大規模技術再造的目
標，本身就必須擁有縮短員工技術再造週期的技術。

資訊系統的能力

為了達到顧客和企業內部流程的伸張指標（stretch targets），
員工的積極性和技術可能是必要的因素，但它們不可能是唯一的
因素。在今天的競爭環境裏，員工還需要掌握卓越的資訊，對顧
客、內部流程，以及個人決策所造成的財務後果有清晰的認識，
才可能發揮真正的能力與作用。

　　第一線員工需要正確和及時的資訊，協助他們了解個別顧客與組織的關係。他們可能像大都會銀行一樣，需要知道作業制成本分析計算出來每個顧客的獲利率；第一線員工也應該知道某個顧客屬於哪個區隔，才能夠判斷自己需要下多少工夫，才能夠滿足既有的顧客，並認知顧客的新需求，再設法滿足這些需求。

　　營運部門的員工在剛生產完產品或遞交完服務之後，需要迅速、及時和正確的資訊回饋。唯有在獲得這種資訊回饋之後，他們才可能堅持執行改進計畫，系統化的根治缺點，排除生產系統中的超支、超時和浪費。無論組織實施持續改進式的TQM計畫，還是躍進式的流程重新設計或流程改造方案，卓越的資訊系統都是員工改進流程的必要條件。有些企業界定了一個叫做策略資訊覆蓋率（strategic information coverage ratio）的量度，這個量度與前面介紹過的策略職位適任率異曲同工，不過它評估的是目前可用資訊相對於組織預期的需求。衡量策略資訊可用性的方法也有幾種，可以是計算流程擁有即時的品質、週期時間和成本的回饋比例，也可以是計算顧客接觸面的員工在線上取得顧客資訊的比例。

激勵、授權和配合度

　　儘管員工擁有技術，又能毫無障礙的取得資訊，但如果他們無心追求企業的最大利益，或無權做決策和採取行動，還是一樣無法對企業的成功做出貢獻。因此學習與成長的目標還需要第三

個促成因子，也就是促進員工積極、主動性的組織氣候。

衡量員工建言和建言的採納

衡量員工是否積極和充分被授權的方法很多。一個簡單流行的量度是員工建言的平均次數，這個量度掌握了員工是否持之以恆的參與改進組織績效；另一個與之相輔相成的量度是建言被採納的次數，它不僅衡量建言的品質，而且向員工展現了組織在廣開言路上的誠意和重視。

某公司的資深經理人發現員工不怎麼熱中於建議改進，建言品質也令人失望，於是他推出一個行動方案：

- 公布成功的建議，增加建言流程的曝光率和可信度。
- 宣布公司採納員工建言後獲致的實質利益和績效。
- 宣布新的獎勵辦法，建言被採納者可以獲得獎金獎勵。

這個方案一炮而紅，員工建言的頻率和建言被採納的次數都大幅增加。

另一個例子是洛克華德公司，它很早就把員工建言次數當做計分卡的量度之一，但發現這個量度的效果不彰。調查結果發現，問題在於員工覺得公司對他們的建議置若罔聞，於是資深經理人下令，今後專案經理必須對員工提出的每一個建議採取行動並且回覆。從此，員工只要建言必可得到回應，加上許多建議確實付諸實行，刺激了員工建言次數的增長。洛克華德的資深經理

人估計，採納建言的結果，一年為公司節省了好幾十萬美元。

衡量改進

　　採納員工建言可以獲得的有形好處很多，不只是節省開支而已。組織也可能從員工建議中找到內部和顧客流程的改進機會，例如：品質、時間或績效上的改進。施奈德曼擔任模擬設備公司的品質改進和生產力副總裁時，發明了一個叫做半途量尺（half-life metric）的量度（見圖 6-5），衡量流程績效改進 50 %所需的時間。[1] 半途量尺適用於希望減至零的流程量度（例如：成本、品質或時間）的任何一個組織，交貨誤期及瑕疵品、廢品、

圖 6-5　半途量尺

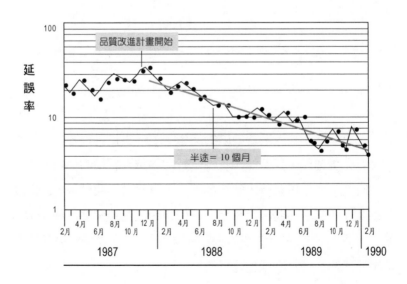

曠職的次數，都屬於這類量度。半途量尺甚至可以消除流程週期和新產品開發期中的「虛耗時間」。

　　半途量尺出自一個假設，如果 TQM 團隊成功的實施正式的品質改進流程，他們應該能夠以一個固定的速率減少缺陷（請參考圖 6-5）。假設事業單位已確定如期交貨是一個重要的顧客目標，目前訂單中 30％不能做到如期交貨，如果目標是用四年的時間（四十八個月）把交貨延誤率降至 1％，即改進三十倍，則可以實施一個持續改進流程，以每九個月減少 50％交貨延誤率的速度來達到（實際上超越）這個指標（如下所示）：

月	交貨延誤率（%）
0	30
9	15
18	7.5
27	3.8
36	1.9
45	1.0

　　一旦設定了消除系統缺陷的速率，經理人便可以審核改進方案是否正確運作，是否能夠在指定時間內達到預期的績效。中國有句成語：「千里之行，始於足下」，就是告訴我們：無論路途多麼遙遠，都必須跨出第一步。一個持續改進的量度（例如半途量尺）告訴我們邁出去的方向對不對，以及應該用什麼速度前進，才能夠在預定時間抵達目的地。

如果企業希望以半途量尺做為衡量員工建言和員工參與流程改進的成果量度，就應該：

- 確認公司希望改進哪些流程量度
- 估計這些流程的半途量尺
- 建立一個指數，顯示多少比例的流程正按照半途量尺指定的速度改進

採納員工建言的次數和重要流程的實際改進速率，用來衡量組織和個人配合度，是相當好的成果量度，這些量度可以反映出員工是否積極的參與組織的改進活動。

衡量個人和組織的配合度

個人和組織配合度的績效驅動因素，關注的是部門和個人的目標是否與平衡計分卡上載明的企業目標一致。組織採用一個循序漸進的平衡計分卡實施流程，從資深管理階層開始，向下層單位逐步推展計分卡（見圖 6-6）。這個流程有兩個主要目標：

1. 個人及次級單位的目標、獎金和表揚制度，完全配合事業單位的目標。
2. 以團隊為基礎的績效考核制度。

衡量這個推展流程的量度，則在實施過程中，重點一再演

圖 6-6　個人目標配合度──衡量概念

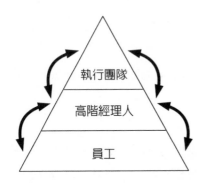

1.在管理階層中從上到下推展計分卡
- 制定平衡計分卡內容,做爲溝通共同目標的手段
- 建立對平衡計分卡的了解與認同
- 責成經理人發展適合自己責任範圍的量度
- 責成經理人記錄績效,做爲設定指標的基礎
- 責成經理人發展並執行一個在組織中層層向下推展的平衡計分卡實施計畫

2.向員工推展計分卡
- 溝通平衡計分卡內容、組織策略和行動方案
- 介紹平衡計分卡:它是什麼,有什麼用途,實施計畫是什麼,已完成哪些部分,還有哪些後續步驟?

4.校準個人目標
- 每個員工設定一個配合策略的目標,方法是辨別自己從事的某一個活動(或量度)對計分卡某一個量度的影響
- 透過與經理人討價還價的過程來設定個人目標

3.利潤計畫與設定指標
- 實施從上到下界定財務指標流程
- 實施從下到上設定非財務指標流程

> **衡量方法:在實施階段中不斷演變**
> 1. 已接觸平衡計分卡高階經理人比率
> 2. 已接觸平衡計分卡員工比率
> 3. 個人目標已與平衡計分卡結合之高階經理人比率
> 4. 個人目標已與平衡計分卡結合的員工比率,以及已達到個人目標的員工比率

變。在第一個階段，資深經理人首先制定平衡計分卡的內容與架構，然後責成各部門的經理人分別爲自己負責的領域建立量度，並設計在自己的組織內逐步向下推展。衡量初步實施階段是否成功的量度，是已經接觸平衡計分卡高階經理人的比率。完成這個介紹階段之後，下一個階段是向整個組織傳播平衡計分卡和具體的實施計畫。此時組織配合度的量度成爲已經接觸平衡計分卡的員工比率。進入第三個階段，資深經理人和主管界定計分卡的財務和非財務量度的特定指標，同時把自己的紅利與這些指標連結。第三個階段採用了一個新的量度，即個人目標已與平衡計分卡結合的高階經理人的比率，用來反映實施流程的成果。到了最後一個實施階段，所有人員的活動與目標連上計分卡的目標與量度。衡量最後階段的配合度成果量度，是個人目標已與平衡計分卡結合的員工比率，以及已經完成個人目標的員工比率。

　　另外一家企業則記錄資深經理人轄下的二十個事業單位中，有多少已經跟平衡計分卡的目標步伐一致。經理人制定了一個時間表，並與二十個事業單位深入討論，取得所有單位對於下列各點的共識：

- 事業單位的主要活動如何與計分卡協調一致
- 建立衡量這些活動是否成功的標準
- 向員工傳達事業單位的經理人與平衡計分卡的配合
- 以計分卡爲方向校準個人的績效目標

　　衡量組織配合度的量度，是已經成功的完成這個校準過程的

事業單位的比例。

　　企業向員工溝通組織的目標，並促使個人與組織的目標配合一致，不但可以衡量這些努力的成果，也可以衡量短期、階段性的指標。例如，某公司定期舉行「氣象」調查，評估員工對於達成平衡計分卡目標的積極性和進取心。在評估員工的積極性之前，必須先決定員工的認知，有些組織會衡量有多少百分比的員工知道並理解公司的新願景，這個方法尤其適用於計分卡實施流程的初期階段。

　　又如某消費品公司，擅長用大規模的市場研究，調查消費者對它的廣告和展銷計畫的反應，於是公司方面利用自己這方面的專長，測量員工對新策略的反應和接受程度。這家公司視推廣平衡計分卡如推出一個新產品，每六個月舉行一次員工調查，評估計分卡計畫在組織各角落的市場滲透率。它把員工的反應分成四個認知程度：

認知程度		典型反應
I	品牌認知	「我聽過這個新策略和平衡計分卡，但它對我沒什麼影響。」
II	顧客	「我已經開始用我從平衡計分卡學到的東西來改變我的做事方法了。」
III	品牌偏愛	「我嘗試的新方法效果很好。我可以看出計分卡對我自己、對顧客和公司的好處。」
IV	品牌忠誠	「我是信徒，堅信新策略是正確的道路。我是積極的傳教士，極力鼓吹別人加入這個陣營。」

圖 6-7 思想佔有率運動：衡量組織對新願景與策略的認知程度

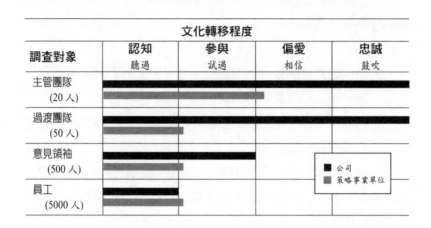

這項調查（見圖 6-7）幫助經理人了解員工對於平衡計分卡目標與量度的認知和承諾，不僅衡量這方面的進度，也確立了尚待努力的地方。

衡量團隊績效

今天許多企業都明白，它們必須有傑出的企業內部流程，才能夠達到顧客和股東的抱負指標。這些組織的經理人相信，只靠個人工作得更賣力、更聰明和更知性，不足以達到企業內部流程的超前績效指標。越來越多的組織改採團隊作戰，完成產品開發、顧客服務、內部營運等重要的企業流程。這些經理人希望以目標與量度來激勵、監督組織的團隊意識和績效。當國家保險公司企圖把企業轉型成為一個專業性的財產和意外傷害保險公司

時，它所實施的整頓策略之一，就是以團隊為中心組織所有的工作流程。在國家保險公司的學習與成長構面中，有六個衡量團隊意識和團隊績效的量度：

1. 內部調查團隊意識：調查員工意見，了解事業單位是否互相扶持並為彼此創造機會。
2. 利潤分享程度：記錄組織與其他事業單位、組織或顧客建立團隊關係的程度。
3. 整合性專案數目：多少個專案有不止一個事業單位參與其中。
4. 虧損管理利用率：新簽的保單中曾經諮詢虧損管理單位的比率。
5. 由團隊發展業務計畫的比率：事業單位在總部支援下發展業務計畫的比率。
6. 實施獎金分享制的團隊比率：實施團員共同目標和分享獎金辦法的團隊數目。

這些量度清楚的傳達了企業希望個人在團隊中發揮工作效益，以及團隊互助合作的願望。

團隊概念可以進一步與利潤分享計畫連結。在利潤分享計畫之下，當團隊達到共同目標時，所有的團員都可以分配到獎金。某一個組織便建議以三個量度來衡量利潤分享活動：

1. 與顧客分享利潤的專案比率
2. 實現潛在利潤的專案比率

3.團隊的獎金制度與專案是否成功連結在一起的專案比率

缺乏衡量標準

我們在前面幾章討論財務、顧客和企業內部流程構面時，曾
介紹過一些企業發展的特定量度；相形之下，我們卻找不到幾個
關於學習與成長構面的企業特定量度。我們發現，很多企業在衡
量財務、顧客、創新、營運流程的目標上，早已建立了良好的基
礎，但是一談到員工技術、策略資訊可用性、組織配合度的特定
量度時，這些企業幾乎毫無動靜，既不衡量這些能力的成果，也
不衡量它們的驅動因素。這種差別待遇實在令人惋惜，因為實施
計分卡衡量方法與管理架構，最重要的目的就是促進個人和組織
能力的成長。

第10章討論平衡計分卡對管理流程的衝擊，屆時我們會回頭
探討這個缺乏衡量標準的問題，在此我們只希望提出一個觀念，
就是缺乏特定量度這件事本身是一個非常可靠的指標，顯示企業
並沒有把策略目標與改造員工技術和提供資訊的活動連結起來，
也沒有使個人、團隊和組織單位的行動與企業的策略和長程目標
同步。很多人鼓吹員工培訓和技術再造，主張授權員工、建立資
訊系統並激勵員工，但是他們往往把這些方案本身當做目的。他
們倡言這些方案的崇高道德，而非把它們當做組織追求長期經濟
目標和顧客目標的手段。他們為這些方案分配資源、採取行動，
卻沒有規定它們對於達到策略目標應該承擔哪些具體的、可以衡

量的責任。這個落差造成挫折感，資深管理階層看不到任何可以衡量的成果，於是懷疑對員工和系統的大量投資還能支持多久；人力資源和資訊系統的倡導者則不明白為什麼他們的努力不受重視，不能在組織中佔有更核心和更具策略性的地位。

我們相信，眼前學習與成長構面缺乏更詳盡的企業特定量度現象，並不代表平衡計分卡包含這個構面有什麼天生的局限或弱點，它其實反映了大多數組織在連結員工、資訊系統、組織配合度與策略目標上的進展有限。我們預期在不久的將來，當企業開始實施以平衡計分卡為衡量架構的管理流程後，會出現更多富創意的、客製化的學習與成長構面的量度。同時，我們將會在下一章說明，由於平衡計分卡提供了一個機制，明確指出四個構面量度之間的因果關係，因此學習與成長構面的量度，必能明顯的與其他三個計分卡構面的成果連結在一起。

與其等待企業發展客製化的量度之後再來討論學習與成長構面，我們寧可採用本章介紹的通則性量度：策略職位適任率、策略資訊覆蓋率、流程達到預定改進速度的比率、主要員工與平衡計分卡策略目標同步的比率等。這些概括性量度足以辨別組織能力中存在的落差，在管理階層和員工發展出更客製化和特定的量度之前，可以發揮標竿（markers）的作用。

以標竿為衡量標準

麥可・比爾（Michael Beer）在他的「策略人力資源管理」

的研究中,曾建議採行另一種衡量方法,即在衡量標準不夠健全或尚未建立之際,用敘述文字來代替量度。[2] 假設某家企業制定了一個提升員工技術的目標,希望促使員工更有效的實施並改進策略。目前這個目標的意義過於含糊,無法以任何確切或可信的方法,或用合理的成本來衡量。但是每一次(也許是一季一次)召開人力資源發展流程的策略檢討會議時,經理人可以提出一至二頁的備忘錄,上面盡可能的描述他們最近採取了哪些行動,獲致了哪些成果,目前組織人力資源能力的狀況又是如何。備忘錄以文字代替衡量標準,提供了一個積極對話和辯論的基礎。敘述文字當然不是衡量標準,也不能長久取代衡量標準,但是做為一種標竿,它也能達到與正式衡量系統相同的目標,它鼓勵經理人按照既定方針採取行動,因為他們知道什麼時候召開策略檢討會議,會議中他們不得不報告自己的計畫和成果。它也為定期的責任承擔、檢討、回饋和學習提供了一個具體的基礎;同時,報告本身帶有警示作用,揭露衡量系統中存在一段落差,提醒經理人必須繼續量化策略目標和發展衡量系統,以便為員工、資訊系統和組織單位的發展目標,提供一個更具體的溝通與評估基礎。

本章摘要

歸根究柢,企業是否有能力達到財務、顧客和企業內部流程的指標,端視它的學習與成長能力如何而定。學習與成長的促成

因子有三個主要來源：員工、系統和組織配合度。凡是追求卓越
績效的策略，通常需要對人、系統和流程做出大量的投資，以建
立組織的能力。因此任何企業的平衡計分卡，都應該爲這些未來
卓越績效的促成因子制定目標與量度。

　　衡量投資於員工、系統和組織配合度的成果，可以用三組核
心量度：滿意度、生產力和延續率來衡量。這些成果的驅動因
素，目前只是一些概括性的量度，發展程度不及其他三個計分卡
構面。這些驅動因素是一些總計指數，包括：策略職位適任率、
策略資訊可用性，以及個人、團隊、部門與策略目標的配合度。
缺乏企業特定量度的現象本身即代表一個機會，它可以監督事業
單位加速發展與策略密切結合的、客製化的衡量員工、系統和組
織的標準。

註：

1　A. Schneiderman, "Setting Quality Goals, " *Quality Progress*
　　(April 1988), 51－57；並請參考：R. Kaplan, "Analog Devices,
　　Inc. : The Half-Life System," 9-190-061 (Boston : Harvard
　　Business School, 1990).

2　M. Beer, R. Eisenstat, and R. Biggadike, "Developing an Or-
　　ganization Capable of Strategy Implementation and Reformu-
　　lation," in *Organizational Learning and Competitive Advantage*,
　　ed. B. Moingon and A. Edmonson (London : Sage, 1996).

7

連結量度與策略

　　我們在前面四章爲平衡計分卡的建築打下了基礎，我們敍述了如何建立財務和非財務性的量度，如何把這些量度組成財務、顧客、企業內部流程、學習與成長四個構面。但是怎麼樣才算是一個成功的平衡計分卡呢？難道只是把一大堆財務和非財務性的量度攪和在一起，湊成四個不同的構面嗎？

　　任何一個衡量系統，目標都應是激勵所有的管理階層和員工貫徹事業單位的策略。凡是能夠把策略融入衡量系統的企業，自然能夠駕輕就熟的執行策略，因爲它們能夠正確的傳達目標。也就是這種傳達功能，使經理人和員工能夠全神貫注於關鍵的驅動因素，讓一切的投資、方案和行動，能夠方向一致的追求策略目標。因此，一個成功的平衡計分卡，必然是一個透過整合的財務和非財務性量度而傳達策略的計分卡。

　　爲什麼建立一份能傳達事業單位策略的計分卡那麼重要呢？

- 計分卡向組織闡述未來願景，並建立共識。
- 計分卡創造了策略的整體模式，使每位員工都能看清自己對組織的貢獻。如果缺乏這種連繫關係，個人和部門或許能夠強化局部的績效，卻無法對整體的策略目標做出貢獻。
- 計分卡凝聚變革的努力，只要辨認了正確的目標與量度，實施成功乃指日可待，否則投資和行動方案將徒勞無功。

　　我們如何才能知道計分卡確切闡述了策略呢？有一個方法可以測試平衡計分卡是否忠實的傳達事業單位的策略（包括它的成果和績效驅動因素），就是：看它的敏感度和透明度。計分卡不但應該從組織的策略衍生而出，而且應該透視策略，換句話說，可以透過計分卡一眼看穿它的目標與量度背後的策略。

　　有一個例子可以說明這種透明度。某企業子公司的總裁在實施第一份平衡計分卡後，向公司總裁報告如下：

　　從前如果你不小心把我的策略規畫書忘在飛機上，讓競爭對手撿了去，我會很生氣，但氣完就算了，這個損失其實也沒什麼大不了的。假如我自己把每個月的營運檢討報告忘在什麼地方，被競爭對手拷貝了一份，我會非常沮喪，但同樣的，這也算不得什麼嚴重的事情。但這個平衡計分卡可就不一樣了，它把我的策略闡釋得一清二楚，萬一被競爭者看到，他可以輕易的阻擋我的策略，使得策略完全失效。

　　當平衡計分卡展現這種程度的透明時，顯然已經成功地把策略變成一組互相連貫的績效量度了。

把量度連結至策略

　　如何建立一個轉策略為衡量標準的平衡計分卡呢？我們在第2章中曾經介紹過三個原則，可以使組織的平衡計分卡與它的策略連成一體：

　　*1.*因果關係
　　*2.*績效驅動因素
　　*3.*與財務連結

　　讓我們逐一討論這三個原則。

因果關係

　　策略是一套關於因與果的假設。因果關係可以從一連串的「如果……便會……」的陳述中表現出來。舉例來說，我們可以透過下面一系列的假設，加強員工的銷售訓練並增加利潤，進而建立兩者之間的互動關係：

如果我們加強員工產品的培訓，員工便會更深刻了解他們
銷售的產品；如果員工對產品的了解深入，他們的銷售效益
便會改善。如果他們的銷售效益改善，那麼產品的平均邊際
利潤便會增加了。

一個結構嚴謹的計分卡，應該透過上述這種一連串的因果關
係，陳述事業單位的策略。衡量系統應該清楚表達各種構面的目
標（和量度）之間的關係（假設），才能管理並核實這些目標。
平衡計分卡選擇的每一個量度，都應該是一個因果關係鏈中的一
環，才能向組織傳達策略的意義。

成果與績效驅動因素

如前面四章所述，每一個平衡計分卡都會採用一些概括性的
量度。概括性量度通常是核心的成果量度，反映許多策略追求相
同的目標，也反映不同產業和組織卻有類似的結構。概括性量度
往往是落後指標，例如獲利率、市場佔有率、顧客滿意度、顧客
延續率、員工技術等。績效驅動因素則是領先指標，往往因事業
單位而異。績效驅動因素反映了事業單位策略的獨特性，例如獲
利率的財務驅動因素、事業單位選擇競逐的市場區隔、特殊的內
部流程、學習與成長的目標等，都是為了提供特殊的價值主張給
目標顧客和市場區隔。

一個優秀的平衡計分卡，應該混合一組成果量度和績效驅動
因素。只有成果量度而沒有績效驅動因素，則無法顯示獲致成果

的過程，也不能提早提示策略實施能否奏效。反之，如果只有績效驅動因素（例如：週期時間和每百萬個產品的不良率）而沒有成果量度，雖然可能幫助事業單位獲得短期的營運改進，卻無法顯示營運的改進是否會促成銷路的增長，最後帶來財務績效的改善。一個優質的平衡計分卡，應該適當的混合成果（落後指標）及為事業單位量身訂做的績效驅動因素（領先指標）。

與財務連結

今天大多數組織盛行變革，一不小心就會沉迷於品質、顧客滿意度、創新、授權員工等目標，而忘記真正的目的是什麼。這些目標雖然可能導致事業單位的績效改進，但如果把它們本身當做終極目標，則不可能帶來真正的成功。近年來一些美國國家品質獎的獲獎企業出現財務困難，就足以證明營運改進一定得與財務結果連結的必要性。

平衡計分卡必須保留對成果的強烈訴求，尤其是資本運用報酬率或附加經濟價值之類的財務成果。許多經理人沒有把他們的改進方案（例如：全面品質管理、縮短週期、流程改造、授權員工等）連結那些直接影響顧客和提供未來財務績效的成果。這些組織錯誤的把改進方案本身當做終極目標，這些方案並沒有與改進顧客及財務績效的特定指標連結在一起，這種做法無可避免的，會造成組織因不能從變革方案獲得具體利益而喪失興趣。所以，我們要再次強調，所有計分卡量度的因果循環關係，最終都應該連結到財務目標上。

我們可以用大都會銀行和國家保險公司的兩個個案，來說明這三個計分卡原則的實際應用。

■大都會銀行

大都會銀行面臨了兩個難題：⑴過度依賴單一產品（存款）；⑵成本結構使它無法在獲利的情形下提供優惠利息給80％的顧客。為了解決這兩個問題，大都會銀行兵分兩路：

1. 營收成長：向目前顧客出售更多種類的產品以擴大營收來源，減少收入不穩定的現象。
2. 生產力：把非獲利的顧客轉移到成本效益較高的通路（例如：電子處理通路），以達到改善營運效率的目的。

大都會銀行在平衡計分卡發展流程中，把這兩個策略變成四個構面的目標與量度，過程中特別強調了解和描述策略背後的因果關係。圖 7-1 簡單說明大都會詮釋策略的結果。營收成長策略的財務目標——擴大收入組合，十分清楚。從策略上來說，這表示大都會應該把重點放在目前的顧客基礎，辨別哪些顧客可能需要多元化的金融服務，然後向這些目標顧客推銷。可是分析顧客構面的目標之後，大都會的經理人發現，他們的目標顧客並不理所當然認為銀行或銀行家是提供全套金融商品的來源。經理人於是得到一個結論，他們必須扭轉顧客對銀行的認知，把銀行是處理支票和存款交易的場所，轉變為理財顧問，這樣才有成功的機會。

圖 7-1　大都會銀行的策略

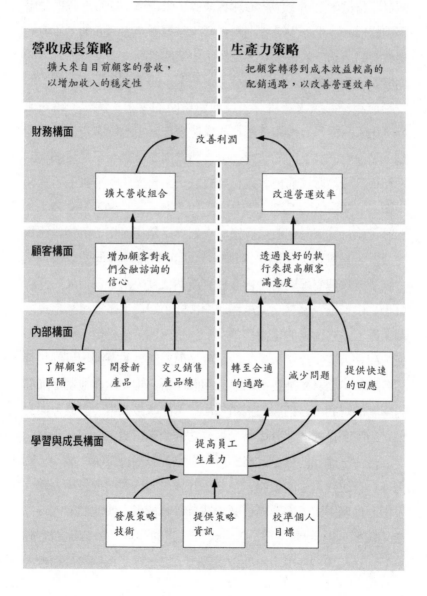

　　計分卡設計流程首先確定財務目標是擴大營收組合，再從這個財務目標產生了一個新的顧客價值主張：增加顧客對我們金融諮詢的信心。下一步是辨別銀行必須掌握哪些內部活動，才能夠獲致策略成功。最後確立了三個跨企業的流程：(1)了解顧客；(2)開發新產品和服務；以及(3)交叉銷售眾多的產品和服務。每一個企業流程都必須重新設計，反映新策略的要求。例如：銷售流程，過去一向以宣傳銀行服務的媒體廣告為主，好廣告加上好地點，是吸引顧客上門的法寶。分行職員向來被動，只是幫顧客開戶和提供後續服務而已，銀行始終缺乏銷售文化。事實上研究結果顯示，業務員的工作時間中只有 10 ％是花在與顧客打交道上。於是，銀行推出一個改造計畫，重新界定銷售流程。新銷售流程的設計，是創造一種關係式銷售（relationship-selling）方法，使業務員成為理財顧問。銷售流程有兩個量度，兩者皆列入平衡計分卡之中。第一個是交叉銷售比率（即平均售出幾個產品給每一個家庭），它衡量的是銷售效益。這是一個落後指標，可以指出新流程是否發生作用。第二個量度是面對顧客的時間，目的是督促各地的業務員採納與策略息息相關的新文化。除非他們增加面對顧客的時間，否則關係式銷售法不可能產生效用。因此，面對顧客的時間是這個部分策略是否成功的領先指標。

　　從內部流程的目標，自然而然引出營收成長策略的最後一組因素——改善員工的效能。在此，計分卡的學習與成長構面確立了下面幾個需求：(1)業務員必須擁有專業技術（使他們變成熟悉產品線的理財顧問）；(2)必須改善資訊的存取（整合性顧客檔案）；以及(3)調整獎金制度做為鼓勵。它包含了兩個落後指標，

一個是生產力的量度，用以衡量每一個業務員的平均銷售額；另一個是以員工滿意度調查測量出來的員工態度。這部分也包括幾個領先指標，希望員工有重大改變：(1)提高技術基礎並增加合格人員——策略職位適任率；(2)提供資訊科技的工具和資料——策略資訊可用率；以及(3)調整個人目標和獎金制度，反映新的優先任務——個人目標配合度。

這些量度進而催生了全新的管理流程。讓我們以策略職位適任率量度為例來說明此點。每一個變革策略，包括大都會銀行的策略在內，最後都需要挑選一組員工接受技術再造和培養承擔新責任的能力。這些策略技能可能是資產（如果你有的話），也可能是負債（如果你沒有的話）。建立智慧資產是領先期最長的工作，但是事業單位策略的最後成功往往取決於此。我們發現最有效的衡量策略技能的量度，是從三個問題的答案中引伸出來的，儘管它們簡單到令人懷疑的地步：(1)需要哪些技能？(2)目前擁有哪些技能？(3)落差在哪裏，有多大？策略職位適任率量度，界定了策略的負債（請回顧圖 6-4 顯示的落差）。儘管這個量度很基本也很簡單，但很少組織能夠構築它，因為它們的人力資源和規畫系統無法回答上述三個問題。好幾家公司為了界定這個量度而重新設計它們的人才發展流程基礎結構。圖 7-2 顯示計分卡的量度如何使得組織推出策略行動方案，來縮小策略職位適任率的落差。界定策略的優先任務和最能夠闡述這些優先任務的量度，是一個邏輯思考的過程，它會引導組織為了執行策略而重新定義一個基本的管理方案。當然，要不是為了構築平衡計分卡和受到計分卡邏輯系統思維的牽引，這些組織也多半不會如此全神貫注和

圖 7-2　提高員工生產力

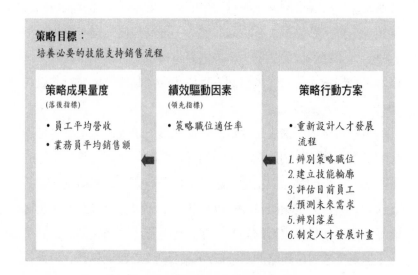

充滿急迫感的解決員工技能不足的問題。

　　圖 7-3 總覽大都會銀行為平衡計分卡制定的目標與量度，顯示了領先和落後指標的混合體。不出所料，財務和顧客的量度只有少數幾個領先指標，大部分的領先指標或驅動因素都出現在企業內部流程及學習與成長的量度上。從圖 7-1 和圖 7-3 這兩個圖表，可以看出大都會銀行的計分卡如何混合一組領先和落後的指標，所有指標最後都指向改善未來的財務績效，而描繪出一個因果關係的體系。

■國家保險公司（巨大時差）

　　成果量度必須連結績效驅動因素，可能沒有一個行業比得上

圖 7-3　大都會銀行的平衡計分卡

策略目標	策略衡量標準	
	（落後指標）	（領先指標）
財務		
財(1)：改善利潤	投資報酬率	
財(2)：擴大營收組合	營收成長	營收組合
財(3)：減少成本結構	存款服務成本改變	
顧客		
客(1)：增加顧客對我們的產品和人員的滿意度	顧客區隔佔有率	顧客關係的深度
客(2)：增加「售後服務」的滿意度	顧客延續率	顧客滿意度調查
內部		
內(1)：了解我們的顧客		
內(2)：創造創新的產品	新產品的營收	產品開發週期
內(3)：交叉銷售產品	交叉銷售比率	面對顧客時間
內(4)：轉移顧客至成本效益較高的通路	通路組合改變	
內(5)：減少營運問題	服務出錯率	
內(6)：回應迅速的服務	滿足顧客要求的時間	
學習		
學(1)：培養策略技術		策略職位適任率
學(2)：提供策略資訊		策略資訊可用率
學(3)：校準個人目標	員工滿意度 員工平均營收	個人目標配合度(%)

保險業更迫切需要的了。保險業是一個資訊密集和極端講究衡量的產業，它的特色是從執行決策到決策成果，中間有很長的間隔時間，舉例來說，評估風險和決定費率是保險業務的核心，但是直到理賠的提出和解決之後，才能夠看到這些工作的效益。像意

外事故的保險賠償問題,可能歷時兩年到五年才能解決,而一些
特殊的例子,例如,石綿致癌的訴訟案,甚至拖延了幾十年。在
這種經營模式下,除非有一組混合的領先和落後的量度,否則根
本無法激勵並衡量事業單位的績效。

　　國家保險公司是一家大型的財產和意外傷害保險公司,過去
十年深受財務慘澹的困擾,爲了扭轉頹勢,公司從外面請來了一
個新的管理團隊。新管理團隊的策略,是擺脫傳統提供全套服務
給所有市場的做法,而將它轉型爲一家專業公司,專攻比較狹窄
的利基市場。新的資深管理團隊爲這個專業策略確立了主要的目
標:

- 加強認識並瞄準希望的市場區隔
- 加強遴選、教育並激勵保險經紀人追求這些市場區隔
- 改進承保流程,做爲執行新策略的焦點
- 完善的整合理賠資訊於承保流程中,以增加顧客的選擇性

　　國家保險公司的管理階層決定以平衡計分卡做爲新管理團隊
領導整頓行動的主要工具。選擇計分卡的原因,是因爲他們相信
計分卡可以向組織宣示策略,並早日反映進程的變化。

　　管理階層的第一步是界定專業策略的目標——如圖 7-4 左欄
所示。下一步是挑選量度來推動每一個目標的運作,選擇量度的
方法是取得管理團隊對一個簡單問題的共識:「如何才能知道國
家保險公司已經達到了這個目標?」從這個問題的答案產生了圖
7-4 中間一欄所示的「核心成果」。核心成果量度也叫做「策略

圖 7-4 國家保險公司的平衡計分卡

策略目標	策略衡量標準	
	核心成果（落後）	績效驅動因素（領先）
財務		
財(1)：滿足股東期望	每股盈餘	
財(2)：改善營運績效	綜合比率	
財(3)：達到獲利的成長	業務組合	
財(4)：降低股東風險	災難性虧損	
顧客		
客(1)：改善代理績效	爭取率和延續率 （相對計畫）	經紀人績效 （相對計畫）
客(2)：滿足目標投保人	爭取率和延續率 （依區隔別）	投保人滿意度調查
內部		
內(1)：開拓目標市場	業務組合 （依區隔別）	業務發展 （相對計畫）
內(2)：承保獲利能力	虧損率	承保品質審核
內(3)：理賠與業務的配合	理賠頻率 理賠嚴重性	理賠品質審核
內(4)：改善生產力	費用率	員工人數的變動 控制開支的變動
學習		
學(1)：提升員工技能	員工生產力	人才發展（相對計畫）
學(2)：提供策略資訊		策略資訊科技可用性 （相對計畫）

成果量度」，因為它們描述了管理階層希望新策略獲致的成果。

　　圖 7-4 中間一欄顯示的量度，就像許多成果量度一樣，是一些顯而易見、任何財產和意外傷害保險業都會採用的量度。如果連這些產業特定的量度都沒有，計分卡會變得毫無意義，但如果只有這幾個量度，又不足以顯示它在產業中脫穎而出的特質。計

分卡發展流程到此階段，只有產業通用量度的現象，凸顯了一個
新的問題。每一個成果量度都是落後指標，只能反映很久以前的
決策與行動的後果，舉例來說，實施新承保準則的效果，起碼要
等一年之後才能從理賠頻率中反映出來；新準則對虧損率的衝
擊，甚至需要更長的時間才會顯現。

　　這些策略成果量度呈現了一個平衡的策略觀點，除了傳統的
財務量度之外，也包括了顧客、內部流程、學習與成長的量度。
但如果計分卡只包含落後指標，將無法滿足管理團隊希望早日獲
知成功進程的願望。它也不能凝聚整個組織的注意力在未來成功
的驅動因素上，換句話說，它無法指引員工應該如何進行日常工
作，才能實現未來的成果。雖然每一個組織都會碰到如何用領先
的績效驅動因素來平衡落後的成果量度問題，但是這個問題對於
承保產險和意外險的保險公司而言，顯得特別棘手，而且這個行
業面臨的今日行動與未來後果之間的巨大時差，也比我們見過的
任何行業都要強烈。

　　國家保險公司的管理階層於是展開第二階段的設計流程，來
決定員工在短期內應該採取哪些行動。他們為每一個成果量度確
立了一個相輔相成的績效驅動因素——如圖 7-4 右欄所示。大多
數的績效驅動因素都是描述某一個企業流程必須做出的改變，舉
例而言，承保流程的策略成果量度是：

- 虧損率
- 理賠頻率
- 理賠嚴重性

如果要改善這三個量度的績效，就必須先大幅改進承保流程本身的品質。於是，管理階層參考一套優良承保作業，設計了一套準則，這套準則規範了承做一個新的保險機會時應採取的行動。管理階層同時推出一個新的企業流程，定期審核每一個承保業務員所簽下不同種類的保單，評估這些保單是否符合新的準則。審核工作產生了一個新的量度：承保品質審核評分，顯示新簽的保單中，有多少比例符合重新設計的承保流程標準。這個措施出自一個理論：承保品質審核評分是一個領先指標，是成果的績效驅動因素，能夠驅動很久以後才會顯現出來的虧損率、理賠頻率及理賠嚴重性。除了承保品質審核之外，管理階層也為其他涉及代理管理、新業務發展、理賠管理的成果目標，設計了類似的做法。他們構築了新的衡量標準，代表這些成果的績效驅動因素，來溝通和監督近期的績效。包括：

成果量度	績效驅動因素
主要經紀人的爭取率和延續率	相對於計畫的代理績效
顧客爭取率和延續率	投保人滿意度調查
業務組合（依區隔別）	相對於計畫的業務發展
理賠頻率和嚴重性	理賠品質審核
費用率	員工人數的變動；間接開銷
員工生產力	相對於計畫的人才發展；資訊科技可用性

　　圖 7-4 的右欄顯示國家保險公司選擇一組新的領先指標,就
是績效驅動因素。

　　圖 7-5 顯示國家保險公司的平衡計分卡蘊含的因果關係鏈有
兩個方向:一個方向是從學習與成長及企業內部流程的目標,走
到顧客和財務的目標;另一個方向是每一個顧客、內部、學習構
面的成果量度,都連結一個績效驅動因素的量度。

　　由國家保險公司的個案,再度證明建立平衡計分卡的過程會
創造變革和產生結果。制定績效驅動因素的衡量標準,強迫了管
理階層思索未來的工作方式並推出全新的企業流程,包括承保品
質審核、理賠品質審核,以及提升員工技術和擴大資訊科技可用
性的特定方案。管理階層設計的承保和理賠品質的審核準則,除
了提供計分卡所需的量度之外,也幫助他們改進了承保流程和理
賠流程,而且發揮了向員工傳達新工作守則的作用。承保品質和
理賠品質審核評分,並非現成的量度,它們是國家保險公司管理
階層設計的客製化量度,用來監督承保和理賠新流程。

　　這些量度的詳細內容描述了國家保險公司追求成功的策略。
圖 7-5 描繪的因果關係鏈,代表管理階層對策略所做的假設,換
句話說,是假設今天的流程和決策,將會對未來的核心成果造成
哪些正面的影響。承保和理賠品質審核的量度,並非用來懲戒員
工,審核結果如果發現承保或理賠工作表現不佳者,下一個動作
是送去培訓,而不是解雇。由此可見,這些量度的目的是向組織
宣示新的工作流程規範,並確立策略優先任務、策略成果和績效
驅動因素的邏輯過程,導致企業流程的改造。這個衡量流程的確

圖 7-5　國家保險──因果關係

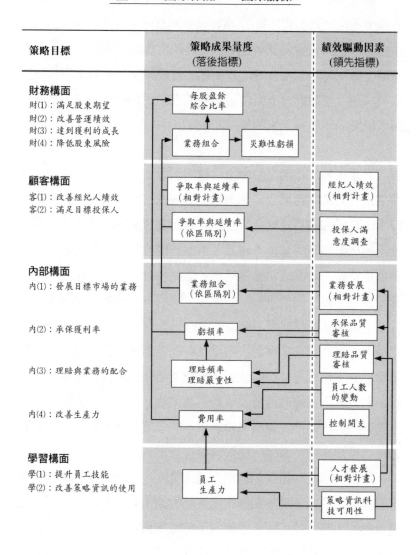

策略目標	策略成果量度 (落後指標)	績效驅動因素 (領先指標)
財務構面 財(1)：滿足股東期望 財(2)：改善營運績效 財(3)：達到獲利的成長 財(4)：降低股東風險	每股盈餘 綜合比率 業務組合 → 災難性虧損	
顧客構面 客(1)：改善經紀人績效 客(2)：滿足目標投保人	爭取率與延續率 (相對計畫) 爭取率與延續率 (依區隔別)	經紀人績效 (相對計畫) 投保人滿意度調查
內部構面 內(1)：發展目標市場的業務 內(2)：承保獲利率 內(3)：理賠與業務的配合 內(4)：改善生產力	業務組合 (依區隔別) 虧損率 理賠頻率 理賠嚴重性 費用率	業務發展 (相對計畫) 承保品質審核 理賠品質審核 員工人數的變動 控制開支
學習構面 學(1)：提升員工技能 學(2)：改善策略資訊的使用	員工生產力	人才發展 (相對計畫) 策略資訊科技可用性

可以用「小兵立大功」（在營運上）來形容。

　　國家保險公司的整頓計畫最後成功與否，還需要一段時間才會顯現出來（我們會在第 12 章描述平衡計分卡在國家保險公司的演變），當然也會受到衡量系統之外的眾多因素影響。但是管理階層一致同意，平衡計分卡在他們的整頓策略和績效上扮演了重要的角色。由於計分卡提供了長期成果的短期指標，它已經成為國家保險公司走向未來的導航系統了。

　　大都會銀行和國家保險公司這兩個個案，說明了如何把一個事業單位的策略轉換成一個衡量架構。在這個宏觀層次的設計流程中，我們強調以量度之間的關係做為闡述策略的基礎，其重要性超過構築個別的量度。建立了這個整體的策略架構之後，設計和選擇特定的量度或次級量度羣，才是執行策略的開端。平衡計分卡其實不是一個規畫策略的工具，我們曾在許多企業內實施計分卡，這些企業早已有了明確的策略，而且策略已經為組織普遍接受。但是我們常常發現，甚至在資深管理團隊自認為已經對事業單位的策略取得共識的情形下，把策略化為運作衡量標準的過程，仍然會強迫他們澄清並重新定義策略。事實上，平衡計分卡強調紀律嚴謹的衡量架構，會刺激新的策略意義和實施方法的對話。這種辯論往往導致一些管理流程被提升到策略地位。

　　再者，辨認一組互相連結的績效量度，也會促成管理團隊層次的組織性學習。透過明確表達策略的因果假設，經理人可以測試他們的策略，並且隨著他們對策略實施和效果的了解而調整策略，若沒有這種明確的因果連結關係，將不可能出現任何策略學

習。我們會在第 12 章中詳細闡述這個主題。

策略性量度與診斷性量度比較

平衡計分卡有四個構面，每一個構面可能需要四到七個不同的量度，照此推算，企業的計分卡通常有多達二十五個量度。二十五個量度是不是太多了？哪一個組織有本事同時關注於二十五件不同的事情？這兩個問題的答案都是否定的。如果把計分卡看成二十五個（甚至十個）獨立的量度，當然是太過複雜，難以消化了。

事實上，正確看待平衡計分卡的態度，是把它當做傳達單一策略的儀器。當計分卡被視為一個策略的宣言時，上面有幾個量度就無關宏旨了，因為所有的量度都連結在一個因果網絡中詮釋事業單位的策略。雖說知易行難，大都會銀行和國家保險公司的兩個例子，加上我們在其他公司的經驗，一再證明企業的確可以用兩打左右的量度整合而成的衡量系統來規畫並溝通它們的策略。

但是，今天大多數企業為了維持正常的經營，已經用了不止十六至二十五個量度。這些組織不相信平衡計分卡可以只憑兩打量度衡量它們的經營。若從一個狹隘的角度來看，它們的懷疑是正當的，不過它們忽略了一點，診斷性量度[1]和策略性量度根本是兩回事。診斷性量度的作用，是監視企業是否按部就班的運行，並且在出現異常現象需要立刻注意的時候發出警報；策略性

量度則定義一個策略，它的目的是追求競爭的優勢。

　　讓我們舉一個簡單的例子來澄清此點。人體的許多功能必須維持在一個相當狹窄的運作參數之內，否則人就活不下去了。我們的體溫只能忍受偏離正常體溫（98.6℉或37℃）一度到兩度的變化，如果超過這個限度，血壓就會降得太低或升得太高，問題就嚴重了。此時我們的一切能量（以及醫護人員的能量）都會動員起來，企圖把這些參數恢復到正常的水準。但是我們不會奉獻巨大的能量來追求最理想的體溫和血壓，而把體溫控制在距離標準度數只差0.01度的範圍內也並不是一個策略成功的因素，它不能決定我們能不能變成一家公司的CEO、一家國際顧問公司的資深合夥人，或一所大學的終身正職教授。對於這些獨特的個人和職業目標，其他的因素更具決定性的作用。體溫和血壓重要嗎？絕對重要。一旦這些量度失控，我們的身體會發出信號，告訴我們出現大問題了，必須立刻處理和解決。儘管這些量度不可或缺，它們本身並不足以幫助我們達到長程目標。

　　同樣的，企業也需要監控幾百個、甚至幾千個量度，以確保它們的正常運行，以及在需要採取糾正行動的時候發出警告。但是這些量度並不是競爭成功的驅動因素，這些量度掌握了必要的「保健因素」，使企業能夠運行下去。企業監控這些量度的方式是診斷性的，任何異常現象都會立刻引起注意，我們稱之為異常管理（management by exception）。

　　相反的，平衡計分卡的成果量度和績效驅動因素，應該是資深和中階經理人之間互動的議題，當他們根據競爭者、市場、科技和供應商的新資訊評估策略時，計分卡的量度是討論焦點。[2]

某家分公司的經理人在實施第一份平衡計分卡之後，曾表示：
「我們一向衡量幾百個營運變數。在建立平衡計分卡的時候，我
們只選擇了十二個與策略實施息息相關的量度，在這十二個量度
中，有七個是我們過去從未使用過的。」[3]

　　平衡計分卡不能取代組織日常使用的衡量系統，它所選擇的
量度是用來指引方向，促使管理階層和員工專注於那些導致組織
競爭勝利的因素。

好量度也會做壞事——以診斷性量度制衡策略性量度

　　即使最好的目標與量度，也可能用最壞的方法來達到。如果
用唯一的量度（尤其是財務量度）來激勵並考核事業單位的績
效，很容易出現目光淺短的局部優化（suboptimization）現象，在
這方面，平衡計分卡可以發揮防範的作用。局部優化並不限於財
務量度。舉例來說，許多企業在顧客構面中衡量對目標顧客的如
期交貨（OTD）績效。如期交貨已成為很多企業特別重視的一個
屬性，尤其是採用及時生產方法的製造業者，它們沒有多少存貨
可以做為交貨延誤的緩衝。可是，如果對唯一的顧客量度（例如
OTD）施以太大的壓力，經理人很快就會發展出機能失調式的手
段來改善OTD。舉例來說，製造業者可能大量儲存所有可能需要
的產品項目，因此只要運出庫存製品，就能夠滿足任何訂單。這
些公司可能有絕佳的 OTD 量度，可是大量的資本被綁在存貨、
倉庫和搬運設備上，而且公司還冒了產品淘汰和損壞的高風險。

為了達到高 OTD 水準，如此做法可是非常的昂貴。

另一種達到高 OTD 的做法是，乾脆向顧客提出並允諾一個很長的前置時間。假如顧客要求十八天內送貨，公司可能因為工作積壓、延遲和營運的混亂，而發現自己無法如期交貨，於是它告訴顧客只能在第三十天交貨。顧客可能因此很不高興，但是短期內也別無選擇，只好接受三十天的送貨承諾。如果這家公司實際做到在第三十天交貨，它的 OTD 目標就達到了，可是它並沒有滿足那位希望在第十八天收到貨物的顧客需求。

讓我們再看一個例子。內部企業流程構面中有一個非常好的衡量創新週期的績效量度：新產品和服務上市的時間。事業單位如果希望改進上市時間，可以用的方法很多，例如：改善新產品推出流程的管理，學習以更少的設計週期製造成品。但是新產品推出流程本身並沒有根本上的改進，而且在上市時間績效量度的嚴屬監督下推出新產品，可能與既有產品只有一些遞增式的差異。他們達到了績效指標，但代價是犧牲了徹底創新的機會，而使企業喪失競爭優勢。

一個企業的全面衡量系統，不應該鼓勵任何一個量度或構面的局部優化。在設計平衡計分卡的時候，應該預期每一個量度可能出現的局部優化，然後用一個互補的量度制衡企業企圖用拙劣手法達到目標的念頭。然而，與其用附加的、非策略性的量度把計分卡塞得滿滿的，企業不妨以診斷性的量度來制衡計分卡上的策略性量度。以模擬設備公司為例，模擬設備是最早試用平衡計分卡的公司，[4] 它希望抵消用漫長的前置時間來達到高 OTD 的誘惑，於是在 OTD 之外另設了一個量度，衡量公司交貨期與顧

客要求送貨期的差距。它也衡量對顧客失約的比率，同時它也可以用另一個診斷性量度，例如存貨周轉率（inventory turn ratio）來抵消以大量存貨達到卓越 OTD 績效的誘惑。這些非計分卡的診斷性量度（例如：存貨周轉、顧客要求送貨日與承諾送貨日的差距）可以提醒經理人檢視公司是否以拙劣手段來達到如期交貨的績效。

本章摘要

　　平衡計分卡並非把十五到二十五個財務和非財務性的量度湊在一起，再組成四個構面而已。計分卡應該闡述事業單位的策略，它闡述策略的方法，是透過一連串的因果關係，把成果量度和績效驅動因素串連起來。成果量度通常是落後指標，顯示策略的終極目標，以及近期的努力是否帶來理想的成果。績效驅動因素則是領先指標，指示所有的組織參與者眼前應該做些什麼，才能創造未來的價值。如果只有成果量度而沒有績效驅動因素，會產生不知用什麼方法來達到成果的曖昧性，而且可能導致局部優化式的短期行動；只有績效驅動因素而沒有成果量度，則會只鼓勵局部改進的方案，卻不能為事業單位帶來任何短期或長期的價值。然而，最優秀的平衡計分卡不僅能夠清晰的闡述策略，並且能夠透過一組目標與量度以及它們的互動關係而推斷出企業的策略發展。

註：

1 有關診斷性量度的描述，請參考：Chap. 4 in Robert Simons, *Levers of Control : How Managers Use Innovative Control Systems to Drive Strategic Renewal* (Boston : Harvard Business School Press, 1995)。

2 組織的診斷控制系統所監測的量度，與經理人不斷交互檢討和辯論重大的策略不確定性時所採用的量度，兩者有重要的差異，Robert Simons 的《*Levers of Control*》一書對此有詳盡的說明。

3 這個經驗曾在《哈佛商業評論》上發表過，請參考："Implementing the Balanced Scorecard at FMC Corporation : An Interview with Larry D. Brady," *Harvard Business Review* (September－October 1993)：143－147。

4 Robert S. Kaplan, "Analog Devices, Inc. : The Half-Life System," 9-190-061 (Boston : Harvard Business School, 1990) and A. Schneiderman, "Metrics for the Order Fulfillment Process : Part I and II," *Journal of Cost Management* (Summer 1996, Fall 1996).

8

結構與策略

平衡計分卡必須反映制定策略的組織結構。在前面幾章討論的例子，都是自治事業單位發展的平衡計分卡。但是，平衡計分卡對其他類型的組織也一樣有用。在這一章中，我們會說明如何為下列各種組織建立計分卡：

- 擁有一羣策略事業單位（SBU）的公司
- 合資企業、總公司和事業單位內部的支援部門
- 非營利機構和政府組織

事業單位與總公司策略的比較

策略通常是為一個組織單位界定的，我們稱之為策略事業單位。以大都會銀行為例，它是一家大型銀行控股公司（bank-holding company）旗下的一個營運單位，集團中還有其他的策略事業單位，包括一家信用卡公司、一家批發銀行（wholesale bank, 只處理大金額銀行業務的銀行）、一家商業銀行，以及一家投資銀行。

有些企業的經營範圍是個定義狹窄的產業，因此它們的SBU策略與總公司策略不謀而合。事實上，最早應用平衡計分卡的公司當中，有幾家就是經營半導體業中的特殊利基行業（例如：超微和模擬設備這兩家公司）。這些公司發展的計分卡，實際上等於總公司計分卡（此即模擬設備採用的名字）。不過，大部分SBU的情形跟大都會銀行一樣，都是某一個更大的公司旗下或一組子公司當中的一員。這種情況自然會衍生出一個問題，到底總公司層級的計分卡，與子公司或SBU層級的計分卡有什麼關係？

一家擁有數個不同SBU的大公司，理論上可以因為SBU之間的綜合效果（synergy, 簡稱綜效），而使得公司整體的價值大於所有SBU價值的總和。有關總公司策略的理論，是一個熱門的研究題目。[1]這個理論探討公司的總部及總公司的策略（有別於事業單位的策略），如何創造旗下各營運單位之間的綜效。總公司也存有不同的型態，一個特殊的例子是高度多元化。例如FMC公司，旗下擁有兩打以上獨立營運的公司，包括一家金礦公司，一家承包國防合同、專門製造裝甲車的公司，好幾家工業化學品公司，一家機場設備供應公司，一家生產鋰的子公司，還有幾家製造食品機械和農業機械的子公司。當公司多元化到這種地步的時候，總公司能夠扮演的附加價值角色實在有限，大都由總公司的管理階層憑私誼從旗下營運單位取得資訊，然後根據這些資訊分配資本和人力資源給這些單位。FMC在引進平衡計分卡之前，

對旗下的營運公司只有一個要求，就是交出前後一致、漂亮的財務成績，衡量標準則是年度資本運用報酬率（ROCE）。只要旗下公司年年做到資本運用報酬率的指標，總公司的管理階層通常不會追究旗下公司用什麼手段獲得財務結果。

在FMC實施平衡計分卡之後，總公司出現了一個新的角色，就是監督並評估每個營運公司的策略。平衡計分卡允許總公司和子公司之間進行更密集的對話，討論範圍不但包括短期的財務結果，而且涉及子公司是否為了成長和未來的財務績效而打好基礎。不過，對於一個像 FMC 這樣多元化的公司來說，總公司的角色最好還是衡量公司整體的財務績效。由於它每一個營運公司的策略、目標和量度分歧太大，除了財務構面之外，很難匯聚成總公司層級的計分卡構面。

總公司型態的另一個極端，是旗下一樣有許多不同的SBU，但 SBU 之間有強烈的互動，它們可能分享共同的顧客。舉例來說，嬌生公司（Johnson & Johnson）在全球擁有超過一百五十個營運公司，但這些公司全部經營保健領域，它們擁有相同的顧客，而所有的顧客都經營醫療保健類的產品和服務，包括醫院、健保服務組織、醫生、藥局、超市、雜貨店等。另有些公司的SBU可能共享科技，例如，根據哈默爾和普哈拉的論述，本田公司運用自己在引擎設計和製造方面的超強能力，生產了市場區隔截然不同的優質產品，包括摩托車、汽車、動力剪草機、發電機等[2]；NEC 則運用自己在微電子和縮影方面的能力，而成為電視、電腦和通訊業的領導者。其他的總公司則可能把某些關鍵的功能集中在中央，例如採購、財務或資訊科技，而獲致一定的經

濟規模，這種做法使中央部門能夠提供更佳的服務，遠非SBU自己成立這些部門所能企及的。

　　無論是哪一種型態的公司，總公司計分卡都應該反映總公司層級的策略。它的計分卡必須清楚闡述總公司的理論：為什麼要把幾個或眾多個SBU納入總公司的結構中運作，為何不讓每一個SBU成為獨立運作的個體，擁有自己的管理結構和獨立的資金來源？我們先前已經說過，平衡計分卡的用途並不是界定事業單位的策略，同樣的，它也不應該被用來界定或創造總公司層級的策略。反之，總公司層級的平衡計分卡應該闡述並實踐總公司層級的策略，且宣示策略的意義並建立共識。

　　目前，總公司層級的計分卡仍處於萌芽階段。迄今為止我們見過的總公司計分卡，都是為宣示總公司策略中的兩個因素：

- 總公司的主題：價值、信仰，以及反映總公司特質而必須為所有 SBU 共同遵守的主題（例如：杜邦安全訴求，3M 的創新主張）。
- 總公司的角色：為了創造SBU層級的綜效，而必須在總公司層級採取的行動（例如：跨SBU的交叉銷售、分享科技或中央提供的分享服務）。

總公司的主題與角色

　　肯亞商店的例子可以說明總公司主題與角色的運用。肯亞擁

有十個利基型的零售分公司，營業額從五億美元到二十億美元不等，每一個分公司各有自己的形象和自己的目標顧客市場。肯亞的CEO制定了一個十條的策略章程，列入每家分公司的策略中。這十條章程散布在平衡計分卡的四個構面中，它們分別是：

財務

  1. 積極成長

  2. 維持總體邊際利潤

顧客

  3. 顧客忠誠

  4. 完整的產品線

企業內部流程

  5. 建立品牌

  6. 領導時尚

  7. 優質產品

  8. 愉悅的購物經驗

學習與成長

  9. 策略技術

  10. 個人成長

    總公司的管理團隊為每一條策略章程界定了一個相關的指導原則和一個總公司層級的衡量標準。例如，積極成長的指導原則是：

　　每個 SBU 皆應追求符合自己市場情況的積極成長。

　　總公司衡量這個目標的量度是，前後年度的銷售額成長率。策略章程的第五條是建立品牌，它也是企業內部流程構面的第一個目標，其定義如下：

　　每個 SBU 皆應創造一個優勢品牌。

　　總公司計分卡衡量這個目標的量度是，已經在自己的市場區隔中建立一個優勢品牌的 SBU 比率。

　　總公司計分卡提供了一個樣板，做為每一個SBU界定自己策略和計分卡的依據（見圖 8-1）。例如，總公司的財務目標是積極的營收成長，同時維持總體的邊際利潤。在此大原則之下，總公司的角色是決定所有零售業務合計的成長指標，因此總公司可以替成長潛力大的SBU設定一個野心勃勃的指標，對於市場區隔已成熟和飽和的SBU則設定一個比較溫和的指標。在總公司制定的成長和利潤目標下，SBU可以自行決定用什麼方法達到目標。假設 SBU A 是一家高成長的公司，它可以把成長目標定義為新商店的銷售額；SBU B是一家成熟型的公司，則可以把目標定為每一個商店的營收成長率。那麼在以品牌為優勢的總公司主題下，高成長的 SBU A 衡量績效的方法，是看主要策略商品的營收是否達到某一個高百分比；成熟型的 SBU B 衡量品牌優勢的方法，則是看自己是否在零售利基市場中保持領先的佔有率。

　　肯亞的例子說明了一點：如果企業旗下的 SBU 在營運上獨

立，但經營同一個產業，則可以先構築總公司的整體目標，這些
目標形成一個架構，SBU可以在此架構中建立自己的計分卡。雖
然SBU的平衡計分卡可能是針對自身的情況而訂定的，但它們全
部遵守從總公司層級的計分卡衍生出來的統一目標和焦點。一言
以蔽之，總公司層級的計分卡能夠闡述並傳達所有旗下公司共同

圖 8-1　總公司計分卡界定了事業單位計分卡的架構

總公司策略章程	指導原則	總公司計分卡	SBU A （高成長）	SBU B （成熟型）
財務構面				
1.積極成長	各個SBU應追求適合自己市場情況的積極成長	銷售額成長（相對去年）	新商店的銷售額	每個商店的銷售額成長率
2.維持總體邊際利潤	× × × ×	× × × ×	× × × ×	× × × ×
顧客構面				
1.顧客忠誠	× × × ×	× × × ×	× × × ×	× × × ×
2.完整產品線	× × × ×	× × × ×	× × × ×	× × × ×
內部構面				
1.建立品牌	各SBU應創造一個優勢品牌	達到品牌優勢的SBU比率	主要商品類佔營收比率	市場佔有率
2.領導時尚	× × × ×	× × × ×	× × × ×	× × × ×
3.優質產品	× × × ×	× × × ×	× × × ×	× × × ×
4.購物經驗	× × × ×	× × × ×	× × × ×	× × × ×
學習構面				
1.策略技術	× × × ×	× × × ×	× × × ×	× × × ×
2.個人成長	× × × ×	× × × ×	× × × ×	× × × ×

追求的主題。

　　賽藍尼斯（Hoechst Celanese）公司則是另一個實施總公司計分卡的例子。該公司的高階經理人制定了五項核心指導原則，做為組織中所有員工的行動守則。這些原則是：

1. 顧客至上。以顧客滿意度為衡量標準。
2. 持續改進流程。使流程的效益、效率和彈性能夠滿足顧客的需要，並產生遞增式和突破性的產品。
3. 基於價值領導，人人都明白自己應該如何配合公司整體願景、使命、策略、宗旨、目標及行動計畫，所有的決策與行動都是基於價值和長期的承諾。
4. 授權員工。決策出自適當的層次，使人人都樂於接受並承擔責任，每個參與者都全力投入，使公司的績效和生產力獲得大幅改進。
5. 卓越的績效。衡量標準是顧客滿意度、成為首選的雇主、環境保護、安全、健康，以及傑出的財務績效。

　　這些總公司層級的主題，可以衍生成總公司旗下每一個SBU的特定經營量度。總公司分派特定的財務量度和指標給每一個SBU，但允許它們發展自己的策略來達成財務目標，只要這些策略符合總公司的主題。而每一個SBU都必須衡量顧客滿意度、員工被授權情形與能力、流程的能力，但量度本身則是按照每一個SBU自己的市場情況、市場策略、主要的創新和營運流程而訂定的。

合資企業與策略聯盟

關於企業獲致旗下相關SBU之間的綜效的討論，往往是空談多過現實，不過有一種企業的確是把綜效當做安身立命的理論基礎，它們是一些原本獨立的組織共同組成的合資企業或策略聯盟。雖然合資企業已漸漸成爲企業界的常態，但對許多公司而言，合資企業的經營仍然是一大挑戰。有人認爲合資企業最大的障礙，是難以界定參與者的共同目標。平衡計分卡在這方面可助一臂之力，用以界定合資企業的共同章程及績效量度。

石油科技公司（Oiltech）是數家油田服務業者共同組成的合資企業。油田服務業是一個高度分裂的產業，有無數個小業者在產業價值鏈的不同點上經營（例如：一個油田往往吸引眾多的工程、營造、物流、服務公司合作）。石油科技的成立，使業內數家公司能夠攜手合作，消除過去各家公司在工作銜接上的缺乏效率、疊床架屋和混亂現象，而達到提高生產力的目的。這些公司相信，在羣策羣力之下，石油科技可以爲顧客（大型跨國石油和天然氣公司）提供統一與整合的基礎，甚至統包式的服務，因此它帶給顧客的利益，是這些公司在獨立經營時所無法企及的。

石油科技的財務構面包括了幾個傳統的量度，例如資本報酬率、現金流量、營收成長率等。但是它也包含一個新的財務量度：營收組合（revenue mix），也就是數個營運公司共同合作的專案佔全部業務的比率。這個量度訴求的目標，是利用整合性和

統包式的服務來爭取新的業務。

至於衡量石油科技集眾家公司之力到底帶給顧客多少利益，則是以一個顧客目標——降低油井每生產一桶油的成本，做為衡量標準。這是一個絕佳的成果量度，因為它不僅描述顧客希望達到的目標，而且清楚顯示了合資企業是否成功的指標。石油科技的管理階層首先界定了一個產業成本曲線（見圖 8-2），上面顯示每一個獨立企業（或功能）對顧客最後成本的影響，目的是透過營運上的綜效，促使成本曲線向下移動。衡量這個目標的特定量度是每桶油的生命週期成本（$ per barrel life-cycle cost），衡量方法是，相對於顧客如果採用一羣無合資關係的獨立公司來提供同樣的服務所需的成本。

制定好這個清晰的顧客基礎目標之後，管理階層開始尋思這

圖 8-2 策略目標：透過整合產業價值鏈而為顧客降低生命週期成本

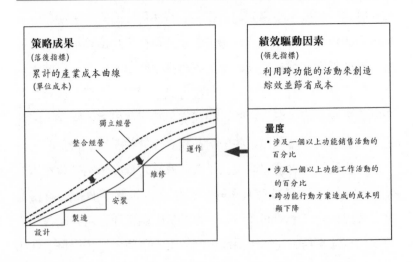

個目標涉及哪些內部流程，這些流程需要哪些績效驅動因素。他們關注的是，為了執行策略而必須做的一些改變，換言之，就是要透過跨企業的團隊達到成本效率的目的。內部流程有幾個量度，其中之一是由跨企業行動帶來的成本下降，促使這些過去單打獨鬥的公司，如今在顧客導向的共同目標之下，凝聚團隊意識並追求成本下降。另一個內部流程的量度，則與創造市場的目標有關，它是衡量業務量中有多少合約來自包含新服務的能力。新服務的能力可能是創新的融資機制，也可能是專案管理技術，或者是提供一應俱全的整合性服務給運作費用型企業（operating expense businesses, OPEX）或資本費用型企業（capital expense businesses, CAPEX）。為了支持這些行動方案，管理階層在學習與成長構面中設定了幾個量度，用來獎勵團隊合作關係，加強跨功能的技術，並配合系統整合工作而調整獎勵制度。

　　石油科技公司因建立平衡計分卡而發展出一個新的工作模式。高層級的策略量度，以及減少每桶油生命週期成本的核心成果，與相關的績效驅動因素之間的互動關係，引發了一套改造基本工作流程的策略行動方案，結果為合資企業的參與者確立了團隊合作模式。這個計分卡闡明了一個理論，石油科技業過去互不來往的公司，如今透過彼此的合作而為顧客創造獨特和永續的價值。

功能部門：分享總公司資源

　　前面討論的總公司策略，是為旗下不同公司建立共同主題，

並發展這些子公司在顧客和營運層面的綜效。另一種總公司策
略，則是讓子公司分享總公司的資源，高德（Goold）等人稱這種
現象為「母公司的優勢」。[3] 這個觀點顯示了總公司的資源能夠
提供競爭優勢，它所提供的獨特能力，是事業單位無論透過獨立
的供應商或靠本身的資源單位都無法獲致的同等品質、價格和可
靠性。但是總公司的資源，如維修、採購、人力資源、資訊科技
或財務，往往禁不起市場的考驗，有時不但不能變成母公司的優
勢，反而會製造競爭的劣勢。FMC公司的總裁卜瑞迪認為問題出
在公司極少對總部的行政團體施以紀律，他的評論是這樣的：

> 行政部門實施計分卡的效果真令我們大開眼界，比子公司
> 的情形明顯多了。隨便問任何一家公司：「貴公司的行政人
> 員提供了哪些競爭優勢？」我懷疑有幾家能夠斬釘截鐵的回
> 答這個問題──可是我們每天都在問營運線上的部門同事同
> 樣的問題。現在我們才開始要求行政部門解釋，到底他們提
> 供的是低成本還是差異化的服務。假如兩者都不是，我們就
> 應該考慮把這個功能外包出去。這個領域充滿了組織性發展
> 和改進策略能力的機會。[4]

電信公司（Telco）的資訊支援部面臨的情況正是如此。Telco
是一家大型國際通訊公司，資訊支援部是總部負責資訊與管理系
統的單位。過去幾十年來，Telco一直是法規管制下的獨佔事業。
在那個時代，總公司規定旗下的事業單位必須向資訊支援部購買
它們所需的一切資訊和科技服務。在總公司不准外包的保護傘

下，儘管它的內部顧客滿意度奇差，資訊支援部仍然享受快速的成長和高利用率。到了1990年代，資訊支援部的科技多半老舊不堪，而且形象惡劣，對顧客毫不關心。

1980年代，電信法規鬆綁，激烈的競爭環境逼使Telco改變作風，把產品和服務遞交流程的權力下放到自負盈虧的事業單位。新成立的事業單位需要服務水準和科技能力更高的資訊系統供應者，在Telco鼓勵事業單位積極追求利潤的要求下，它們可以尋求最好的供應者購買服務。至此資訊支援部別無選擇，如果再不提供具競爭力的服務，就只好眼睜睜的看著自己的版圖迅速消失。

資訊支援部的新CEO向平衡計分卡求援，希望把這個過去予取予求、坐享獨家供應者地位的組織，轉變成一個以顧客為焦點的競爭者。他希望用計分卡來達成下列目標：

- 闡述一個以顧客為焦點的新策略
- 教育員工有關一切新措施
- 扭轉觀念，以客為尊

資訊支援部了解自己的毛病在於幾十年來只顧內部，無心檢視外在環境的變化，因此顧客構面是計分卡專案最重視之處。專案開始，先由小組成員訪問顧客，即Telco旗下的各SBU。訪問結果顯示，Telco的事業單位可以分成兩個不同的市場區隔，各自需要不同的價值主張。其中一個區隔，與洛克華德公司的第二級顧客一樣，需要高度可靠和成本最低的基本資訊服務，例如：顧

圖 8-3　第一級與第二級 SBU 的目標

目　　　標	第二級 （價格取向）		第一級 （附加價值）			
	事業單位（顧客）					
	SBU A	SBU B	SBU C	SBU D	SBU E	SBU F
低價格	✓	✓				
附加價值			✓	✓	✓	✓
品質／無缺點	✓	✓	✓	✓	✓	✓
關係			✓	✓	✓	
創新的科技			✓	✓	✓	

客發票和薪資系統。另一個區隔則與洛克華德的第一級顧客類似，希望資訊科技帶給它們市場上的競爭優勢。換句話說，第一級事業單位需要創新的科技，並且希望與資訊系統供應者建立長期的合夥關係。

計分卡專案小組分別為這兩種類型的顧客（見圖 8-3）設計了特定的量度。對於第一級顧客，他們採用顧客滿意度量度，來反映顧客要求的價值主張。同時衡量新顧客的數目，以強調開發科技和服務吸引新顧客的重要性。對於第二級顧客，他們選擇的量度是標準服務價格與市場價格的比較，強調提供具價格競爭力的服務給這些顧客的重要性。針對不同顧客區隔採用不同量度的做法，可以顯示資訊支援部必須在哪些地方表現出色，才能保住它的既有的內部顧客，同時使它專注於改善這些缺點。

圖 8-4　把顧客目標變成內部優先任務

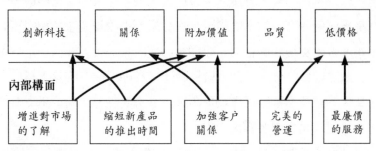

目標	量度
了解市場 增進對市場的了解，以便創造必要的新產品、服務和客源	• 不到兩年的新產品和服務佔全部營收的百分比
開發產品 減少推出產品的週期時間	• 產品開發週期時間
加強客戶關係 確立客戶小組的角色，定位為提供附加價值的焦點	• 顧客關係審核
完美的營運 以競爭性價格進行無缺點的實施和營運	• 可靠性(單位時間的出錯率) • 可服務性(平均修復時間)
低成本的服務 成為同業中服務單位成本最低者	• 競爭價格指數

　　從顧客構面制定的特定目標，協助資訊支援部確立了攸關顧客目標績效的重大內部流程（見**圖 8-4**）。為了滿足第一級顧客，它必須確立並開發新的產品和服務。衡量這個目標的量度，是新產品和服務佔營收的百分比；新產品和服務的定義則是：上市和

開發週期不到兩年的產品和服務。這些量度，對於創新早已深入組織骨髓的公司，如惠普、3M、模擬設備而言，絲毫不足爲奇，但是對 Telco 的資訊支援部來說，卻代表了巨大的文化變遷，因爲身爲一個內部的獨家供應者，它從來不曾重視過產品和服務的創新。資訊支援部衡量第一級顧客渴望的長期合夥關係，是採用顧客關係審核評分，這個分數反映了它和顧客雙方的員工對於合作關係的意見。審核工作及平衡計分卡上的評分，向資訊支援部傳達了建立良好顧客關係的重要性。

計分卡流程，特別是制定顧客和內部流程的目標量度的過程，在資訊支援部轉型爲一個以顧客爲尊的組織上，扮演了極重要的角色。首先，計分卡流程確立了兩個主要的顧客區隔及每個區隔的價值主張，資訊支援部能夠針對不同的顧客區隔實施新的策略；其次，計分卡流程向所有員工宣導計分卡，並且把計分卡融入管理流程中，因此資訊支援部能夠繼續改革主要的內部流程，以滿足每位顧客的需求。

Telco 資訊支援部的經驗，堪爲許多組織的支援和行政部門的借鏡。今天的企業經營環境，充滿了與各種服務供應者合作和策略聯盟的機會，從資訊科技到總務、維修，甚至產品的設計與開發，都可能採用外包的方式。在這樣的環境中，總公司的行政和支援部門必須奮發圖強，努力發展並實施一個以顧客爲主的策略，透過方向一致的傑出企業內部流程，提供具吸引力的價值主張給內部顧客。總公司的行政人員和後援團體應該是競爭優勢的來源，如果做不到這一點，就應該放手讓事業單位自己經營這些功能，或者把這些功能外包出去給競爭力和回應力都更強的外界

供應者。

政府與非營利機構

雖然平衡計分卡最初的焦點和應用是為了改善營利（私營）機構的管理，但是計分卡用在改善政府和非營利機構的管理上，效果更好。對於追求利潤的公司而言，財務構面起碼提供了一個清晰的遠程目標，可是對政府和非營利機構來說，財務構面提供的並不是目標，反而是一種約束作用。這些組織必須把開支控制在預算之內，但是衡量這些組織是否成功，不能僅以控制開支為標準，即使實際開支低於預算也不足為奇。舉例而言，某機構的實際開支距離預算只差 0.1 ％，並不足以證明它在這段期間的經營是否合乎效益。同樣的，如果該機構嚴重違背了它的使命和選民的期待，即使它能夠減少開支 10 ％，也不足以證明其經營合乎效益。

衡量政府和非營利機構經營是否合乎效益，應該視其是否能有效滿足選民或贊助者的要求，它們必須為顧客或選民界定具體的目標。財務因素可以發揮促進或約束的作用，但通常不是主要的目標。

大勢所趨，各國政府機構由於必須向納稅人和選民負責，很多政府功能單位基於實際效益考量，必須取消或是外包給私人企業經營。1993 年 1 月美國柯林頓（Clinton）政府上台後，最早推出的重點計畫之一是「政府再造」（reinvent government）。[5] 這

項計畫由副總統高爾（Albert Gore）主導，後來發表了一份研究報告，稱爲國家績效檢討（National Performance Review, NPR）。[6] 報告中強調顧客焦點和績效衡量對於政府機關的重要性，其中一篇題爲「授權員工追求成果」的報告，對於建立政府機關的績效量度提出了幾項建議，包括：

- 所有政府機關應開始制定和使用可以衡量的目標，並呈報實施結果。
- 宣示聯邦政府計畫的目標。
- 總統應與部會首長簽訂書面的考績協議。

報告中提到：

　　並非每個人都接受成果量度，很多人不知道如何著手發展成果量度。一般公職人員都不重視自己的工作成果，一方面他們早已養成了只看過程，不管結果的習慣；另一方面，發展度的確不是一件簡單的事情。因此，公職人員傾向於衡量自己的工作量，而非工作的效果。他們相信，只要自己努力工作，就算盡忠職守了。公家機關還需要幾年的時間……才會發展出有用的成果量度和成果報告。[7]

　　率先實踐NPR指導原則的是績效衡量行動小組（performance measurement action team, PMAT）。PMAT是在聯邦政府採購主管協會（Procurement Executive Association, PEA）支持下成立的跨

部會專案小組，它的任務是評估各部會的採購制度是否健全，包括財政、交通、商務、健康與人事部門，以及總務行政局和聯邦鑄幣局。PMAT 的任務是「評估（採購）制度的現狀，尋找衡量績效的創新方法，並針對各部會採購制度，提出發展策略和建議」。[8] 專案小組調查顧客和員工的意見，要求每個部會的資深採購主管進行一次自我評估，並蒐集採購績效的統計資料。專案小組根據這項研究發展了一個平衡計分卡（見**圖 8-5**），計分卡上面沿襲了與公司平衡計分卡相同的四個構面，但增加了第五個構面——員工被授權程度，強調聯邦雇員在這個新的、以顧客為重心的政府措施中扮演的核心角色。

PMAT 專案小組之所以推薦平衡計分卡，是因為：

平衡計分卡側重於衝擊力強的量度，它使用容易，而且花費有限；它的觀點平衡，而且強調事前防範，而非事後追查；它是顧客導向，而且具備跨功能的能力，影響範圍不限於直接控制的領域。它授權採購組織自我改進，而非奉上級命令而做出改變。它提供了一個比較服務品質的方法，幫助用戶達到同業之冠（best-in-class）的目標。

讓我們再看看地方政府衡量績效的例子。美國加州桑利維爾市（Sunnyvale）已經連續二十年每年公布市政服務目標，以及相對於預算標準的實際表現。市政府針對每項施政領域，制定一套包括目的、社區狀況指標、目標和績效的衡量標準。如果某一項方案的實際結果超越了品質和生產力的目標，主管人員最高可以

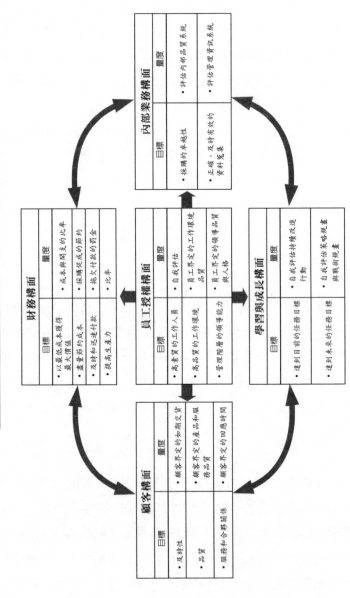

圖 8-5　美國聯邦政府採購制度的平衡計分卡

財務構面

目標	量度
・以最低成本獲得最大價值	・成本與開支的比率
・盡量節省的成本	・採購減成的節約
・及時和迅捷付款	・拖欠付款的罰金
・提高生產力	・比率

員工授權構面

目標	量度
・高素質的工作人員	・自我評估
・高品質的工作環境	・員工界定的工作環境
・管理階層的領導能力	・員工界定的領導品質與人格

顧客構面

目標	量度
・及時性	・顧客界定的如期交貨
・品質	・顧客界定的產品和服務品質
・服務和合夥關係	・顧客界定的回應時間

內部業務構面

目標	量度
・採購的卓越性	・評估內部品質系統
・正確、及時有效的資料蒐集	・評估管理資訊系統

學習與成長構面

目標	量度
・達到目前的任務目標	・自我評估持續改進行動
・達到未來的任務目標	・自我評估裝備規畫與戰術規畫

資料來源：摘自本書作者發表於《哈佛商業評論》1992 年 1~2 月號的〈平衡計分卡──驅動績效的量度〉一文，已複製模糊載。

獲得一筆相當於薪水十分之一的獎金。根據 1990 年的資料顯示，相對於規模和性質類似的其他城市，桑利維爾市政府所花的人力較其他城市少了 35～45 ％，卻提供更多的服務。[9]

　　一個更新的例子是北卡羅萊納州的夏綠地市（Charlotte）在 1995 年 9 月公布的年終目標計分卡。報告的前半部說明 1995 會計年度市政府在五個重點區域的主要成就，其中包括了：

- 社區安全
- 城中之城（睦鄰行動方案）
- 市政重組（在市政府各單位實施競賽和資產管理）
- 經濟發展
- 交通

　　報告後半部總結市政府的績效，衡量標準是財務、顧客服務、內部工作效率、創新與學習等四個構面的主要指標。這四個構面的目標與量度摘錄如下：

顧客服務：
提供卓越的顧客服務給夏綠地市民

　現狀
- 89 ％的市民對於新垃圾服務手續的資訊表示滿意。
- 消防公司調查當地社區的需求，並採取因應措施。
- 都市計畫局受理了四萬一千個以上的市民查詢，並獲得

95.3％的正面評價。

- 航管局為機場巴士司機提供有關顧客服務的培訓。乘客意見調查顯示,對這項服務有非常高的滿意度。

- 運輸局每小時平均載運的收費乘客較同級城市高出25～35％。

- 交通局接獲三萬六千個市民查詢,其中只有二十六個(低於0.01％)事後向市長或市議會提出申訴。

財政責任:
看緊本市的荷包

現狀

- 本市的自來水和污水處理的費率在十三個同級城市中排名第四低。年度費率調整幅度比預期漲幅低25％。

- 垃圾收集服務的費率是全國四大廢棄物處理公司中第二低。意外疏忽事故造成的時間損失比去年減少60％,節省了大約十三萬美元。

- 都市計畫局的用人平均成本在六個同級城市中最低。

- 工業災害賠償醫療流程精簡化,節省作業的時間成本達二十三萬八千美元。

內部工作效率:
在不增加預算的前提下,藉營運效率來持續改進服務的成本效益

現狀

- 維修工作和抄水電錶工作的生產力已大幅提高。
- 人力資源處薪資系統改採自動化，大幅減少錯誤和重複工作，病假和事假的管理報告更加完善。
- 工程與地產管理、垃圾處理、運輸、交通、規畫、航空等單位的效率，因精簡人事、改進流程和外包而獲得改善（註：報告中詳列細節）。

創新與學習：
尋找新的產品和流程來改善未來的績效

現狀

- 交通局已推出新的資訊系統，提供有關街道封閉、施工進度、交通流量、職務出缺及業務議程資訊。
- 各單位實施作業制成本管理。
- 實驗新的防止犯罪行動方案。
- 發展一個提高生產力並減少人力的科技計畫。
- 員工接受培訓，培訓之後的測試結果顯示，技能已提高 51％。
- 購入兩部電動車，供視察天然災害之用。
- 資訊科技處實施職業發展計畫。

夏綠地市政府的計分卡實施不久，而且顯然未臻完善，但已

經爲過去純粹以開支控制預算做爲唯一考績標準的市府部門帶來
了新機會。一位市府官員在介紹計分卡的目標與量度時，曾表
示：「我特別滿意我們在財政責任制和內部工作效率方面的成就
……這份報告充分體現市政府的『求勝精神』。」

　　非營利機構（尤其是提供社會服務的公益機構）更需要宣揚
它們的使命，闡釋它們的目標與衡量績效標準。這些非營利機構
唯一存在的理由，是提供特定服務給目標對象。與政府機構的情
形一樣，財務構面在這些組織的作用，毋寧是約束多過於目標。

　　麻州殘障奧林匹克委員會（Massachusetts Special Olympics）
是最早採用平衡計分卡的非營利社會團體之一。[10] 殘障奧林匹
克（簡稱 SO）的平衡計分卡，有一個與營利公司和事業單位的
計分卡幾乎一模一樣的架構。

　　財務構面的焦點是捐款人的期望。它有三個主要的目標：

- 公眾知名度和宣傳活動：透過積極的公關和募款活動，將
  殘障奧林匹克定位爲一個最受歡迎的慈善機構。
- 社區參與：提供正面和伸展抱負的志願工作機會給公司和
  個人義工。
- 吸收運動員並推廣運動項目：普遍推廣運動項目到各個地
  區，並加強宣傳，使所有潛在的運動員都有參加的機會。

衡量這些目標的量度是：

- 新運動項目和新運動員的數目

- 義工延續率和新招募的義工
- 新捐款人
- 捐款人的回饋
- 吸收運動員方案所爭取的運動員人數

此外，非營利性的平衡計分卡也可以包括一些比較傳統的財務量度，例如募款指標，以及行政開支和募款費用佔總募款額的比率。

顧客構面的焦點是運動員，也就是殘障奧林匹克服務的對象。顧客構面選擇了四個目標：

- 訓練和比賽：建立包羅所有運動項目的基礎架構，以便提供便利的訓練時間和場地。
- 控制成本：減少運動員和家屬的會費。
- 高品質的運動項目：盡力維持並改善訓練計畫和比賽活動的品質。
- 運動員社羣：促進運動員之間的社交機會。

衡量這五個目標的量度是：

- 找不到適合體育隊的運動員人數
- 沒有任何運動員登記在案的城市
- 會費增加、運動員家庭的回饋
- 賽外的社交活動次數

內部運作構面關注的是追求運動員和捐款人目標的流程：

- 組織與行政：與地區管理團隊溝通三年計畫，並協調分支機構的工作。
- 公共關係：有效的教育公眾有關殘障奧林匹克的使命和經營，支持吸收運動員方案和募款活動。
- 培訓：繼續培植和留住體育教練。
- 吸收運動員：確立並瞄準殘障奧林匹克尚未普及的地區。

衡量這些流程的量度是：

- 三年計畫派發的比率
- 地區管理團隊會議的次數
- 募款總額
- 公眾知名度
- 培訓課程的授課次數
- 初次參加的運動員人數

人、系統和組織配合度，是學習與成長構面常見的三個主要促成因素，它的目標包括：

- 認識殘障奧林匹克：增進行政委員會成員、義工和教練對殘障奧林匹克的「宏觀」認知。

- 管理：招聘並培養強大的地區管理團隊。
- 資料庫管理：維護並有效運用包括捐款人、教練和義工的資料庫。
- 獎勵制度：適當的表揚義工、教練和員工。

衡量這些目標的量度是：

- 受過殘障奧林匹克和運動訓練的義工人數
- 按時交出登記表
- 派發運動項目表
- 負責資料庫的義工
- 教練訓練會議

　　以上所述的幾個例子（包括美國政府採購主管協會、夏綠地市、殘障奧林匹克），說明了平衡計分卡如何詮釋政府和非營利機構的願景與策略，將之轉換為具體的目標與量度。這些組織的計分卡與營利機構的計分卡極為神似，不過，它們賦予顧客和員工更吃重的角色，更強調這方面的目標與績效驅動因素。

本章摘要

　　本章討論平衡計分卡的組織結構，與前面幾章討論的策略事業單位大不相同。總公司計分卡需要一個明確的總公司層級的策

略，這個策略闡釋了總公司為旗下事業單位增加價值的理論。總
公司的附加價值來自多處，包括所有事業單位共同遵守的主題、
分享總公司的資源，以及從事業單位之間互動和交易中產生的獨
特的市場競爭優勢。總公司計分卡應該明確確立並傳達這些主題
和綜效，並且用它們來串連事業單位的計分卡。

　　平衡計分卡也可以在政府和非營利機構中，發揮凝聚焦點、
激發潛能和提高責任感的效用。計分卡為這種組織提供了存在的
意義（服務顧客和選民，而非僅僅控制預算開支而已），並且透
過成果量度和績效驅動因素，向贊助者及內部員工宣示組織將達
成它的使命與策略目標。

註：

1　請參考下列著作：D. J. Collis and C. A. Montgomery, "Competing
on Resources：Strategy in the 1990s," *Harvard Business Review*
(July–August 1995)：118–128; M. Goold, A. Campbell, and M.
Alexander, *Corporate - Level Strategy：Creating Value in the
Multibusiness Company* (New York：John Wiley & Sons, 1994) ；
and G. Hamel and C. K. Prahalad, *Competing for the Future：
Breakthrough Strategies for Seizing Control of Your Industry
and Creating the Markets of Tomorrow*（中譯：《競爭大未來》）
（Boston：Harvard Business School Press, 1994）。

2　請參考 C. K. Prahalad and G. Hamel, "The Core Competence
of the Corporation," *Harvard Business Review* (May–June 1990):
79–91。

3 同註 **1**，請參考 *Corporate-Level Strategy* 一書。

4 此經驗曾發表於《哈佛商業評論》："Implementing the Balanced Scorecard at FMC Corporation：An Interview with Larry D. Brady," (September－October 1993)：146。

5 D. Osborne and T. Gaebler, *Reinventing Government：How the Entrepreneurial Spirit Is Transforming the Public Sector* (Reading, Mass.：Addison-Wesley, 1992).

6 *Creating a Government That Works Better and Costs Less：Report of the National Performance Review* (Washington, D. C.：U.S. Government Printing Office, 1993).

7 同註 **6**，74－75。

8 Performance Measurement Action Team, "Performance Measurement Report," Procurement Executive Association：Washington, D. C., December 1994，此文未公開發表。

9 同註 **6**，76。

10 關於麻州殘障奧林匹克的資料是復興方案公司（Renaissance Solutions, Inc.）的唐寧（Laura Downing）和韓里克森（Marissa Hendrickson）提供的，作者在此向兩位致謝。

管理企業策略

　　企業一旦建立了平衡計分卡，應該迅速的把它納入日常的管理體系中。本書第二篇將舉例說明一些企業如何以平衡計分卡做為新策略管理體系的基石。這些企業的管理階層發現，計分卡幫助他們彌合了過去存在於組織中的一個鴻溝——策略發展與規畫和策略實施之間的斷裂。

　　策略規畫與策略實施之所以不能銜接，是因為傳統的管理體系在它們之間設下了障礙，組織以這個管理體系來發揮以下的功能：

- 制定及宣導組織的策略與方向
- 分配資源
- 界定部門、團隊及個人的目標與方向
- 提供回饋

　　我們發現，阻撓策略有效實施最強烈的是四個障礙（見**圖Ⅱ-1**）：

1. 願景與策略無法付諸行動
2. 策略未能銜接部門、團隊及個人的目標
3. 策略未能銜接長短期資源分配
4. 戰術性而非戰略性的回饋

　　只要把平衡計分卡整合入一個新的策略管理體系，上述這些障礙均可一一克服。讓我們在此打斷話題，先解釋目前的管理體

圖 II - 1　策略實施的四大障礙

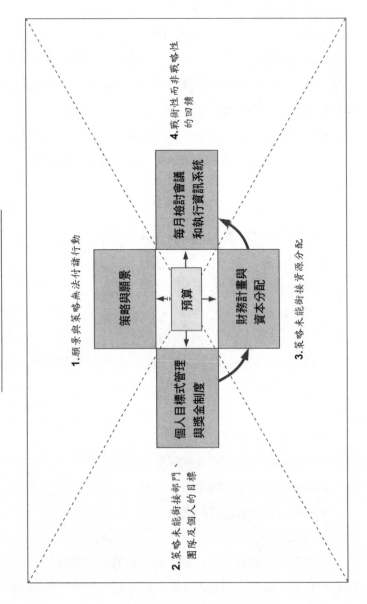

1. 願景無策略無法付諸行動

2. 策略未能銜接部門、團隊及個人的目標

3. 策略未能銜接資源分配

4. 戰術性而非戰略性的回饋

策略與願景

個人目標式管理與獎金制度

預算

每月檢討會議和執行資訊系統

財務計畫與資本分配

系有什麼毛病，爲什麼在傳統成本財務模式的驅使下，會造成策略規畫與策略實施之間的斷線。

最近我們和英國一家從事大型會議組織工作的「商業情報」公司（Business Intelligence），聯合舉辦了一項關於管理措施的問卷調查，調查內容涉及績效衡量與績效管理體系。調查的目的，是希望了解目前企業如何管理它們的策略管理體系中的四個部分：(1)將願景形成共識和共同目標；(2)宣導策略並將策略連結至績效衡量系統；(3)規畫並設定指標；(4)回饋和檢討策略的表現。我們一共收回一百多份問卷，調查結果提供了量化的數據，證實了我們在一些實施平衡計分卡做爲策略管理體系的公司中所觀察到的現象。

障礙❶：願景與策略無法付諸行動

當組織不能以淺白和可以付諸行動的語言來詮釋它的願景與策略時，就會出現策略實施的第一個障礙。如果組織中意見紛歧，對於把陳義甚高的願景與使命聲明，變成腳踏實地的行動無法獲得共識，後果自然是各自爲政和局部優化。CEO和資深管理團隊彼此對願景與策略的眞正意義沒有共識，在這種情形下，不同的部門各憑己見而採取不同的行動，有的追求品質，有的進行持續改進，有的實施企業改造，有的授權員工。由於這些行動並未緊密的連結在一個整體的策略上，因此它們既不能整合，亦無法累積效果。根據我們的調查，59％的資深經理人認爲自己十分

明瞭應當如何實踐願景，但只有 7 ％的中階經理人和第一線員工
有這種理解。這個調查結果，與彼得‧聖吉（Peter Senge，譯註：
《第五項修練》的作者）的觀察不謀而合。聖吉說過，即使組織領導
人已有一個十分清晰的願景，他仍然缺乏與所有員工分享願景並
進而化爲行動的機制。

　　我們發現，建立平衡計分卡的流程（如第 3 章至第 8 章所
述），可以澄清策略目標和確立策略成敗的驅動因素。在計分卡
建立的過程中，它讓所有資深經理人產生了共識和團隊意識，使
他們能夠捐棄個人職業閱歷、工作經驗或專業的成見；而計分卡
則把願景變成策略主旨，進而向整個組織宣示這些策略主旨並將
之付諸行動。

障礙❷：策略未能銜接部門、團隊及個人的目標

　　第二個障礙出自事業單位並未把策略的長期需求，轉變成部
門、團隊及個人的目標。傳統管理控制流程所建立的財務預算，
仍然左右著部門的績效。部門中的團隊和個人則把自己的目標鎖
定在達成部門的短期和戰術目標，以至於忽略了爲長期策略目標
而培植能力。這個障礙，或許應該歸咎人力資源部門經理的疏
忽，未能協調個人和團隊的目標與整體組織目標相結合。

　　在我們回收的問卷中，有74％的資深經理人表示他們的薪資
與組織的年度目標可以連結，只有不到三分之一的人表示他們的
獎金與長期策略目標連結。這種脫節現象，在基層的員工中更爲

嚴重；在中階經理人和第一線員工中，只有不到10％的人其獎金與長期策略連結。脫節到了這種地步，難怪組織無法督促員工專心實施策略。因為不論組織的策略思想有多高明，規畫有多周詳，只要獎金制度繼續連在短期的財務目標上，人們只會繼續以前的工作模式。

　　第9章將敘述如何用平衡計分卡向所有員工傳達新的策略，然後把部門、團隊及個人的目標，與策略的績效結合起來。雖然迅速和明顯的連結薪資制度與計分卡的量度到底有什麼好處，資深經理人的看法並不一致，但是他們都同意一點，那就是：溝通並設定目標的過程，大幅改善了組織中所有參與者與策略的配合度。

障礙❸：策略未能銜接資源分配

　　策略實施的第三個障礙，是行動方案和資源分配沒有同長期的策略優先性結合起來。目前，許多組織的長期策略規畫和短期（年度）預算編列，是兩個分開的流程。影響所及，自由支配費用和資本分配，往往與策略的優先性毫無關聯。組織推出重大的行動方案，例如企業改造，卻未曾考慮這些方案的優先性或策略衝擊，每月和每季的檢討會議仍舊圍繞在解釋實際營運與預算之間的差異打轉，而非討論策略目標的進展。這個過失，恐怕策略規畫和財務部門的副總裁難辭其咎，因為他們只知自掃門前雪，沒有看到彼此的工作有整合的必要。

　　第10章我們將描述一個全方位的流程，它以平衡計分卡為中

心，把組織的規畫、資源分配及預算編列等流程整合在一起。我
們同時也會在第10章描述一個化策略為行動的方案，這個方案包
含了下列主要成分：

- 為計分卡量度設定長期、可以量化，而且經理人和員工都
  認為做得到的超前指標。
- 辨別行動方案（投資和行動計畫）以及這些方案所需的資
  源，以追求計分卡的策略量度所設的長期指標。
- 協調跨單位的計畫與行動方案。
- 建立短程里程碑，連結長期計分卡指標與短期預算量度。

障礙❹：戰術性而非戰略性的回饋

最後一個實施策略的障礙，是缺乏對策略實施狀況和成效的
回饋。今天大多數的管理體系，只能提供短期營運績效的回饋，
而且這些回饋多半是財務性的量度，通常是實際結果與每月、每
季預算的比較。組織很少、甚至完全不下工夫審查策略實施與成
功的指標。我們的調查顯示，45％的公司的定期績效檢討會議完
全不檢討策略，或制定任何有關策略的決策。造成這個落差的原
因，一方面可能是資訊不足──資訊系統部門的副總裁難辭其
咎；另一方面可能是局限於流程本身的戰術性質──主導這個流
程的財務部門副總裁自然不能推卸責任。而這樣的結果是，組織
沒有任何管道可以獲得策略的回饋。沒有回饋，自然也就沒有辦

法測試和學習策略了。

　　組織開始舉行定期的策略檢討會議，而非僅僅檢討營運績效的時候，也就實現了以平衡計分卡做為策略管理體系的最終報償。基於平衡計分卡的策略回饋與學習流程，有三個基本成分：

　　1. 分享的策略架構：它溝通策略，幫助組織參與者明白個人的活動如何對整體的策略做出貢獻。
　　2. 回饋流程：它蒐集有關策略的績效資料，幫助組織測試策略目標與行動計畫之間的關聯所做的假設。
　　3. 團隊解決問題的流程：它分析績效資料，記取教訓，並順應最新的狀況和問題而調整策略。

　　在第11章裏，我們將解釋如何以平衡計分卡發展這種策略回饋與學習的流程。這個流程目前是第二篇討論的四個主要的管理流程中，發展程度最低的一個。據我們所知，只有少數幾家公司已經進步到實施策略檢討流程的地步，但凡是實施這個流程的公司，都體會到它是一個力量強大的新管理工具。這種修正策略的工作，把組織帶回第一個管理流程：澄清願景與策略並建立共識，它允許策略隨著競爭、市場和科技情勢的變化而不斷演進。

建立整合性管理體系

　　本書最後一章，即第12章，敘述國家保險公司和肯亞商店如

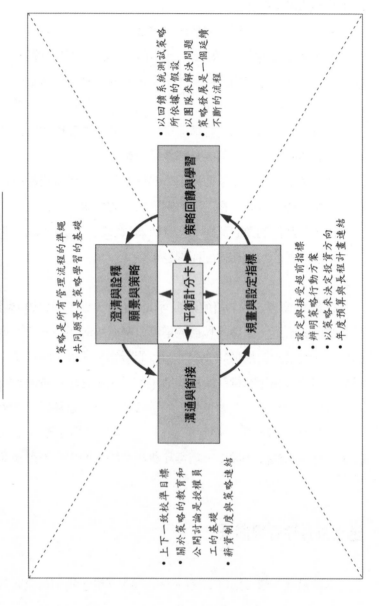

圖II-2 策略實施的另類管理體系

何花了二十四個月的工夫，逐步建成一個嶄新的策略管理體系（見圖II-2）。第 12 章也會說明一些公司在發展平衡計分卡和以計分卡做為一個新管理體系的中心架構時，曾經遭遇的困難。在本書結束前，我們會建議如何部署計分卡專案的開發和實施階段。

9

上下一致配合策略

　　實施策略之際，需要先行教育負責執行策略的人，使其參與其中。有些組織視策略為機密，只讓資深管理團隊知道，管理階層則執行中央的命令來實施策略。儘管這是二十世紀流行最久和使用最廣的模式，但是在今日科技主導和顧客導向的組織中，大部分的管理階層都了解，他們再也無法全憑自己的意志來決定和貫徹實施一個成功的策略。如果事業單位希望所有的員工都對策略實施做出貢獻，就必須與員工分享平衡計分卡所體現的組織願景和長期策略，並積極鼓勵員工建議實踐願景與策略的方法。也唯有這樣的回饋和建議，才能使員工和組織的前途結合在一起，鼓勵員工成為策略規畫和實施的一份子。

　　在一個理想世界裏，上至董事會，下至傳達室，人人都了解策略，個個都知道自己的行動如何支持組織的鴻圖——就是平衡計分卡使這種上下一致配合策略的夢想成真。發展計分卡應從執行的管理團隊著手（請參考本書最後的附錄）。管理團隊的意識

和承諾，是實現計分卡利益的基本條件。但這只不過跨出第一步而已，要實現計分卡的最大利益，管理團隊必須與整個組織及主要的外界關係人分享他們的願景與策略。而計分卡則透過傳達策略和把策略連結至個人目標，創造了所有組織參與者的共識和承諾。當人人都了解事業單位的長程目標及達成這些目標的策略時，一切的努力和行動方案也就都能配合必要的轉型，而每個人也就都能深切了解自己的行動如何對達成事業單位的目標做出貢獻（見**圖 9-1**）。

協調組織上下一致配合共同的願景和方向，是一個龐大和複雜的流程。我們曾經見過一些組織在配合流程中牽涉了五千名以上的員工——只靠一個方案或一個活動是不可能協調這麼多人的——這些大型組織運用了好幾個互相連貫的機制，才把策略和平衡計分卡轉成局部的目標與量度，成為個人與團隊的優先任務。它們通常採用三種機制：

1.溝通與教育計畫。實施策略的先決條件，是所有的員工、總公司資深管理團隊和董事，一律了解策略和達成策略目標的必要行為。透過持續性的教育計畫指導策略內容，並以實際績效的回饋加強教育，是建立組織配合度的基礎。

2.目標制定計畫。一旦事業單位中的個人和團隊已對策略有了基本理解，就應該把高層級的策略目標，轉成個人和團隊的目標。大部分組織是以傳統的目標式管理法（management-by-objectives, MBO）制定目標，它們應該把這套方法與平衡計分卡的目標與量度銜接起來。

3.與獎勵制度連結。若欲達到組織與策略的完全結合，最後

圖 9-1　另類管理體系——溝通與銜接

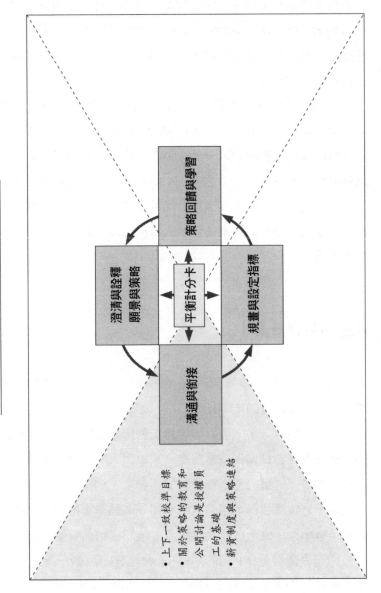

必須實施獎金和獎勵制度做爲激勵。但組織必須以謹愼的態度來連結獎金（incentive compensation）制度與平衡計分卡，而且只能在教育與溝通計畫完成之後才可爲之。目前已有許多組織已經從這種做法中獲益。

本章將探討一些組織如何以這三種機制組成一個運動，推動人員與策略目標的配合。事業單位的策略配合工作，必須同時朝幾個方向推動，最明顯的一個，是從上向下推廣到員工的層次，這個流程通常稱爲層層下達（cascading），是最複雜的一個，因爲它牽涉的人和後勤工作極廣。此外，總公司的董事會和股東推動策略配合，是一個經常被忽略的流程。本章將分別討論這兩種配合流程。

溝通與教育計畫

向員工宣導組織的願景與策略，應被視爲一種內部的行銷運動。其目的跟傳統的市場行銷一樣，都是爲了創造認知和影響行爲。宣傳平衡計分卡，可以增加員工對組織策略的了解，促使他們積極採取行動以達到策略目標。某經理人形容她的組織的策略教育計畫是：「贏取芳心和大腦的運動」。她認爲策略實施的成功因素，是負責執行策略的人共享同一個願景。她說：「如果他們不了解願景，就不可能共享願景，或將之付諸行動。」

實施平衡計分卡的事業單位，動輒有一萬到一萬五千名員工。牽涉這麼多人的溝通方案，必然需要一個持續和周詳的計

畫。然而有些組織卻把平衡計分卡當做一次性的活動，它們花了幾個月的工夫發展計分卡，建立資深管理團隊的共識，然後匆匆忙忙向所有員工宣布這個新發現。然而，聲勢浩大的搞完一次宣傳活動之後，卻沒有任何下文，於是員工把計分卡當做另一個「本月活動」，將之束諸高閣，終至完全遺忘。

　　組織性的溝通與教育計畫，不但應該是全面性的，而且必須定期舉行。宣布平衡計分卡方案，可以利用各種不同的宣傳工具，例如由執行長親自宣布，或利用錄影帶、員工大會、宣傳冊子、新聞信等。宣布之後應該有後續動作，不斷在布告欄、新聞信、羣組軟體（groupware）、電子網路上報導計分卡的量度與成果。

　　有些公司利用宣傳冊子向員工傳播策略，歐洲一家主要的航空公司即採取這種做法。圖 9-2 顯示該公司印製的宣傳冊子。這份宣傳冊子上面確立了七個重要的公司主旨，並公布公司希望獲致的成果，以及促成這些成果的驅動因素。冊子上面並沒有空泛的聲明，反而描述了管理階層以哪些特定的量度來督促策略的成功。該公司並定期更新這份宣傳冊子，以便報導七個目標的趨勢和進程，公司管理階層為了達到目標而採取的行動方案。我們一般都會鼓勵企業利用這類的宣傳冊子，向整個組織傳播平衡計分卡的目標、量度和指標。

　　很多組織利用新聞信，把平衡計分卡納入經常性的員工溝通計畫中。拓荒者石油在每個月的新聞信上闢了一個計分卡專欄，專欄的作用起初是教育員工，每一期討論一個計分卡構面，解釋其重要性，闡述選擇特定目標的理由，並描述公司用哪些量度來

圖 9-2　基於平衡計分卡的策略手冊

我們的使命

對下列人士的意義：

股東

顧客

內部流程

員工

▨	1994(實際)
▨	1995(實際)
■	1996(實際)

公司目標

安全和保安
成爲一個安全和保安的航空公司

財務健全
提供強壯和一貫的財務績效

環球領袖
穩居全球航空旅遊業的領先佔有率，
在所有主要市場擁有顯著的地位

服務與價值
在我們就逐的每一個市場區隔，提供
全面傑出的服務和物超所值的產品

顧客導向
擅長預期顧客的需要和競爭者的活動，
並迅速採取因應措施

優良雇主
維持良好的工作環境，以便吸引、挽留並
培植忠誠的、視公司成功爲己任的員工

好鄰居
成爲一個關懷社區和環境的好鄰居

指標	行動方案
 大眾公認為一個安全的航空公司	• 在所有營運地區進行安全審核 • 持續改進安全紀錄 • 不斷提高所有人員的保安警覺
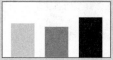 現金流量佔營收％	• 繼續降低部門的單位成本並消除差距 • 優化客源組合、利潤和第三方的營收 • 改善固定資產的績效
 全球市場地位	• 安排飛航北美洲和亞太市場的事宜 • 進行有關擴大歐洲市場的談判 • 發展主要市場的忠實顧客計畫
 已達標準	• 擴大「執行主管俱樂部」 • 辨認核心顧客並追蹤其行程 • 持續改進航班的準時性
 向朋友推薦	• 服務人員識別「主管俱樂部」的會員 • 建立機制以鼓勵員工創新及滿足顧客
 員工滿意度	• 半數員工接受「贏取顧客」的培訓 • 評估培訓需求並制定品質方案 • 發展更佳的績效與職業管理辦法
 環境績效指數	• 設定內部環境審核計畫的主要指標 • 加強與各地社區的溝通和對話 • 增加對教育、社區與環保活動的參與

激勵、監督該構面的績效。經過最初幾期宣傳計分卡的目的和內容之後，專欄的重點從教育轉移到回饋。每一期針對一個構面，報導各量度的最新成績，除了公布原始數字和趨勢之外，還敍述一些部門或個人對績效貢獻的故事。小故事創造了行為楷模，鼓勵每一名員工在日常工作中隨時隨地對策略實施做出貢獻。

有些公司卻刻意避免這種推廣平衡計分卡的方式，它們認為員工在過去五年到十年，已經給各式各樣的願景和變革方案轟炸得夠了，每一回推出最新的熱門管理方案，高階主管都信誓旦旦的宣稱組織即將脫胎換骨，獲致突飛猛進的績效，員工早就無動於衷了，還不時冷嘲熱諷一番。為了克服員工的抗拒心理，這些公司的資深管理階層在新聞信上漫談計分卡的主旨，卻刻意不提計分卡三個字，也不給新方案貼上任何標籤；換言之，管理階層暢談組織的顧客焦點，辨別目標顧客區隔，討論組織希望帶給主要顧客哪些形象、品質、時間、產品和服務的屬性，卻絕口不提這些是「提供給目標顧客的價值主張」。溝通計畫的重點，最初是強調必須滿足主要顧客區隔的特定喜好，然後才強調組織必須在哪些重要的企業內部流程上表現傑出，才可能令顧客滿意並爭取顧客。

當我們訪問大都會銀行的總部時，我們問及計分卡溝通計畫的進度，是不是已經傳達到分行職員的層級，一位經理人回答道，分行職員恐怕還沒有聽過平衡計分卡呢，不過他們一定知道銀行有一個新的目標顧客焦點，也知道他們必須努力避免諸如打單錯誤和自動櫃員機失靈之類的營運缺失。

電子網路和蓮花（Lotus）Notes 之類的羣組軟體，提供了進

一步溝通平衡計分卡目標和爭取員工承諾的機會。我們預見在不久的將來，企業會把計分卡的全套目標與量度張貼在電子布告欄上。除了描述文字之外，還可以利用顧客、內部流程、員工的錄影，以及CEO親自錄音解釋爲什麼選擇某一個目標及其量度，以加強宣傳效果。而且羣組軟體和內部電子網路每個月更新一次，公布計分卡量度的最新結果和績效趨勢。爲了鼓勵對話和辯論，還可以成立計分卡量度的線上討論區，經理人和員工可以在裏面發表議論，探討任何一個量度的得失和問題。

　　宣傳冊子、新聞信和電子布告欄，都是溝通與教育計畫的工具。但是爲了發揮最大的效果，還需要把這些工具編織成一個完善的溝通計畫，以期完全達到組織的策略配合度。設計溝通計畫時，必須先回答幾個基本問題：

- 溝通策略的目標是什麼？
- 溝通的對象是誰？
- 希望帶給每一個溝通對象哪些重要的訊息？
- 最適合每一個對象的媒體爲何？
- 溝通策略每一個階段的實施時間爲何？
- 如何才知道已達到溝通的目標？

　　圖9-3是肯亞商店的全面溝通計畫。

　　肯亞的總公司溝通部主管，在策略規畫部主管的合作下，發展了一個根據不同對象需要而剪裁的溝通計畫。溝通部主管負責執行溝通流程，策略規畫部主管則提供爲不同對象製作的資訊內

容。爲了監督溝通計畫的成效，兩位主管每季舉辦一次員工意見調查，詢問員工對於這個流程的意見。

　　公開宣傳策略的優先任務，是在局部層級實施策略的先決條件，但是它也面臨了不可輕忽的保密問題。正如第7章所述，一個好的策略必須詳盡明確，而非含糊籠統；它應該確立特定的顧客和市場區隔，即組織積極爭取市場佔有率的對象；它也應該確立特定的機制，即組織從競爭者手中搶走市場的手段。如此一個策略，如果一五一十的告訴組織上下幾千名員工，難保不會迅速傳到競爭對手的耳中。它可能被某一個被解雇的或心懷不滿的員工故意傳出去，也可能是競爭對手派來臥底的經理人或員工幹的

圖 9-3　全面溝通計畫——肯亞商店

預定對象	溝	通	渠	道		
	策略對話	詳細月份報表	檢討會議	啓動/領導人巡迴演說	錄影帶	定期更新宣傳冊/新聞信
總公司	✓		每半年		✓	每季
SBU 領導團隊	每半年	✓	月會和年終	啓動	✓	每月
主任	每半年	✓	月會	啓動主管	✓	每月
商店		視需要而定	視需要而定	啓動集團領導人	✓	每月
配銷中心		視需要而定	視需要而定	✓	✓	每月
支援團體	視需要而定			✓	✓	視需要而定
・不動產部		✓				
・商店規畫部		✓				
・主要供應商						

好事，甚至只是一些不常接觸高度敏感資料的員工在閒聊中不小心洩漏出去（正如那句保密防諜的口號：「隔牆有耳」）。時機尚未成熟就逕行宣布新的策略，會讓競爭對手搶先一步化解你的招數。

　　到底大事宣導策略，以及爭取所有員工的同意和支持有什麼好處？萬一策略曝光並喪失競爭優勢的損失又有多大？這是每一個事業單位都必須權衡利弊得失的問題。有一個折中辦法，就是只公布一般性的成果量度（市場佔有率，顧客滿意度、延續率、爭取率等）和一般性的績效驅動因素（品質、回應時間、成本績效等）。至於策略當中涉及特定的顧客區隔和競爭者的資訊，則由管理階層嚴加控管，只透露給有必要知道的人。此外，也可以考慮在公開的資訊中以指數代替實際的數字。

與董事會和外界股東進行溝通

　　平衡計分卡既然體現事業單位的策略，就應該讓企業的總部和董事會充分了解。有一種陳腔濫調，聲稱董事會的主要責任只是在監督企業和事業單位的策略。實際上，董事會開會時，多半在檢討和分析每季的財務結果，甚少花時間詳細檢討並分析策略。總公司的資深管理階層和董事的溝通，也多著重於短期的財務量度的討論，難怪董事會開會的重點一向是短期的經營結果，而非長期的策略願景。

　　有些人主張董事會必須更積極的負起監督公司策略和績效的

責任，杰‧駱區（Jay Lorsch）就持這樣的觀念。他表示：

> ……外界董事（必須）擁有能力和獨立性，監督管理階層和企業的績效。如果公司的表現不能達到董事會的期望，董事會就應該影響公司的管理階層，督促他們改變策略方向；在必要時，甚至撤換公司的領導人。……如果董事會希望有效的考核 CEO 的表現並支持公司的策略，光是知道財務結果是不足的，因爲財務結果只能夠顯示公司過去的業績，他們還需要知道公司在執行策略上的進展。這表示董事會需要了解公司在發展新科技、開發新產品和服務，以及進入新市場等各方面的進度。這也意味了董事會需要知道顧客需求的變化、競爭者的動向。董事們一樣需要資料，協助自己了解組織的狀況。基本上，他們需要一份董事會版本的「平衡計分卡」。[1]

平衡計分卡可以、也應當成爲資深管理階層向董事會報告公司和事業單位策略的機制。向董事會公布計分卡，不但具體說明了公司已經制定長期策略，對競爭勝利胸有成竹，更提供了一個尋求董事會的回饋和向董事會負責的依據。

讓董事會知道平衡計分卡不成問題，眞正的問題是應不應該向外界投資人公布平衡計分卡。傳統上，除了依法必須公布的資訊外，企業一向對其他資訊守口如瓶。有幾個原因造成這種態度。首先，管理階層認爲，除了法規要求的最低限度資料之外，其他資料對股東的幫助不大，反而使得競爭者從中得利，這個顧

慮並非無稽之談，尤其是平衡計分卡一清二楚的闡述事業單位和總公司的策略，對外公布計分卡的結果，無疑是大開城門，引敵軍入境。第二個顧慮與法律責任有關，經理人擔心計分卡公布後，萬一執行有落差，可能變成投資人控告公司的口實。這個顧慮並非杞人憂天，證券業就不時因為實際財務狀況偏離財測目標，而惹來投資人的控告。第三個原因是，許多投資人對非財務性的資料漠不關心，尤其是長期目標資訊（對許多財務分析師來說，任何比下一季營收久遠的事，都是長期目標）。某位最早實施平衡計分卡的公司總裁曾講過一個與財務分析師打交道的經驗：

> 有一回我到一家共同基金公司向一群分析師做簡報。這家公司管理的各種基金加起來，總共擁有我們公司 40％的股票。當我說到與下一期營收有關的計畫和預測時，分析師個個正襟危坐，豎耳傾聽我說的每一個字。等我開始談我們改善品質和顧客回應時間的方案，90％的分析師都溜出去打電話了。

只要財務分析師仍舊對衡量公司的長期策略漠不關心，我們就不認為平衡計分卡有可能被列入公司與股東溝通的計畫之中。

不過我們相信，最好的內部報告政策，將來會衍生出最好的財務報告政策。目前使用平衡計分卡的公司，大多數仍處於內部實驗階段，還在摸索如何以計分卡發展、溝通和評估績效。等到管理階層累積了更多的經驗，對於計分卡量度監督策略績效和預

測未來財務績效的能力更具信心之後，我們相信他們會找到適當
的方法，能夠既向外界投資人公布計分卡量度，又不至於洩漏帶
有競爭敏感度的資料。

向股東公布平衡計分卡：斯堪地亞的例子

　　斯堪地亞（Skandia）是瑞典的一家保險和金融服務公司，它
向投資人公布主要績效驅動因素的做法，稱得上是走在時代的尖
端。斯堪地亞的年度報告上有一份叫做「企業導航者」（Business
Navigator）的附錄，上面描述了公司的策略，以及公司用來溝
通、激勵和評估策略的量度和這些量度在過去一年的表現。1994
年的年度報告，它以一篇題爲「斯堪地亞的智慧資本顯形記」
（Visualizing Intellectual Capital at Skandia）的文章，向股東介紹
企業導航者：

　　　　評估營利事業的價值，向來以它們的財務資產和營業收
　　入、擁有的房地產或其他有形資產，做爲估價的標準。儘管
　　企業環境已經改變了幾十年，這些工業時代的觀念至今仍然
　　左右了我們對企業的認知。今天最能夠展現動力和創新能力
　　的產業是服務業。……可是，服務業只有很少的有形資產。
　　我們如何估算創造力、服務標準，或獨特的電腦系統的價值
　　呢？長久以來，審計師、分析師和會計師一直缺乏衡量儀器
　　和一套普遍接受的準則，幫助他們精確的評估服務業及其智
　　慧資本的價值。

圖 9-4　斯堪地亞的企業導航者

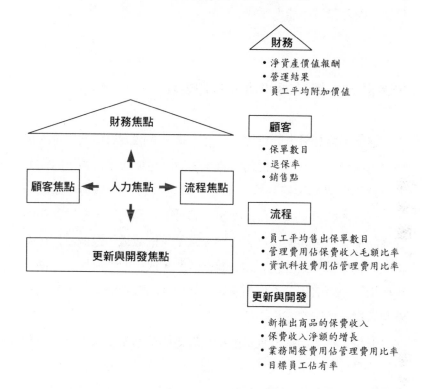

附錄中列出八個主要事業線的企業導航者。[2] **圖 9-4** 顯示其中一個事業線的導航者。

斯堪地亞主動向財務界揭露事業單位計分卡的目標與量度，顯然是欲拋磚引玉，希望藉此吸引那些願意投資於長期結果的股東。這些關係式投資人（relationship investor）一向採取長線的投資策略，他們比較關心企業在創造長期經濟效益的作為。從早期跡象看來，斯堪地亞這個策略頗為樂觀，因為現在關於斯堪地亞

的投資分析文章，已經不限於財務預測，而開始討論它的商品、科技、顧客和員工能力了。

平衡計分卡與團隊和個人目標連結

推廣平衡計分卡的目標與量度，是爭取個人對事業單位的策略做出承諾的第一步。但是僅有認知尚不足以改變行為，組織還需要把高層級的策略目標與量度，轉化為個人的行動，如此一來，個人才能對組織的目標做出具體貢獻。例如，事業單位的顧客構面中有一個如期交貨的目標，到了較低層級，這個目標可能轉化成減少某一個生產瓶頸的裝機時間，或迅速把訂單從一個流程移到下一個流程。當局部層級也能如此的改進努力，才能夠與整體組織成功因素配合一致。

但是，很多組織發現很難把高層級的策略量度（尤其是非財務性的量度）分解成局部的、營運面的量度。在過去全憑由上而下的財務控制時代，管理階層可以好整以暇的把一個加總的量度，分解成一組局部的量度，例如，把投資報酬率或經濟附加價值，拆成存貨周轉率、應收帳款天數、營業費用、毛利等。不幸的是，顧客滿意度或資訊系統可用性之類的非財務性量度，卻不是那麼容易分解成較小的分子。平衡計分卡對此有獨特的貢獻，因為計分卡乃基於一種績效模式，能夠辨別最高層級策略的驅動因素。計分卡的因果關係連結架構，可以用來指點如何選擇低層級的目標與量度，使之符合高層級的策略。如圖 9-5 所示，計分

圖9-5　向下層層推展計分卡

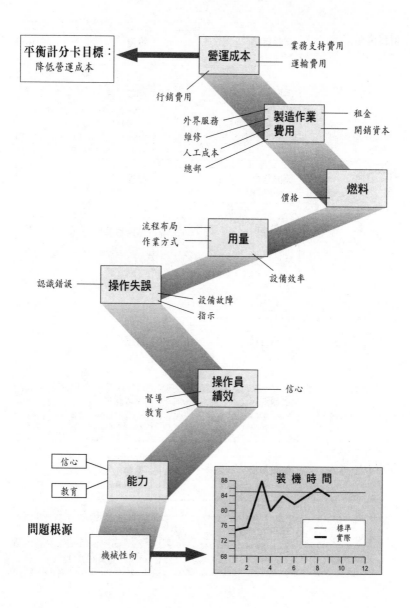

圖 9-6　把事業單位目標向下推展成特定的團隊目標

財務構面

策略目標 • 財(2)控制商店成本	**量度** • 事業單位每平方英尺成本

控制商店成本 • 減少油漆成本 • 設計容易組裝的布置 • 減少能源消耗	**團隊量度** • 用有花紋的油漆取代目前的壁紙 • 裝潢成本 • 水電成本

顧客構面

策略目標 • 客(4)顧客關係	**量度** • 合作專案次數

顧客關係 • 成立合作照明方案 • 改善與RM及DM在建築問題上的溝通 • 增加與事業單位共同拜訪新開張商店的次數 • 所有成員加入商店工作	**團隊量度** • 照明成本 • 顧客回饋 • 與事業單位一起出差的次數 • 所有成員已進入商店工作

內部構面

策略目標 • 內(4)卓越的建築	**量度** • 達到時間、品質與成本標準

卓越的建築 • 預定建築工程開始前兩週簽訂合約 • 確立成本節約	**團隊量度** • 相對計畫的合約日程 • 記錄在案的成本節約

學習與成長

策略目標 • 學(4)善用人力資源	**量度** • 主要職位合格人數比率

☐ SBU計分卡
▨ 團隊計分卡

善用人力資源 • 推廣交叉培訓 • 在不同商店工作	**團隊量度** • 交叉培訓的任務分派次數 • 派往不同商店工作

卡所反映的高層級績效模式，是一個分解流程的起點，把高層級的量度逐層向下推到組織的低層。此處有一個中心思想，即一個整合性的績效模式，既已界定組織各層的策略績效驅動因素，自然可以成為制定所有組織階層的目標量度的中心架構。於是SBU層級的平衡計分卡，可以變成一組連結的部門、團隊及個人層級的計分卡。實施這個概念的方法很多，下面幾個例子可供參考。

某家公司希望中階經理人對策略能有深入的了解並全盤接受，於是資深管理團隊只界定財務和顧客構面，包括公司希望競逐的目標顧客區隔，以及提供給這些區隔的顧客價值主張，然後交給下面兩個階層的中階經理人，請他們針對財務和顧客目標的需要，制定企業內部流程及學習與成長的目標。

某家大零售公司的不動產事業部，希望把SBU層級的計分卡推廣到下一層的部門和團隊。如圖 9-6 所示，每一個團隊均把SBU計分卡當做參考標準，從中尋找自己可以發揮影響力的目標與量度，接著由團隊經理設計團隊的計分卡，把高層級的策略目標與量度，轉變成團隊影響所及的行動方案和量度。

上述兩個例子，都是利用中階經理人的參與，使他們能夠發揮各層次的專門知識，把事業單位的主要策略因素納入日常運作中。這種做法還可收一石二鳥之效，因為各層經理人由於本身參與而對策略和組織的整體目標更加投入。像第二例的不動產事業部的CEO審查完各團隊的計分卡之後，便評語如下：「當我知道我的高獲利成長目標，已經變成像『油漆和壁紙』之類的營運細節之後，我可以高枕無憂了。所謂上下配合一致，意義盡在於此。」

圖 9-7　個人計分卡

總公司目標

- 公司價值在七年內成長一倍
- 每年營收平均成長 20 ％
- 達到內部利潤成長率超過資本成本成長率 2 ％
- 產量和儲備量在未來十年內增加 20 ％

	總公司指標*			計分卡量度	事業單位指標			團隊或個人目標與行動
	1997	1998	1999		1997	1998	1999	
財務	160	180	250	營收(以百萬美元計)				1.
	200	210	225	淨現金流量				
	80	75	70	間接費用與營運費用				2.
營運	73	70	64	每桶油的生產成本				
	93	90	82	每桶油的開發成本				
	108	108	110	全年總產量				3.
團隊或個人的量度					指標			
1.								
2.								4.
3.								
4.								
5.								5.
姓名： 地點： *1995 水準=100								

資料來源：摘自本書作者發表於《哈佛商業評論》1996 年 1～2 月號〈平衡計分卡在策略管理體系的應用〉一文，已獲轉載授權。

　　第三個例子來自一家大型石油公司的探勘組，它採用了一種新手法促進個人與團體目標的一致。它設計了一種摺疊式的個人計分卡（見圖9-7），發給組織中的每個人，計分卡的面積很小，可以放在襯衫口袋或皮包隨身攜帶。這個個人計分卡上包含了三個層次的資訊：第一層在計分卡的左邊，是事先印好總公司的目標與量度；第二層在計分卡的中間，預留空格讓事業單位填寫它們如何把總公司的目標轉換成單位的特定目標；第三層，也就是這張計分卡上最重要的部分，則留給個人和團隊界定自己的績效目標，以及近期內為了達到個人目標而採取的行動步驟。每一個人可以替自己的目標界定至多五個個人績效量度，以及符合事業單位和公司目標的個人指標。這個機制使事業單位和總公司層級的目標能夠層層下達，並且轉變成所有員工和團隊內在的個人目標。這種個人計分卡的巧妙設計，使員工能夠隨時隨地把三個層級的目標、量度和行動謹記在心。

　　雖然創造SBU層級的平衡計分卡，往往會觸發一連串設定低層目標來銜接高層策略的方案，針對這一點，很多組織早已有了一個正規的流程，稱為目標式管理法（MBO）。顯然的，公司應該只用一個流程來設定部門、團隊及個人的目標，好在大部分MBO方案與計分卡架構相當吻合，事業單位只消把既有的MBO流程連上制定團隊和個人計分卡的流程，便可維持所有層級計分卡的一貫性，共同追求策略性的目標與量度。

與獎勵制度連結

　　正式的薪資制度是否應該連結計分卡的量度,如何連結計分卡的量度,是一個傷腦筋的問題。對於薪資制度需不需要馬上連上計分卡的量度,各公司採取不同的做法。如果希望以計分卡來改造公司的文化,獎金終歸必須與計分卡的目標連結。問題不在於這兩者應不應該連結,而是什麼時候連起來,怎麼樣連起來。

　　有錢能使鬼推磨,因此有些公司希望把資深經理人的薪資制度與計分卡的量度結合在一起,而且越快越好。例如,某家公司便把

圖 9-8　基於平衡計分卡的獎金制度

類別	量度	比重
財務(60%)	相對於競爭者的利潤	18.0%
	相對於競爭者的資本運用報酬率	18.0%
	相對於計畫中的成本下降	18.0%
	新市場的成長率	3.0%
	既有市場的成長率	3.0%
顧客(10%)	市場佔有率	2.5%
	顧客滿意度調查	2.5%
	經銷商滿意度調查	2.5%
	經銷商獲利率	2.5%
內部(10%)	社區和環境指數	10.0%
學習與成長(20%)	員工士氣調查	10.0%
	策略技術評級	7.0%
	策略性資訊可用度	3.0%

資深經理人的紅利計算方法改了，從前是以年度資本運用報酬率的指標來計算，現在改爲根據一個爲期三年的附加經濟價值的指標設定 50 ％的紅利，另外再根據三個非財務構面的計分卡量度的簡潔陳述和成就計算剩下的 50 ％紅利。這個做法有一個明顯的優點，就是把事業單位是否能夠達到策略目標，做爲經理人報償的指標。

拓荒者石油做得更徹底，它很快就把平衡計分卡當做計算管理階層獎金的唯一標準。圖 9-8 顯示管理階層的紅利中有 60 ％與財務績效連結在一起。不過拓荒者並非只用一個數字來計算這個部分的獎金，反而是用(1)五個財務指標的加權平均值（其中兩個指標是盈餘和資本報酬率，兩者皆是相對競爭標竿的衡量結果），和(2)相對計畫的成本下降幅度，以及(3)既有市場和新市場的成長率，做爲計算基礎。其餘 40 ％紅利的計算方式，則綜合了顧客、內部流程，以及學習與成長構面的指標，包括一個涉及社區和環境責任的重要指標。拓荒者的 CEO 對這個獎勵計畫的效果大爲滿意，他說：「如今我們的組織已經和策略配合起來了。據我所知，沒有一個競爭者能夠達到這種程度的組織配合度。這個措施的確爲我們帶來了利益。」

把獎金與計分卡量度結合在一起的做法，顯然有很大的吸引力，但也會帶來一些風險。計分卡選擇的量度是否正確？這些量度依據的資料是否可靠？追求目標的手段會不會違反量度的設計原意，或產生意料之外的後果？如果計分卡量度不能忠實的代表策略目標，或者改善短期量度的行動與達成長期目標有所牴觸，那麼獎金與計分卡連結的缺點就會暴露無遺。

　　有些公司深知金錢的力量，它們顧慮上述這些問題，於是不希望在剛開始實施平衡計分卡的時候就草率更改薪資制度。對它們來說，第一份計分卡代表一個試探性的事業單位策略聲明，計分卡是它們為了創造傑出的長期財務績效，而對量度之間的因果關係所做的大膽假設。當經理人把策略轉化為量度，並構思量度之間的因果關係時，可能對他們選擇的量度並沒有太大的信心。因此這些公司不願意讓一羣主動性高（及待遇好）的經理人，拼全力追求這些試探性量度的最佳成績。基於這個理由，很多公司採取謹慎的態度，不輕易把它們的薪資制度的計算公式改成計分卡的量度。當然，如果不把薪資明確的連結計分卡的量度，就應該先停止傳統的以短期財務結果為依據的獎勵制度，否則會出現一面要求資深經理人專心追求平衡的策略目標，一面以金錢鼓勵他們追求短期財務績效的矛盾現象。

　　第二層顧慮與傳統機制處理薪資功能中的多重目標有關。從拓荒者石油的例子可以看到，這個機制給每一個目標分配了一個加權計分比重，獎金計算方式是根據已達到的目標的百分比發給，因此即使績效表現極不平均，仍然可以拿到一大筆獎金；換句話說，事業單位可能只超越了少數幾個目標，其他的目標一敗塗地，而經理人一樣可以照拿獎金。

　　至於什麼情況下應該發放獎金，平衡計分卡提供了另類選擇。總公司的管理階層可以指定所有的策略量度，或其中一組關鍵的量度，在下個時期的最低門檻，做為發放獎金的關卡。如果其中任何一個量度的實際績效未能達到門檻，經理人就拿不到任何獎金。制定門檻的時候，應該力求財務、顧客、企業內部流

程、學習與成長的均衡表現。門檻的制定，也應該平衡短期的成果量度和未來經濟價值的績效驅動因素，當所有指定的量度都達到最低門檻的時候，便可發放獎金。至於獎金的計算方式，則可以考慮與其中一小組量度的卓越績效連結，這組用來決定獎金金額多寡的量度，應該是從四個構面中挑選出來的，被認爲是組織在下個時期最需要表現卓越的量度。

有些企業允許事業單位的經理人自行設定計分卡量度的指標，然後由總公司的管理階層來判斷這些指標的困難程度。就像跳水比賽的計分方式一樣，當經理人達到自己定下的指標之後，指標本身的困難程度可以影響獎金的大小。總公司的管理階層可以綜合外界比較結果和本身主觀判斷，評估這些指標的難易度。

這種以主觀判斷決定獎金多寡的做法，反映了一種看法：基於績效的薪資制度未必是最理想的犒賞制度。許多不受經理人控制或不在其影響範圍內的因素，也會影響最後的成績。此外，許多經理級的行動會創造（或毀滅）經濟價值，可是未必能夠衡量出來。理想的做法應該是，根據經理人的能力、努力以及他們的決策和行動品質，計算他們的酬勞。但是正式的薪資計畫通常不會把能力、努力和決策品質考慮在內，因爲這些因素難以觀察和衡量。因此，按績效計酬（pay-for-performance）可以說是個最普遍的做法，也是在不得已的情況下比較可行的做法。

一個有趣的現象是，在積極使用平衡計分卡的情形下，經理人的能力、努力和決策品質會顯現無遺，比傳統使用摘要性財務量度的情形爲甚。已經拋棄或暫時擱置公式化獎金制度的企業往往會發現，管理階層與執行經理之間關於計分卡的對話，不論是

討論目標、量度、指標的內容陳述，還是解釋目標與執行結果的落差，都能提供許多觀察經理人表現和能力的機會。因此，即使主觀式的獎金酬勞制度，這時也會變得更易執行和更方便解釋。

更進一步來說，獎金是典型的外在激勵制度，在外在激勵的驅使下，個人行動是奉命行事（也許這樣做的結果可以獲得一筆報酬）。但只靠外在激勵，不足以鼓勵具創意的解決問題方法和產生創新的決策。一些研究發現，內在激勵可以促使員工基於個人的偏好或信念而採取行動，因而產生更大的創造力和創新精神。從平衡計分卡的思想脈絡來看，當員工的個人目標和行動，與事業單位的目標和量度配合一致時，內在激勵就存在了。凡是自我激勵的員工，早已把組織的目標內化成自己的目標，因此即使薪資獎勵並非明顯連在這些目標上，他們也會努力以赴的完成目標。事實上，明文規定的獎勵反而會減少或扼殺內在的激勵。

在一些組織中，由於平衡計分卡闡明了事業單位的策略目標，並且把這些目標連在相關的績效驅動因素上，使得許多人茅塞頓開，了解自己行為與組織的長期目標間的關聯。過去他們像機器人一樣，只求做好本分工作，以求紅利報償，現在他們深切了解自己應該在什麼地方表現卓越，協助組織達到整體目標。明確宣示個人工作如何配合事業單位的整體目標，已為員工創造了內在激勵，即使沒有明顯的獎金酬勞，他們的創新和解決問題的能量也已釋放了。但外在激勵仍然重要，如果組織達到或超越策略量度的伸長指標，有大幅的績效改進，就應該好好獎勵和犒賞有貢獻的員工。以拓荒者石油為例，它已經對所有非工會的員工實施不固定薪資，使個人的酬勞與企業的績效指標成正比的連結

在一起。拓荒者石油相信，把員工薪資與事業單位的計分卡量度結合在一起，就是對企業策略目標的深度承諾。

雖然我們對正式薪資制度中納入平衡計分卡量度的做法採取謹慎的態度，但並不表示我們反對這種做法。計分卡在決定明文規定的獎勵方面可以扮演什麼角色，至今仍無定論。顯而易見的，如果紅利和獎勵仍舊跟著短期的財務績效走，恐怕很難促成組織全意追求平衡績效。在這一方面，組織最起碼應該盡量減少對短期目標的強調。

在短期內，把所有資深經理人的獎金連在一套平衡的計分卡量度上，可以對整體組織目標做出承諾，減少功能部門的局部優化。管理階層與與執行經理之間如何規畫目標和行動的對話，往往會彰顯執行經理的能力和努力，因此在獎金的計算中，不妨混合主觀的判斷和量化的成果量度。進一步的實驗和經驗則可以提供更多的證據，協助公司在明顯、客觀的公式和主觀的考績之間，找到獎金制度與平衡計分卡量度之間的平衡點。

本章摘要

構築一份平衡計分卡，把事業單位的使命與策略連結到具體的目標與量度上，只不過跨出了計分卡做為管理體系的第一步。組織還需要在各方面溝通平衡計分卡，尤其是員工、總公司的管理階層和董事會。溝通流程的目的，是促使所有員工及事業單位的負責人（包括總公司的管理階層及董事會）一致配合策略。這

些組織參與者的認知和配合,使局部的目標設定、回饋和責任歸屬,能夠符合事業單位的策略方向。

如果個人對計分卡目標的貢獻,與獎勵、升遷和薪資制度連結在一起,顯然可以加強個人對策略的配合度和責任歸屬感。至於如何連結,是否應該基於明顯的、事先決定的公式,或是採取主觀判斷,從陳述、討論和審查計分卡目標與量度中獲得印象,不同的公司有不同的做法。未來幾年無疑會累積更多這方面的經驗,對於具體連結計分卡與獎勵制度的得失會有更深的體會和了解。

註:

1 Jay W. Lorch, "Empowering the Board," *Harvard Business Review* (January−February 1995):107, 115−116.

2 斯堪地亞把這個描述人、結構和顧客資本的系統叫做「斯堪地亞導航者」,因為它是「一個指引我們飛向未來,刺激我們更新和發展的儀器」。

10

指標、資源分配、行動方案與預算

企業的管理階層應該利用平衡計分卡來實施一個整合的策略和預算流程。我們在第9章描述的組織、團隊與員工的流程，使人力資源與事業單位的策略配合一致。但僅有人力資源的配合還不夠，事業單位還需要把財務和實物資源跟策略結合起來。長期資本預算、策略行動方案，以及年度經常性支出（discretionary expenses），必須向計分卡目標與量度的企圖指標邁進。

以計分卡來整合長程策略規畫及營運預算編列的流程，需要經過四個步驟（見圖 10-1）：

1. 設定伸張指標：管理階層應該為計分卡量度設定具企圖心的指標，這些指標必須是所有員工都能夠接受和信服的。從計分卡的連結關係中，可以確立出關鍵的驅動因素來驅使重要的成果量度（尤其是財務和顧客方面的量度）以獲致突破性的績效。

圖 10-1 另類管理體系——規畫與設定指標

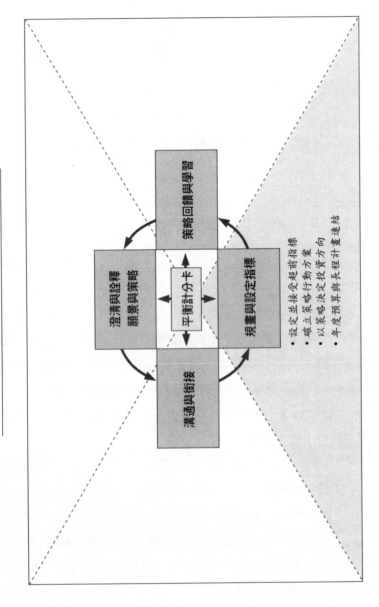

平衡計分卡

澄清與詮釋
願景與策略

溝通與銜接

策略回饋與學習

規畫與設定指標

● 設定並接受超前指標
● 確立策略行動方案
● 以策略決定投資方向
● 年度預算與長程計畫連結

2.確立及合理化策略行動方案：計分卡量度的目前績效及其
　企圖指標之間的差距，使管理階層能夠在資本投資和行動
　方案之間訂出優先順序以縮短落差。對於那些於計分卡目
　標無關痛癢的行動方案，則予以撤銷或降溫。

3.確立決定性的跨事業單位行動方案：管理階層確立對其他
　事業單位或母公司的策略目標有所助益（綜效）的行動方
　案。

4.銜接年度資源分配和預算：管理階層把三至五年的策略計
　畫，連到下個年度的經常性支出和預期績效（里程碑）
　上。這些里程碑有助於他們監督事業單位實施策略的進
　展。

　　這四個步驟，首先確立組織希望獲致的長期成果。成果指的
不僅是改進量度而已，同時它更是達到這些量度的明確指標。其
次，它確立了達到這些成果的機制；最後，這個統一的規畫和預
算編列流程，便為計分卡的財務和非財務量度建立了短程的里程
碑。

設定伸張指標

　　以平衡計分卡來驅動組織的變革，最能發揮其功效。為了引
導組織做出必要的改變，經理人應該為計分卡量度設定三至五年
的指標，一旦達成這些指標，企業將可轉型成功。這些指標應該

代表事業單位的績效突破。如果事業單位是一家股票上市公司，那麼達成指標它應能獲致股價的倍數上漲。典型的財務指標包括五年之內的投資資本報酬率（return on invested capital）增加一倍，或銷售額增加 150 ％。以某家電子公司為例，它設定的財務指標是銷售額成長率比現有顧客的預計成長率提高近一倍。

雖然大部分經理人對設定高難度的財務指標毫無懼色，可是被迫追逐指標的人，卻常常質疑指標的可信度。被人稱為「最高教育長」的奇異電氣公司的史提夫・柯爾（Steve Kerr），對於許多公司做不到它們的伸張指標，他有一番說法。他說：「公司動不動就要求員工提高銷售額兩倍，或提升產品上市速度三倍，可是很少公司提供必要的知識、工具和方法，來幫助員工達到如此宏大的目標。」[1]

大部分伸張指標的毛病，在於它們採取個個擊破的方式，企圖為孤立的議題或量度建立高度企圖心的目標。業界最佳的標竿比較法是其中一個典型，它的做法是先努力研究其他組織在某一方面的績效，把這些組織的績效水準當做自己的指標，然後發展一個計畫來追求同樣的績效水準。標竿比較法的概念頗吸引人，但即使組織達成了這個高度企圖心的目標，也未必能夠導致財務績效的突破。

平衡計分卡已證實是一個爭取人人接受高度企圖心指標的強大工具，因為它強調相關的量度會產生齊頭並進的連鎖效應，而非各量度獨善其身。以某家高科技工程公司為例，這家公司剛建好第一份平衡計分卡，準備展開一個設定指標的流程。CEO 要求管理團隊設定一套積極性的指標，他對管理團隊說：「如果完成

這些指標，將令我們自豪，也會令我們的姊妹單位嫉妒不已。」管理團隊決定在公司外舉行研討會，他們分成四個小組，每個小組負責一個計分卡構面。顧客和業務發展小組在行銷部副總裁的領導下，擬定了新顧客爭取率、每筆交易平均營收、顧客延續率等企圖指標。小組一致同意這些指標，因為他們已規畫好一個建立顧客合作關係的策略。服務遞交小組在營運部副總裁的領導下，擬定了準時和符合規格的績效、降低重做率、提高品質和安全等伸張指標。這些指標的前提是巨幅改進專案管理流程。學習與成長小組則在人力資源部副總裁的領導下，從創新力量出發，擬定了成本下降和顧客合作計畫的企圖指標，他們希望以擴大授權來激發員工的創新力量，而用改進技術發展和公開溝通來驅動授權員工。然而由最高財務長（CFO）領導的財務小組，卻表現得不夠積極進取，這個小組覺得獲利率可以提高，但最多只能增加20％。CFO抗拒更高的指標，因為他不願陷他的同事於不義，讓大家追逐一個高標準的績效，他認為希望越高則失望越大，還不如實際一點，訂定一個大家都能夠做到的目標。

　　隨後，四個小組開會，輪流上台報告各組的建議。CEO聽完全部報告之後，宣布財務小組建議的溫和指標不可接受，其他小組成員也紛紛同意CEO的看法。營運部副總裁的評語充分表達了眾人的意見：「如果我們能夠做到行銷、創新、顧客服務方面的指標，獲利率自然會提高，而且增加的幅度會相當驚人。既然我們已經下定決心做到這些指標，我個人願意承諾達到利潤加倍的指標。」管理團隊一致同意重定一個獲利率的伸張指標，這個獲利率在同業中無人能出其右。如果當初他們各自為政設定指標，

就不可能出現這種共識。但在各種指標齊頭並進的情況下，每一位經理人似乎可以看到未來財務績效的驅動因素已升火待發，整個管理團隊已有同舟共濟的氣氛。他們一致同意，憑著集體努力，突破財務績效乃指日可待。

計分卡包含的績效驅動因素和領先指標，使經理人能夠確知他們必須創造哪些營運因素（例如：策略性投資、市場研究、創新的產品和服務、改造員工技術、加強資訊系統等），才能達到高標準的財務指標。根據我們的經驗，只要保證有足夠的投資、資源和時間來執行一個長期計畫，營運部門的經理人通常都會同意伸張指標，有時候他們甚至比上級長官的要求還更積極呢。

CEO可以刻意製造高層級財務目標的績效落差，藉此激勵管理團隊接受平衡計分卡量度的伸張指標。圖10-2顯示肯亞商店的一個分店如何運用計分卡邏輯，把一個原以為不可能的指標，變成大家都可以接受的指標。這個不可能的指標是在未來五年內增加營收一倍，目前的計畫距離這個目標甚遠，產生了一個十億美元的營收落差。零售連鎖網的營運部經理當初認為死定了，但是CEO不肯罷休，他率領管理團隊，以平衡計分卡涵蓋的因果關係績效模式（請參考第7章），進行了一次沙盤推演。這種假設情境式規畫法（scenario-planning），可以引導管理團隊先建議各種不同的策略並測試其可行性，然後才設定最後一組指標。管理團隊把這個營收成長指標系統化的分解成：

• 增加新商店數目
• 增加每間商店招徠的新顧客人數

圖 10-2　肯亞商店基於因果關係而設定伸張指標

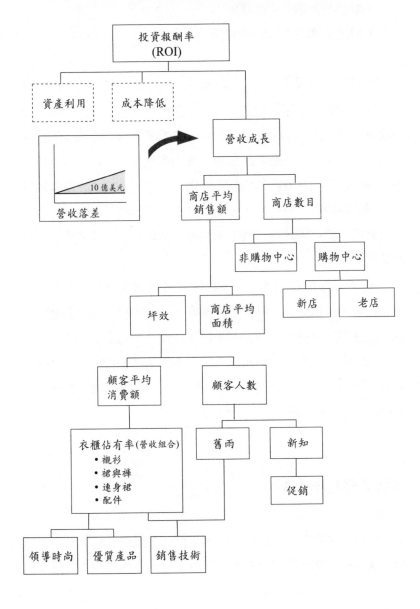

- 增加每間商店把逛街者變成真正購買者的比率
- 增加既有顧客的延續率
- 增加顧客的平均消費額

　　他們假設幾種情形進行沙盤推演，其中之一是假設不改變目前以購物中心為基礎的地產策略，在此前提下，除非坪效能提高超過50％，否則不可能達到營收成長的指標，沒有人傻到願意承諾這種成長率。換一個假設來看，他們考慮是否可以創造一種新型的商店，切入非傳統的地點。經過一番深思熟慮，管理團隊覺得這個假設情況大有可為，於是以此為基礎修訂了策略，在會議結束之際，管理團隊終於欣然允諾要向營收成長一倍或更高的目標挑戰。

　　假設情境式規畫流程把一個似乎遙不可及的目標，分解成一連串比較小的目標，小目標集腋成裘，而使營收成長指標變成一個可以實現的目標。一旦界定了營收成長目標的主要驅動因素，並對每個驅動因素的指標和行動方案做出承諾，在計分卡提供一個監督策略實施的工具之下，管理團隊向高標準營收目標衝刺，並沒有想像中的困難。

辨別策略行動方案

　　管理團隊為財務、顧客、內部流程、學習與成長量度設定指標之後，下一步是評估目前的行動方案是否能夠幫助他們達成這

些指標，以及需不需要新的行動方案配合。

　　許多組織目前都在進行數不清的行動方案，例如全面品管、時間式競爭法、授權員工、流程改造等等。不幸的是，這些行動方案往往與達到既定的策略目標毫無關係，它們各自為政，而且互相爭奪有限的資源，包括所有資源中最稀有的一種：資深經理人的時間和注意力。如果以平衡計分卡做為公司管理體系的基石，可以消除這個弊病，使各種行動方案能夠凝聚力量，共同追求組織的目標、量度和指標。

　　規畫並部署行動方案來達成伸張的績效指標，大體上是一個極具創造力的過程，如果用平衡計分卡的規畫流程，則可以提供三種方法來改善並引導這個創造力：

1.衡量標準失蹤方案
2.持續改進計畫與變革速率量尺連結
3.策略行動方案，例如：改造和轉型方案，銜接主要績效驅動因素的激進改善

衡量標準失蹤方案

　　平衡計分卡甫設計好，立刻會冒出一大堆績效改進的機會。我們發現計分卡的量度中，起碼有20％欠缺相關的資料，這在我們的經驗中屢試不爽。記得我們在第6章曾經討論員工發展和技術再造的量度十分稀少的問題，這裏的情形也一樣，找不到衡量標準，通常不是資料的問題，它其實暴露了一個管理問題：如果

你不能衡量它，就無法管理它。如果某一個量度缺乏支持的資料，問題可能是某一個主要策略目標的管理流程未臻完善或根本不存在。

這方面的例子不勝枚舉。國家保險公司欠缺的量度，包括法規遵守事項、理賠效益、投保人滿意度，以及技能水準；大都會銀行欠缺的量度，包括存款服務成本、目標市場區隔佔有率、服務出錯率，以及技能水準；拓荒者石油欠缺的量度，包括顧客延續率、經銷商品質、服務品質，以及技術能力。對這些企業來說，量度失蹤的現象顯示了管理階層至今無法管理一些攸關策略成功的重大流程。

舉例而言，大都會銀行不能衡量存款服務成本，表示它的行銷經理人無法決定某一個顧客關係是否有利可圖。為了發展這個量度，大都會擴大了它的作業制成本模式，從只衡量商品成本，改為衡量顧客獲利性。這個行動方案終於使大都會能夠針對特定的市場區隔重組它的價格和服務項目。國家保險公司不能衡量理賠效益，意味著它無法針對自己亟欲開拓的專業利基市場而調整理賠管理流程。缺乏客製化的理賠管理流程，對國家保險公司的整體策略而言是一個障礙。為了彌補這個漏洞，國家保險公司發展了一個可以順應個別利基市場需求的理賠管理措施。拓荒者石油不能衡量顧客延續率，顯示它的行銷經理人無法有效管理市場區隔化方案。拓荒者的行銷經理人因為發展計畫而獲得這個量度，同時也獲得了新的機制，從此，他們能夠蒐集並監測目標消費者的資訊。

上述這些例子證明了欠缺量度的現象只是冰山的一角。制定

流程來蒐集量度所需的資料，會導致組織推出策略行動方案，結果不但蒐集了相關資訊，同時也改善了一個重大內部流程的管理問題，而這兩者均是卓越績效不可或缺的因素。

持續改進計畫與變革速率量尺連結

　　管理階層必須決定最有利於達到伸張指標的方法是什麼，是不是持續性的改進，例如企業流程的全面品質管理（TQM），或者是大躍進式的改進，例如企業改造或轉型方案。TQM是既有流程的體制內改革，它以系統化解決問題的方法來減少流程中的缺陷（例如延遲交貨、流程週期中虛耗的時間、產品瑕疵、處理錯誤、技術不良的員工等），直到缺陷完全消除為止。大躍進式或企業改造方式，則發展一個全新的方法來運轉流程。它假設既有的流程有根深柢固的缺陷，需要徹底翻新才能糾正過來。

　　如果管理階層決定採用持續改進的方式，那麼就該採用一個改進速率的量尺，來追蹤運作的過程。模擬設備公司設計的半途量尺（請參考第 6 章）是一個很好的例子。半途量尺衡量減少一半流程缺陷的速率，它出自一個假設：如果 TQM 團隊成功地實施正式的品改流程，必能以一個固定的速率減少缺陷（每減少 50％的缺陷所需的時間相同）。管理階層一旦設定了消除系統缺失的速率，便可有效率的掌握生產流程以及確知能否如期達到績效目標。

　　某家生產工業原料的公司曾利用半途量尺的概念，發展了一個創新量度。這個量度是一個持續改進的指數，綜合了八個企業

流程量度，包括：

- 顧客投訴頻率
- 解決問題所需時間
- 安全事故率
- 廢物量
- 非一次成功的百分比

　　基於半途理論，該公司為這八個因素各設定了一個改進速率，以及對應的行動方案。持續改進的指數則是，衡量八個策略量度中有多少比例已達到或超過預定的改進速率。

以績效驅動因素激進改善為訴求的策略行動方案

　　管理階層時常發現，持續改進重大的流程只能解決局部的問題，無法達到三年至五年的伸張指標，這個落差顯示他們需要發展一個新方法。計分卡為組織的改造和轉型方案提供了正當的理由和重點，它促使管理階層放棄重新設計任何局部流程，轉為改造能使組織策略成功的流程。計分卡的改造或轉型與傳統的改造方案不同，傳統的改造方案以大幅削減成本為目標（焚耕式原理），計分卡的改造或轉型方案，卻不一定是以節省成本為唯一考量。策略行動方案的指標，可能是大幅縮短訂單履約流程的週期，也可能是縮短產品開發流程的上市時間，或者是加強員工的能力。這些非財務性的指標，可以成為推出策略行動方案的理由

及監督其成功的準繩，因為平衡計分卡已建立了這些衡量標準，同時也大幅改善了與財務績效間的連結關係。

最重要的是，如果運用計分卡的力量來驅動改造或轉型，組織可以把注意力放在創造成長的議題上，而非一味關心如何降低成本、增加效率。平衡計分卡中蘊涵的因果關係，已成為改造方案優先順序的決定因素。還記得國家保險公司的例子吧（請參考第7章），國家保險公司發展計分卡的目的是宣示它的新願景，也就是將公司轉型成一個專業的保險公司。平衡計分卡已成為它改造承保、理賠管理及經紀人管理等企業流程的基礎。

圖10-3顯示國家保險公司如何從高層級的計分卡量度，發展出一個詳細的承保流程績效模式。績效模式確立了承保流程中有哪些因素對於平衡計分卡追求的成果貢獻最大。舉例來說，虧損率是計分卡上的一個成果量度，它受到三個因素的影響：慎選客戶、正確定價、減少理賠，這三個因素本身則受到組織是否有能力學習特定的危機和風險的影響。圖10-4顯示國家保險公司在承保績效模式的基礎上，設計了一個桌上型電腦系統，支援各地承保作業。從績效模式辨別的每一個成果，產生了資訊和工作系統的設計規格，系統設計規格則確定了更詳細的知識和經驗分享細節，而成為新流程的設計基礎。這個與平衡計分卡密不可分的績效模式，使國家保險能夠發展出一個資訊科技平台，達到改善承保流程的策略目標。計分卡目標，使國家保險公司的管理團隊能夠投資於長期的驅動因素，包括對資料採集和資訊科技的大量投資，最後為組織創造財務的成功。

另一方面，企業也應該審查目前所有的行動方案，看看它們

圖 10-3　國家保險公司的績效量度反映了複雜的企業流程

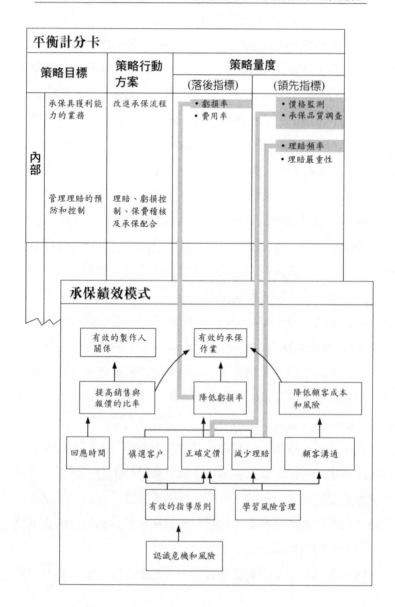

是否對計分卡的一些目標有所貢獻。以大都會銀行為例，它是兩家銀行兼併下的產物，成立後沒多久就推出了不下七十個行動方案，每一個行動方案都在促使銀行更具競爭力，但它們全然沒有與整體策略整合在一起。大都會的主管在構築平衡計分卡的時候，中止或合併了其中許多個方案。被撤銷的方案中，包括一個針對高收入人士的行銷計畫，以及一個企圖加強銷售技術的業務員作業改進方案。經理人推出了一個重大的技術再造計畫取代後者，新計畫更符合公司的策略目標，也就是將業務員轉型成為值得信賴、能夠銷售各種新商品的金融顧問。

　　顯然的，組織也應該把投資決策與策略計畫銜接起來。儘管這個目的顯而易見，而且大部分策略規畫工作皆以此自許，實際上，很少組織把投資與長期的策略優先要務連在一起。[2] 大部分資本投資的目的，仍然與狹隘的財務量度密不可分，例如投資報酬和現金流量貼現（discounted cash flow）等，這些財務量度未必與發展策略能力有任何關係，甚至談不上戰術性的改進非財務變數，例如：品質、顧客滿意度，以及組織和員工的技術等。[3]

　　管理階層否認他們的資本投資決策完全被財務量度牽著鼻子走。他們表示，正式的現金流量貼現分析只是複雜的資源分配流程之一部分而已，他們宣稱自己了解投資對競爭者、組織和資本市場的衝擊，可能比現金流量貼現的計算更為重要。[4] 然而大部分組織仍然繼續沿用遞增式、戰術性的資本預算編列機制來分配資源，仍然強調容易量化的短期現金流量等財務量度。它們並沒有把長期的能力發展正式納入資源分配流程和決策之中。平衡計分卡正好可以填補這個漏洞，它提供了一個把策略考量納入資源

圖 10-4　國家保險公司利用結構化設計流程進行企業轉型

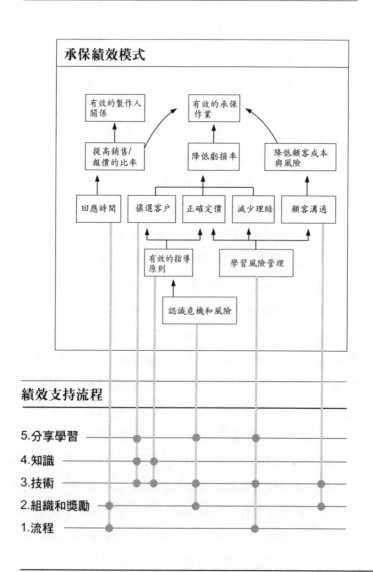

平衡計分卡				
	策略目標	**策略行動方案**	**策略量度**	
			(落後指標)	(領先指標)
內部	承保具獲利能力的業務	改進承保流程	• 虧損率 • 費用率	• 價格監測 • 承保品質調查 • 理賠頻率 • 理賠嚴重性
	管理理賠的預防與控制	理賠、虧損控制、保費稽核與承保的配合		

桌上電腦系統設計

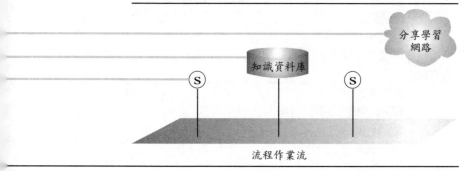

分配流程的機制。

　　舉例來說，某組織現在以計分卡量度來評估每一個潛在投資
專案的衝擊力（見**圖** 10-5）。它給每一個量度分配了一個相對加
權比重，財務量度（例如資本報酬率和獲利率）的比重自然大得
多，但是未來財務績效的驅動因素（例如：品質、服務、顧客延
續率）也獲得相當的重視。用此公式計算出來的每一個投資專案
的整體衝擊力，決定了它們的排名次序。排名在先的投資專案，
只要符合資本預算，便會中選。

　　化寶（Chem-Pro）是一家聚合類工業產品製造公司，它以上
述措施的變通辦法合理化它的策略性投資。化寶的管理階層不相
信投資機會是一羣獨立、互不相干的專案，必須以傳統的財務準
則一個個的評估和辯護。反之，他們認爲若要達到策略目標，必

圖 10-5　利用平衡計分卡準則的資本預算編列流程

專案	財務 40 %	顧客 20 %	內部 20 %	學習 20 %		專案 投資	累計
××　×	36	17	20	9	82	×　×　×	×　×　×
×　×　×					78	×　×　×	×　×　×
×　×　×					76	×　×　×	×　×　×
×　×　×					76	×　×　×	×　×　×
×　×　×					59	×　×　×	×　×　×
投資截止							
×　×　×					48	×　×　×	×　×　×
×　×　×					40	×　×　×	×　×　×
×　×　×					32	×　×　×	×　×　×
×　×　×					25	×　×　×	×　×　×

須同時推出幾個互相連結的方案，每個方案專注於不同但彼此相
關的因素。化寶的平衡計分卡上確立了五個執行策略必需的行動
方案（見圖10-6），每一個行動方案都有明確的績效驅動因素。
圖10-7顯示其中一個策略行動方案：增加銷售和行銷效益，這個
方案涵蓋九個行動計畫，每個計畫針對一個增加銷售和行銷效率
的驅動因素。如果採用傳統的資本預算編列方法，會把這些計畫
分開來單獨評估。其中很多計畫可能會被視為經常性支出項目，
資金來源會是該年度的營運預算，而不是專門為了追求長期策略
目標而編列的預算。在傳統評估流程的牽制下，管理階層不大可
能看到同時投資於整套行動方案可以產生的累積效應，實際上，
如果把這些計畫交給營運及資本預算檢討流程來評審，恐怕沒有
幾個過得了關。

　　化寶決定策略行動方案的做法，保證它不會遺漏任何一個必
要的改進計畫。規畫流程的第一步，是確立所有的資本預算和經
常性支出計畫，唯有支持某一個策略行動方案的計畫，才有可能
獲得批准。化寶的經理人起初建議了許多與策略目標無關的開支
項目，第一次篩選過程就刪掉了逾 40 ％的預算。第二道篩選過
程，評估剩下來的項目對策略指標的衝擊性，結果又刪掉了 10
％。這個流程也暴露了經理人提案的漏洞，有些事情對於達到平
衡計分卡高標準目標極為重要，卻沒有人提議任何投資項目。由
於發現這些漏洞，使得若干新的行動方案獲得預算。化寶以計分
卡做為經常性支出和資本投資決策的焦點，一位執行委員會的主
管初次看到這個流程發揮威力之後說：「從前我們到處是焦點模
糊的活動，好像『星光閃爍』一樣。這些活動對我們或許有一點

圖 10-6　化寶的計分卡與策略行動方案

使命：
提供世界級的服務，幫我們的顧客爭取第一；善用我們的專長，幫我們自己在市場中獲勝

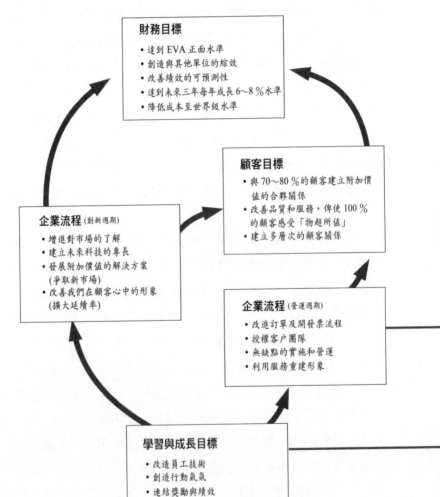

財務目標

- 達到 EVA 正面水準
- 創造與其他單位的綜效
- 改善績效的可預測性
- 達到未來三年每年成長 6~8 ％水準
- 降低成本至世界級水準

企業流程 (創新週期)

- 增進對市場的了解
- 建立未來科技的專長
- 發展附加價值的解決方案（爭取新市場）
- 改善我們在顧客心中的形象（擴大延續率）

顧客目標

- 與 70~80 ％的顧客建立附加價值的合夥關係
- 改善品質和服務，俾使 100 ％的顧客感受「物超所值」
- 建立多層次的顧客關係

企業流程 (營運週期)

- 改進訂單及開發票流程
- 授權客戶團隊
- 無缺點的實施和營運
- 利用服務重建形象

學習與成長目標

- 改造員工技術
- 創造行動氣氛
- 連結獎勵與績效
- 發展資訊資產

策略行動方案

1.開發週期
改善業務開發週期，在 1998 年達到 75 ％的營收來自附加價值的合夥關係，以及驅動 15 ％的年營收成長率

2.客戶管理與銷售
巨幅改進銷售與行銷流程，在 1998 年達到銷售額成長勝過市場成長 2 ％，邊際利潤增加 5 ％

3.訂單與開發票管理
發展一個可靠的訂單追蹤與開發票流程，減少營收損失率至 1 ％，減少出錯率至 1 ％，降低 50 ％的訂單平均成本，以大幅提高顧客滿意度

4.員工技術
培養員工技術，達到 1998 年 100 ％的策略需求

5.資訊資產
開發必要的顧客和績效資料庫來支持策略

幫助，但是許多努力的效果適得其反，花下去的工夫也多半不能累積。平衡計分卡就像稜鏡一樣，透過它，我們所有的投資都聚焦了。現在我們有了一個雷射，不再星光閃爍啦！我們一切的能量，現在都集中在少數幾個關鍵的指標上。」

圖 10-7　化寶的客戶管理與銷售策略行動方案

策略行動方案：

大幅改進銷售與行銷流程，在 1998 年達到銷售額成長勝過市場成長 2％，邊際利潤增加 5％

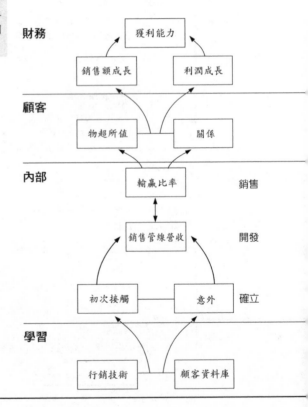

　　一旦平衡計分卡闡明了策略並確認了策略驅動因素，企業便可以進行下列工作，以縮小績效水準和計分卡量度三至五年指標間的落差：

目標	量度	指標	行動計畫
• 超越市場成長 • 獲利性成長	• 銷售額成長 • 利潤成長	• 市場成長率+2％ • 三年內+5％	
• 顧客認為物超所值 • 多層次關係	• 顧客調查 • 與目標贊助人接觸次數	• 75％的顧客評為第一名 • 100％	• 焦點團體計畫 • 客戶滲透計畫
• 擴大延續率 • 發展地區性市場 • 確立獲利性的新市場	• 輸贏比率 • 銷售管線的潛在營收 • 初次接觸的潛在顧客數目 • 意外次數	• 在目標區隔超過60％ • 增加30％ • 兩年內增加一倍 • 兩年內減少50％	• 重大機會的銷售支持 • 參考式銷售計畫 • 拉力式行銷與形象計畫 • 目標行銷計畫
• 培養行銷技術 • 開發顧客資料庫	• 可利用策略性技術的百分比 • 已知顧客主要屬性的百分比	• 兩年內達到100％ • 兩年內達到80％	• 銷售技術計畫 • 顧客資料庫 • 銷售學習系統

- 辨別新的策略行動方案
- 專注於一羣策略行動方案，例如：企業改造和轉型方案
- 校準投資和經常性支出項目的方向

計分卡化策略爲行動的力量，在這個流程上表現得最爲淋漓盡致。

確立重大的跨單位及跨公司行動方案

規畫流程還有一個重要的任務，就是確立企業中不同事業單位之間，以及 SBU 與總公司層級的功能活動之間的連結關係。SBU之間的連繫，提供了互相強化行動和分享最佳措施的機會。這些機會包括了發展和分享有關重要科技和核心技能的知識，協調對共同顧客的行銷活動，以及分享生產和經銷的資源，以獲得顯著的經濟規模。總公司的一個重要功能，就是提供必要的機制，確立並利用的SBU間的綜效機會，而平衡計分卡提供了這個機制。

如圖 10-8 所示，肯亞商店利用計分卡來協調旗下各營運公司的策略規畫和行動。總公司的計分卡首先界定了所有營運公司共同遵守的策略章程。然後每一個SBU根據自己的特殊情況，適度修正總公司的策略章程，據此發展出自己的策略和平衡計分卡。肯亞的中央支援功能於是可以在各SBU的計分卡的基礎上，建立自己的策略計畫和行動方案，來爲各個SBU的目標服務，並創造營運上的經濟規模，這種經濟規模也就是中央資源生存的理由。

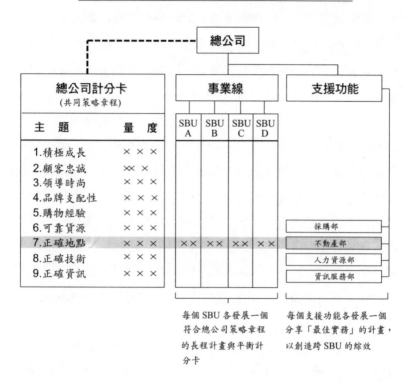

圖 10-8　以平衡計分卡管理跨事業單位的綜效

舉例來說，所有的SBU均在全國各地的購物中心租賃店鋪，但房地產並非 SBU 的業務專長，因此總公司成立了一個中央不動產部，負責尋覓最佳的開店地點，以及跟不動產開發商和購物中心的管理集團談判租約。不動產部發揮自己累積的經驗，為每一個SBU 造福，並滿足它們的個別需求。

透過總公司、SBU 及支援部門的平衡計分卡資訊交流，不動產部門可以發揮協調的作用；例如，當某 SBU 已在某地租有店鋪，而另一個SBU也希望在同一個地區發展時，不動產部可以協

調它們之間的租約轉移。理論上，在實施計分卡之前，並非不能進行這種協調工作，但實際上過去關於SBU策略的資訊分享十分有限，很難做到跨 SBU 的協調工作。如今拜平衡計分卡之賜，SBU跨越數年的目標和行動方案均一目瞭然，總公司的支援部門因而能夠大幅改善它們對 SBU 的服務。

其他公司也發現，平衡計分卡可以強迫總公司層級的功能變得更有行政效率及客戶導向。第 8 章曾討論 FMC 公司的卜瑞迪質疑行政部門的策略。到底它們的存在價值在哪裏，是比外界服務供應者的成本低呢，還是比營運公司各自成立小規模功能部門更划算？它們是否提供了獨特或卓越的服務，而這種服務是外界供應者做不到的，或營運公司在獨立為之的情形下所無法企及的？如果中央供應的服務不能做到低成本、獨特的產品，或卓越的服務，那麼由總公司層級的部門來提供這種服務的理論就站不住腳了。

拓荒者石油也有類似的經驗，它採取一個結構化的措施來達到跨功能的整合。拓荒者知道它必須打破傳統上由總部行政單位主導業務的文化。拓荒者意識到，它可以從某些領域的共同管理和供應中獲致龐大的經濟規模，例如，加盟店的發展、廣告、環境績效和安全計畫。問題是，總部的行政部門早已與市場脫節，變得既昂貴又無效率。為了整頓總部部門，拓荒者規定它們必須發展一個「服務保證書」，來界定自己和SBU顧客的關係。保證書上必須列明它們提供SBU哪些服務，以及它們的成本、回應時間和品質水準。總公司行政部門把服務保證書納入它們的平衡計分卡之中。

計分卡為總公司支援部門的規畫流程提供了一個共同的組織架構。計分卡使這些部門能夠了解公司及各SBU的策略，因此它們能夠發展並提供更好的服務，協助各營運單位和總公司達成策略目標。

銜接年度資源分配和預算

目前大部分組織的策略規畫和營運預算編列是兩個分開的流程，各由不同的組織單位負責。策略規畫流程，即本章前面敘述的界定長程計畫、指標、策略行動方案的流程，向來是一年一個週期。每到會計年度中間，管理階層就會移師公司外某地，熱熱烈烈的開幾天討論會，會議由規畫與發展部的資深經理主持，偶爾也會邀請外界顧問主持。會議成果是一份策略計畫書，描繪公司預期（或希望，或祈禱）自己在未來三年、五年和十年的藍圖。這些藍圖編制成檔案之後，通常被擱在主管的檔案櫃裏，一擺就是十二個月。

另外，在全年當中有一個持續進行的、由財務部門負責的預算編列流程，流程的作用是制定下一個會計年度的營收、費用、利潤和投資的財務指標。流程的高峯出現在每年的十月或十一月，此時必須批准下個年度的預算。預算內容幾乎完全是財務方面的數字，通常與正在冬眠中的策略計畫書所列的五年指標沒有多大關係。

到了下個年度，當事業單位和總公司的經理人每個月和每一季開檢討會議的時候，他們討論的是哪一份文件呢？通常只是預

算，因為定期檢討的重點是預算與執行進度，以及在有歧異時做出解釋。他們什麼時候才會討論策略計畫呢？恐怕得等到下一次在外地舉行年度策略規畫會議之時，屆時管理階層又會絞盡腦汁構想新的三年、五年、十年……計畫。

策略規畫和營運預算的編列實在太重要了，不應該被當做兩個獨立的流程。如果企業希望行動與願景結合在一起，那麼策略規畫就必須與營運預算編列連結在一起。本章前面描述的設定指標的流程，確立了事業單位應該努力的方向，以達四個計分卡構面策略量度的績效。事業單位邁向目標的第一步，是分配資源並展開行動方案，縮短目前與未來績效指標間的落差。但是經理人不能等到三、五年後，再來檢視他們的策略和他們的經營理論是否正確，他們需要不斷的測試策略所依據的理論，以及策略的實施情形。測試策略有一個必要條件，就是構築計分卡量度的短期指標，這些短期指標（或稱里程碑）體現了經理人對於目前行動方案的落實，以及他們對策略量度影響所持的信念。

實際上，這個整合流程只是擴大傳統的預算編列流程，把策略性及營運性的指標一併納入。傳統年度預算編列流程的作用，是為財務量度設定詳細的短期指標，例如：銷售額、營業費用、毛利、一般性和管理費用、營業利潤、純利、現金流量、投資報酬等。它也設定並核准資本投資、研發、行銷和促銷活動的開支水準。這種詳盡的短期財務規畫仍然非常重要，但是預算編列流程也應該包括另外三個計分卡構面的策略目標量度的短期績效。換言之，管理階層應該在一個整合的規畫和預算編列流程當中，設定非財務性的短期指標，也就是他們期待的顧客和消費者、創

新和作業流程、員工、系統和組織配合度等層面的成果量度和績效驅動因素、每個月或每季應該達到的水準。這些里程碑，沿著組織選擇的長期策略，為下個年度建立了預期的短期成就。

如果適當的運用這個替長程計畫設定指標的流程，短期預算編列流程的任務，只是把五年計畫中的第一年，轉換成四個計分卡構面的策略目標量度的營運預算而已。

本章摘要

如果希望把高深莫測和極具企圖心的策略目標變成行動和現實，就必須實施本章敘述的各種流程，包括規畫、設定指標、調整資源分配和策略行動方案以及編列預算。許多公司的計分卡流程只是強調新管理流程的初步階段，把願景與策略變成目標與量度，然後傳達給組織內外的參與者。然而，除非真正把資源用在追求這些目標上，否則這些目標永遠是遙遠的、無法捕捉的夢境，而非具體的、組織全心追求的指標。唯有透過制定策略量度的長期指標，加上策略行動方案和大量資源配合，並沿著策略路線樹立短程的里程碑，管理階層才能夠以堅定和負責的態度來實現組織的願景。

註：

1　S. Sherman, "Stretch Goals : The Dark Side of Asking for Miracles," *Fortune* (November 13, 1995), 231–232.

2　C. Y. Baldwin and K. B. Clark, "Capital-Budgeting Systems and Capabilities Investments in U.S. Companies after the Second World War," *Business History Review* (Spring 1994) : 73–109.

3　同 **2**。另可參考 R. S. Kaplan, "Must CIM Be Justified by Faith Alone," *Harvard Business Review* (March–April 1986) : 87–97 ; R. L. Hayes and D. A. Garvin, " Managing as If Tomorrow Mattered," *Harvard Business Review* (May–June 1982) : 71–79。

4　G. Donaldson, *Managing Corporate Wealth* : *The Operation of a Comprehensive Financial Goals System* (New York : Basic Books, 1984).

回饋與策略學習流程

前面幾章討論：

- 如何以一套有關計分卡量度因果關係的假設來闡述策略（第 7 章）
- 如何運用人力資源對策略的承諾與配合來加強策略的執行（第 9 章）
- 如何把一切策略行動方案及財務實物資源與策略銜接起來（第 10 章）

這些都是構築一個條理清晰的策略及化策略為行動的必要步驟。不過，一個完整的策略管理體系尚需要一個回饋、分析和反省（reflection）的流程，測試策略並調整策略以適應最新的情況，這才算大功告成。

從命令與控制到策略學習

許多企業至今仍沿襲工業時代階級森嚴的規畫與控制體制。策略出自最高階層,管理階層一手制定長期目標、政策和資源部署[1],然後命令較低階的經理人和員工照章行事。經理人以一套管理控制系統來監督資源的獲取和使用,確保它們遵循策略計畫,而對下層的管理,則以控制系統來監督流程和第一線員工的短期績效。

只要管理階層目光如炬,具有前瞻性的願景,階級式制定並實施策略的方法頗為有效,那是一種單向循環式的回饋流程,目標早已確定而且一成不變。如果實際結果偏離了計畫,對於目標的追求以及手段的運用並不至於招致質疑。任何偏離目標的事都被視為失誤,必須採取糾正行動,適時把組織拉回既定的路線。

但是,到了資訊時代的今天,組織的策略不可能如此一以貫之或穩固不移。策略越來越複雜,競爭環境也越來越動盪,因此資深經理需要更多的資訊回饋。一個規畫好的策略,無論當初構思如何縝密,資訊如何完善,一旦時移境遷,很可能出現水土不服的現象。

所以,組織需要雙向循環式的學習能力。當經理人質疑自己的假設,並以眼前的證據、觀察和經驗來印證理論時[2],雙向循環式的學習就出現了。經理人有時必須設計新的策略,以掌握新的機會並對抗始料未及的新威脅。如何捕捉新機會,組織基層的

經理人往往有一套自己的想法。閔茲柏格（Mintzberg）和賽門（Simons）認為這種新興的策略觀念有下列特點：[3]

- 策略因勢利導
- 既定策略可以被推翻
- 策略制定和實施互相糾結
- 策略思想可能出自組織中的任何角落
- 策略是一個流程

在現實世界中，階級式和新興式兩種策略觀念當然可以並行不悖。組織參與者日復一日執行既定計畫，但他們也應該保持警覺，隨時掌握顧客、市場、科技和競爭者的變化所可能帶來的機會。以平衡計分卡闡釋的策略為中心的管理流程，必須經常提供雙向循環式的學習機會，它們必須蒐集有關策略的資料，並測試策略，檢討策略是否符合最近的發展，同時也在組織中廣開言路徵詢意見。

邁向策略學習的流程

很多組織目前都在進行一些重大的企業流程改造工程，它們改造的對象，通常是營運性質的流程，例如產品開發、顧客服務、產品交貨。它們也在營運層次進行個人和團隊的學習。[4] 改進既有的營運來達到預定的策略目標，是一種典型的單向循環式

圖 11-1　另類管理體系——策略回饋與學習

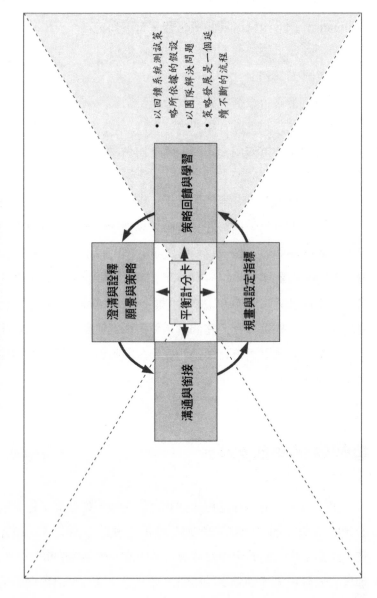

- 以回饋系統測試策略所依據的假設
- 以團隊解決問題
- 策略發展是一個延續不斷的流程

澄清與詮釋願景與策略

溝通與銜接

平衡計分卡

策略回饋與學習

規畫與設定指標

學習。不過，有些公司已經開始利用平衡計分卡，把它們的營運和管理檢討的流程，擴展成策略學習的流程，這使它們能夠從單向循環式的營運學習，邁向管理團隊和SBU層級的雙向循環式策略學習（見圖11-1）。

　　一個有效的策略學習流程，有三個基本成分：

1. 共享的策略架構。它傳達策略，並使每一個組織參與者均能洞悉個人的活動對整體策略的貢獻。
2. 回饋流程。它蒐集有關策略的績效資料，並測試策略目標和行動方案間的關係所做的假設。
3. 團隊式解決問題的流程。它分析績效資料，從中汲取教訓，然後調整策略以適應新的情勢和問題。

分享的策略架構

　　如本書所述，平衡計分卡代表組織的共同願景。計分卡的目標與量度，透過澄清及傳達組織的願景，而動員組織並凝聚力量。共同願景是策略學習流程的出發點，因為它以清晰和營運性的語言，界定了整個組織一致努力的方向。除了闡述共同願景之外，平衡計分卡也建立共同的績效模式，提供一個整體論的方法，使個人的努力能夠與事業單位的目標結合在一起。以平衡計分卡為中心構築的共同願景和分享績效模式，是策略學習流程的第一個因素。

策略回饋

　　策略回饋系統的目的，應該是測試、驗證並修訂事業單位的策略假設。平衡計分卡包含的因果關係，使管理階層能夠設定短期指標，反映績效驅動因素的變化影響成果量度的程度，需時多久，以及衝擊力有多大。舉例而言，從改進員工培訓和資訊系統可用性，到員工能夠向更多顧客交叉銷售種類繁多的金融商品，共需時多久？改進 10％的如期交貨率，對顧客滿意度的影響有多大？從品質的改良到顧客延續率的增加，中間間隔多久？

　　具體指出這種影響關係，顯然是一件知易行難的事情。最初對衝擊力的評估一定是主觀的和定性的，但是比起大部分管理檢討制度只關心營運層次的流程，而能夠讓經理人系統化的思考他們的策略，已經是跨越了一大步。組織可以考慮以下列方法來促進策略學習：

關聯分析

　　經理人如果希望驗證假設的因果關係，最好的辦法是衡量兩個或更多個量度之間的關聯（correlation），而非單獨報導每一個計分卡量度的資訊。這些變數之間的關聯，可以為事業單位的策略提供有力的證明。經過一段時間，如果還找不到當初假設的關聯，則足以證明策略所依據的理論出了問題。

圖 11-2　艾蔻工程──連結四個構面的量度

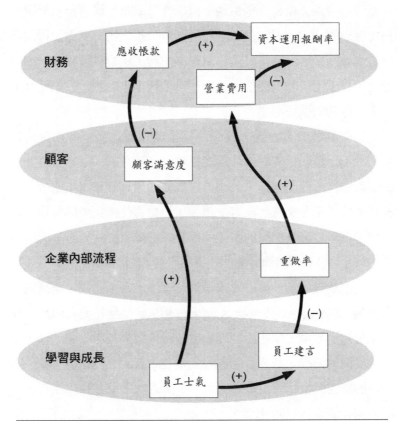

資料來源：摘自本書作者發表於《哈佛商業評論》1996 年 1～2 月號的〈平衡計分卡在策略管理體系的
　　　　　應用〉一文，已獲授權轉載。

　　讓我們看看艾蔻工程公司（Echo Engineering）的經驗，如圖
11-2 所示。許多組織都衡量員工士氣，但通常只是表現「政治立
場正確」而已，它們用這個「溫暖而模糊」的量度，來證明企業
組織雖大，卻十分關懷員工。但如果希望持之以恆的投資於員工

的能力、技術，以及個人目標的配合度，員工性質的量度必須比
「溫暖而模糊」還多一些東西。員工性質的量度應該為組織帶來
更多有形的利益。事實證明，經過關聯分析之後，艾蔻工程發現
它最滿意的顧客，經常是由士氣最高的員工所提供服務的。由此
觀之，員工士氣的重要性，不用找其他理由來證明，它是艾蔻獲
致策略成功的關鍵因素。

　　尖酸刻薄的人會說，找到員工士氣和顧客滿意度之間的關
聯，只不過證明了內在的「溫暖模糊」和外在的「溫暖模糊」互
相關聯而已。他們聲稱，公司真正需要的是利潤和資本報酬，而
非快樂的員工和滿意的顧客；再說，只要肯付出比市場行情高的
工資，就可以擁有忠誠的員工；而且只要願意提供低到谷底的價
格，以及許多有價值而免費的交貨和服務，就可以令顧客歡欣了。

　　這個論點，為計分卡要求一切量度最後必須連到財務績效上
做了最好的註腳，這個要求的重要性和決定性地位盡在於此。艾
蔻工程進而發現，顧客滿意度和應收帳款週期長短之間，存在了
一個反向的關聯。最滿意的顧客通常在十五天之內結清欠款，不
滿意的顧客動輒拖欠付款達一百二十天之久。艾蔻找出了它們之
間的連結關係（見圖 11-2）：

員工士氣改善　　　　→　顧客滿意度增加

　　　　　　　　　　→　應收帳款減少

　　　　　　　　　　→　資本運用報酬率提高

　　因此，企業不必以什麼高貴的動機或大家長的態度來辯護員

工士氣的重要性，它是未來獲致卓越財務報酬之必要因素。計分卡中的連結關係，證明了改善軟性的量度（員工士氣和顧客滿意度），將帶來硬性的利益（資本運用報酬率的提高）。這一類的分析，顯然可以幫助企業用心思考必要的績效驅動因素，驅使策略達到更高的財務報酬。

服務利潤鏈（service profit chain）[5] 的例子，也可以說明計分卡四個構面的關聯。服務利潤鏈是一項大型研究計畫發展出來的模式，目的是了解一些極為成功的服務組織獲致成功的因素，包括進步保險公司（Progressive Corporation）、西南航空公司（Southwest Airlines）、MCI公司、塔克貝爾速食連鎖（Taco Bell）等。如圖 11-3 所示，服務利潤鏈相當於一個通用的平衡計分卡，它顯示員工性質的量度與內部和外部的服務品質有明顯的連結關係，而員工和服務品質的量度（企業內部流程）又驅動了顧客滿意度和顧客忠誠度的改善，滿意和忠誠的顧客進而驅動財務績效的改善（營收成長和獲利能力），財務績效的改善又促使公司對員工和系統投資的增加。研究這些高績效服務公司的結果，確立了在服務利潤鏈的各種因素之間，存有強烈的、具有統計意義的關聯：

員工滿意度和員工能力 ↔ 卓越的內部流程
　　　　　　　　　　　↔ 滿意和忠誠的顧客
　　　　　　　　　　　→ 更高的財務績效

圖 11-3　服務利潤鏈

營運策略與服務遞交系統

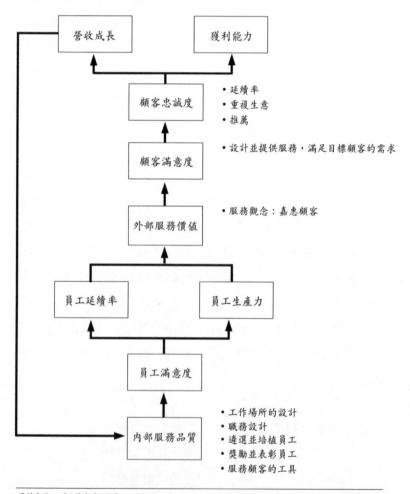

資料來源：《哈佛商業評論》，〈Putting the Service-Profit Chain to Work〉，1994 年 3～4 月號，作者
爲 James L. Heskett, Thomas O. Jones, Gary W. Loveman, W. Earl Sasser, 以及 Leonard A.
Schlesinger，已獲授權轉載。

管理遊戲與假設情境分析

　　某公司的資深經理人曾別出心裁的利用假設的計分卡連結關係，來促進組織的策略學習。計分卡實施一週年，但尚未替下個年度更新模式之前，管理團隊移師外地舉行了兩天的會議。會議之前，分析人員已根據平衡計分卡的連結模式，設計了一個管理遊戲。他們把第一年的統計資料彙編起來，並強調關鍵變數之間的關聯。遊戲開始，首先要求管理團隊評估第一年的策略，並辨別策略中任何致命的缺陷。如果某一個計分卡量度並未達到預期的結果，經理人必須找出可能的原因。例如，是否外界環境與制定策略時的預期有所不同？是不是模式中遺漏了哪些重要的驅動因素？下一步是根據分析的結果，要求管理團隊構思未來的改進策略。平衡計分卡是這個管理遊戲模擬的基礎，模擬的結果則量化了新的策略假設。會後經理人一致同意，模擬分析恢復並刺激了他們驅動策略成功的思考能力。

軼事報導

　　分析計分卡量度之間的關聯和因果關係，往往需要漫長的時間，等累積到足夠的資料和證據之後，才能獲得有統計意義的結論，而且組織越大越是如此。績效資料可能必須深入組織的核心，或許還需要延續相當長的一段時間，才會具有統計意義。雖然統計意義和有效性非常重要，策略學習系統仍應該盡早提供策

略是否有效的指標。從一些細微的、或許是孤立的事例中，可以發現這種早期指標。

　　當洛克華德公司企圖改變行銷策略，把業務重心從價格取向的第二級顧客，轉移到講究合夥關係的第一級顧客之際，經理人不斷報導一些新顧客策略關係的小故事，例如：如何建立這種關係、從中學到什麼教訓等等，來補充量化的績效報告。又如，當大都會銀行轉變行銷策略，改為向目標顧客區隔交叉銷售新的金融商品之際，每個月的公司新聞信均引述某業務員如何成功的建立新顧客關係的例子，並且在例子中強調用了哪些銷售技巧並獲致哪些利益。國家保險公司則經常在績效報告中附帶一些保險經紀人如何成功轉型為專家的故事。從敘述數字背後的故事，公司獲得了策略是否有效的直接資訊，對於組織策略的目的和實施細節也有新的啟發。這個方法使組織能夠利用過去的經驗來修正未來的績效。

行動方案檢討

　　第 10 章曾討論確立和撥款給策略行動方案，對於達成計分卡量度的伸張指標甚為重要。這些行動方案必須經過策略學習流程的檢討。定期和全面的檢討，可以讓所有的經理人保持警惕，因為他們知道公司將會持續評估行動方案的進度。這種認知有助於促使組織專心實施行動方案，並預測達成目標的能力。

　　圖 11-4 顯示一組典型的策略行動方案，以及它們企圖改進的量度。一般而言，行動方案和量度之間並不存在一對一的連繫關

圖 11-4　伸張指標、行動方案與責任制

策　略　目　標	量　度	指標	行動方案	負責人
建立形象： 擴張我們的形象，從成功的私家商標變成顧客熟知的成熟品牌	新帳戶	97～100	媒體促銷計畫	RMN
		98～115	信用卡擴張計畫	DPK
		99～150		
	活躍帳戶(%)	97～100	信用卡使用計畫	MSF
		98～105		
		99～115		

係，反之，通常需要一組方案才能達到一組成果。在這個例子中，組織需要綜合媒體廣告、爭取新信用卡顧客和擴大信用卡使用率的三個行動方案，以增加新帳戶數目並活躍帳戶比率這兩個成果量度。經理人選擇行動方案時，都是挑選他們心中認為對成果量度衝擊力最大的行動方案，捨棄他們認為潛在衝擊力較弱的行動方案。評估行動方案的衝擊力時，應該以同樣的主觀判斷做標準，從一些小故事中，往往可以聞到投資是否收效的蛛絲馬跡。而持續評估行動方案對量度的衝擊，可以加強經理人對於經營策略中因果關係的了解。

同儕檢討

尋求圈外人的獨立觀點，是另一個頗為有效的學習機制。海特克公司（HI-Tek）是一家電子組件製造商，它以計分卡方案來改善組織的配合度。計分卡實施一年之後，大部分的問題業已排

除，每個月的計分卡檢討會報也成為正規管理流程的一部分。可是海特克的CEO卻憂慮每個月的彙報會逐漸喪失策略觀點。為了避免計分卡檢討漸漸淪為檢討營運目標的例行公事，他決定實施同儕檢討流程，這個流程是公司當初為了申請美國國家品質獎（Baldrige Award）而引進的。同儕檢討流程每六個月舉行一次，由三至五位分公司的經理人組成檢討小組，對海特克的平衡計分卡進行審查。小組每一回都重新審查策略、目標、量度以及策略行動方案。他們也在組織各處抽樣訪問員工，了解計分卡方案在組織中的認知水準和普及率。最後，小組會提出一份獨立和客觀的計分卡結構和流程的評審報告。

　　同儕檢討流程使海特克的管理階層能夠抽離每天、每月的例行公事，專心反省策略議題。也由於同儕檢討的刺激，使計分卡檢討流程強化了專業化和正式性。檢討工作同時也協助分公司之間彼此交換心得。同儕檢討方式未必適合每一個組織，但海特克過去已有獨立的同儕檢討與回饋經驗，因此提供了很好的基礎，使它能夠順利的運行。

　　上述這些機制：關聯分析、管理遊戲和假設情境分析、軼事報導、行動方案檢討、同儕檢討，使組織能夠定期檢討並思索策略方向。定期管理檢討會議的重點，從解釋過去變成學習未來，如果績效偏離了計畫，不會成為互相指責的口實，或用來檢討人為疏失。偏差反而可以成為學習的機會。實際績效和預計績效的差異，可以鼓勵經理人展開辯論：到底他們的策略假設，在目前的營運經驗中是否有效？他們提供給目標顧客的價值主張，是否

帶來了顧客和財務成果的改善？組織從事活動及開發目標顧客所
重視的新產品和服務的進度，是否夠快？平衡計分卡與其他隨機
性的績效衡量系統不同之處，就在於它闡述了「企業的理論」。
[6]由於計分卡量度之間有一套明顯的連結關係，經理人可以用
正式、非統計性的方法，來測試企業理論所假設的因果關係鏈。

團隊式解決問題方法

策略學習的第三個要素，是一個有效的團隊共同解決問題的
流程。[7]在這裏，我們強調的是「團隊」兩個字。當我們敍述如
何澄清策略並建立共識，然後以此共識來設計平衡計分卡的時
候，曾再三強調團隊意識的價值。在策略實施和評估的過程中，
也應該維持同樣的團隊導向。

跨功能團隊

維持跨功能的觀點，對於策略學習流程極為重要。企業應該
避免落入功能專業化的窠臼，例如：由財務部門的副總裁負責財
務構面的目標與量度；由行銷部門及銷售部門的副總裁主導顧客
構面；由營運、研發、後勤等部門的副總裁統籌企業內部流程構
面；由人力資源部門及資訊系統部門的副總裁管理學習與成長構
面的目標與量度，似乎是順理成章的事情。但是這種功能分工的
做法，不符合團隊責任制和團隊式解決問題的原則。事實上，追

圖 11-5 利用跨功能團隊協助主管解決問題

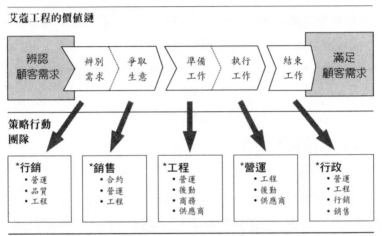

艾蔻工程的價值鏈

辨認顧客需求 → 辨別需求 → 爭取生意 → 準備工作 → 執行工作 → 結束工作 → 滿足顧客需求

策略行動團隊

*行銷
- 營運
- 品質
- 工程

*銷售
- 合約
- 營運
- 工程

*工程
- 營運
- 後勤
- 商務
- 供應商

*營運
- 工程
- 後勤
- 供應商

*行政
- 營運
- 工程
- 行銷
- 銷售

*團隊領導人

求計分卡量度和動員行動方案的責任,應當由整個管理團隊共同承擔。

　　舉例而言,艾蔻工程以企業內部流程的價值鏈,創造了五個跨功能的團隊,每個團隊負責管理策略的不同層面(見圖11-5)。例如確立顧客需求,是一個典型的行銷功能,可是負責這個任務的團隊卻有來自營運、工程和品質部門的成員。不同部門的成員,帶來了不同角度的顧客需求觀點。把這些過去四散的知識匯聚在一起,可以大大增進流程的效益。

策略檢討會議

　　正式和定期的策略檢討會議,在管理團隊的策略學習流程中

扮演了關鍵角色。不幸的是，大部分管理會議的焦點都是營運問題，而非策略問題。以肯亞商店為例，它的管理團隊每個月開會一次，檢討上個月的績效。會議盡量安排在接近月底結算的日子，而且通常安排在星期六上午，避免雜事的干擾。

議程是按照責任中心安排的。審計長到了會上才分發月份報表，因此不可能在會前做任何準備工作。會議一開始，先由審計長報告財務績效，然後由三位促銷部門經理和分店主管輪流上台報告，每位經理分別檢討自己部門的業績。這種單向式的溝通佔了 65 ％的會議時間。剩下的 35 ％則是討論時間，所有的經理人都覺得這段時間是整個會議中最有價值的部分。可是，這段互動的時間多半花在討論營運報告中出現的短程議題（例如：如何保證商店布置的「新鮮感」，如何讓採購人員更加能及時提供更好的商品等等）。整個會議中，只有 10 ％的時間花在討論長期、有策略意義的議題上（例如：如何創造組織對品質的承諾）。因為議程安排的原則是廣泛和均衡的績效檢討，因此任何非財務性的議題最多只能佔用五分鐘時間討論。至於會議結論，則是針對改善短期績效的七點事項做成報告。

很明顯的，這是一個有關營運議題的會議——至多是管理或控制的議題。它的目的是監督績效是否符合計畫，以及在發現偏差時採取短期的行動因應，把組織拉回計畫的軌道——用此標準來衡量，這個會議可算得上相當成功。它在管理階層之間培養了團隊解決問題的氣氛。由於來自不同組織，擁有不同功能專長和責任的經理人共聚一堂，互相檢討對方的計畫和成果，因此產生了很多跨功能的學習。另一個優點是，三分之二的會議時間是專

門討論非財務性的話題；而它的缺點則是，大部分的時間都花在
聽報告上面，團隊解決實際問題的時間非常有限。此外，議程安
排完全圍繞著功能部門的責任，而非以需要數個部門集思廣益的
策略議題為中心。

　　這個管理階層月會對於營運和管理控制十分有用，但因為它
是肯亞的管理階層唯一的績效檢討會議，局限性恐怕難免。它忽
略了：一個學習策略是否發揮作用和策略實施是否有效的流程。

　　大部分企業的情形與肯亞商店差不多。在採納平衡計分卡做
為管理體系之前，FMC的總公司管理階層及各公司的經理人每一
季召開一次檢討會，會議重點是分析最近一期的財務結果。幾十
個來自分公司的經理人都出席這個盛會，然而大部分都是枯坐會
議廳的邊緣，等著被點名報告。會議全用在檢討過去的績效，經
理人並且要為沒有達到財務績效目標而提出說明。

　　一般而言，大多數組織的定期檢討會議，都是評估最近的業
績是否符合年度預算中的短期營運計畫。它們在會議中審查每月
或每季的財務和營運統計數字，討論短期的、戰術性的結果和流
程，卻幾乎不花任何時間來反思策略的進展，競爭、市場和科技
環境是否仍然符合策略計畫，以及是否需要繼續投入適當的資源
來完成策略計畫。據我們所知，大多數組織都缺少學習策略的機
會。

　　FMC自從以平衡計分卡做為管理體系的基石後，一改昔日作
風，現在，它的季度檢討會議有了改變。在會議之前，公司總裁
會先告知總公司的管理階層任何一個偏離財務計畫的案子。通
常，這些問題在開會之前就解決了，到了面對面開會時，只有三

位總公司的人員以及三、四位分公司的經理人需要出席。每次會議討論的重點都是策略,例如:公司是否達到了近期的策略目標,長期目標是否可能實現,有沒有必要修改策略等等。

如果希望策略檢討會議發揮效果,就應該與營運檢討會議分開,而且是時間和地點都必須分開。此外,營運檢討會議不妨每個月召開一次,策略檢討卻適合一季召開一次。因為市場佔有率、顧客滿意度、新產品上市、員工能力等策略因素,不會每個月都出現顯著的變化,每季召開一次會議,也使得管理階層有更多機會檢視趨勢變化,思索策略驅動因素和實際結果之間的關聯。季度策略檢討會議的重點,應該是討論策略議題,而非功能部門的績效,它的目的應該是策略的調整與實施。

策略學習流程的最後一步,是確立需要進一步探討的策略議題。每季的檢討,應著重在學習策略的效果與策略執行的績效上。舉例而言,大都會銀行在一次策略檢討會議中發現,顧客對品質的投訴激增,可是內部的品質統計資料卻不能反映這個問題。於是大都會成立了一個跨功能小組,分析問題並採取解決方案,這個方式使策略獲得改進和修正。一般來說,管理階層在季度策略檢討會議上只會調整目前的策略,不會大刀闊斧的推出革新的策略。

如果把營運檢討會議和策略檢討會議銜接起來,可以進一步加強策略學習流程的效果。如圖 11-6 所示,雖然營運檢討流程著眼於短期問題,卻常常會辨認出一些影響深遠的議題。例如,肯亞商店在一次營運績效檢討會上,發現三位促銷經理人對同一家供應商的品質和可靠性都極為不滿。由於公司跟主要供應商的關

圖 11-6　營運管理流程和策略管理流程分立而相關

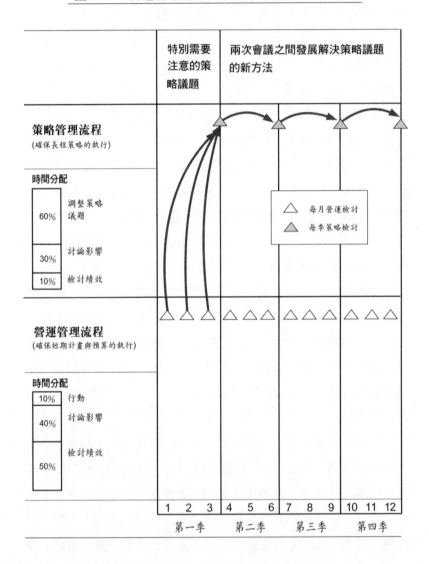

係是一個重大的議題，超過了每月營運檢討會議能夠有效處理的
範圍，因此這個議題被搬到季度策略檢討的議程上。同樣的，策
略檢討會議中也不時冒出一些比較適合在營運層次執行的議題，
把這些議題移到每月營運檢討的議程上，可以做出迅速的對應。
營運檢討會議和策略檢討會議的銜接，使許多這類的議題無可遁
形並及時獲得解決，策略和營運流程也隨之不斷進步。

持續性雙向循環的策略學習

策略檢討會議的面對面接觸，顯然對策略學習所需的建立團
隊意識和解決問題過程十分重要。但是，一般會議還是有大約一
半的時間浪費在審查和解釋數字上面。新科技可以把事件導向的
學習流程（在季度策略檢討會上），轉變成一個不斷學習的流
程，而加強策略學習的效果。蓮花 Notes 之類的羣組軟體科技，
允許固定一羣人持續不斷的就共同關心和負責的話題進行工作。
有些執行團隊已經開始擁抱這種科技性的管理方式了。如圖 11-7
所示，平衡計分卡提供了應用這種科技的完美機會。

如果採用這種不斷學習的方式，團隊會議可以完全刪除單向
的數字報告，報表大可以放在網路上面，任人隨時取閱。網路允
許人們對數字及其牽涉的問題進行持續的對話，因此管理團隊在
難得見面開會的時間內，可以把全副精力放在有關策略的議題和
說明上面。

我們甚至可以預見未來會出現一個更正式的流程，在季度策
略檢討會議中利用證據來測試、學習和修訂策略。舉例而言，假

圖 11-7　未來的策略檢討流程

目前 (事件導向的學習)	未來 (不斷學習)	
季度檢討會議	兩次會議之間 (靠組軟體網路輔助的持續學習流程,管理階層在網路上審查並討論績效)	季度策略檢討會議
檢討策略議題(10 %)	• 輸入資訊給目前討論中的 　策略議題	檢討策略議題(60 %)
討論影響(40 %)	• 關於績效的對話 　解釋異常現象 　提出解決方案 　確立議題 • 確立下次小組會議須討論 　的策略議題	
檢討績效(50 %)	• 檢討績效資料 　(可在網路上取得)	討論影響(30 %)
		檢討績效(10 %)

設在一次季度會議中,大都會銀行的管理階層發現一個重要的顧客構面量度:新產品與服務的銷售成長率,比預期的結果爲低。透過平衡計分卡列明的因果關係,經理人首先會追究這個成果量度的績效驅動因素是否已達到它們的指標。預定的新產品與服務是否已推出市場?員工是否已受過新產品與服務的行銷訓練?資訊系統是否已一切就緒,能夠協助員工辨別新產品與服務的潛在顧客,能夠提供顧客與銀行的既存關係及顧客對新金融商品需求

的資訊？如果這些績效驅動因素中有一個或數個未能達到指標，便可推論成果量度（顧客購買新產品和服務）之所以未能達到預定的績效，問題出自執行的失誤。於是管理階層可以制定計畫，在一個時期內糾正缺點。這是一個很好的單向循環式學習的例子。經理人察覺預定計畫出現偏差，於是立即採取行動把組織拉回預計的策略軌道上。

　　但是，假設各種資料顯示員工和經理人已經達到績效驅動因素的指標，員工技術也已經改造完成，資訊系統已經就定位，新的金融商品與服務已經開發完畢並如期上市了，又怎麼辦呢？如果情形如此，那麼不能達到新產品銷路增加的預期成果，會是一個重要的警示訊號，代表大都會銀行的目標顧客策略所倚賴的理論很可能無效。此時經理人應該嚴肅看待任何具顛覆性的證據，必須及時推出一個雙向循環式的學習流程。他們需要展開密集的對話，深入檢討他們對市場情況、目標顧客的價值主張、競爭者的行為、內部能力所做的假設。對話的結果，可能重新肯定目前的策略，但需要稍微調整里程碑，這些里程碑代表了平衡計分卡策略量度量化的關聯。在這個例子中，經理人維持他們對現有經營理論的信念，但建立了一套不同的動態關係。另一個可能出現的情形──而且是更為嚴重的情形，則是密集的策略檢討暴露出事業單位的策略是錯誤的，必須基於對市場情勢、顧客喜好和內部能力的重新認識而修訂策略。在我們的經驗中，這個蒐集資料、測試假設、反省、學習和調整策略的過程，是成功實施企業策略的根本之道。正是這種促進管理階層的策略學習能力，使平衡計分卡能夠成為策略管理體系的基石。

　　無論管理階層最後是肯定既有的策略，但調整他們對因果關係速度和強度的判斷，還是決定修訂策略，或是採取一個全新的策略，計分卡都成功的刺激了一個策略的可行性和有效性的（雙向循環）學習過程。管理階層可以把學習的成果擺回計分卡實施流程的第一步，為下個年度更新願景與策略，並詮釋修訂過的策略，將它轉換成一套修訂的目標與量度。

本章摘要

　　主管階層的組織學習能力，我們稱之為策略學習，可能是平衡計分卡最創新之處。策略學習是實施計分卡做為策略管理體系的最大收穫，而策略學習流程在於宣示組織必須努力以赴的共同願景，以衡量標準做為宣示願景的語言，可以把複雜而且模糊不清的概念變成精確的理念，並能夠動員所有組織內成員採取行動追求目標。計分卡強調的因果關係，為組織帶來了動態的系統思維，它使組織中不同部門的人，都能夠看清楚個人與大局的關係，並了解個人的角色如何互相影響。計分卡並協助組織界定績效驅動因素和行動方案，因此，它不僅衡量變化，而且助長變化。最後，計分卡方法促進了團隊的學習。發展計分卡應該是管理團隊的責任，同一個管理團隊也應該以計分卡來監督企業的績效，因為計分卡界定了策略所依據的企業理論，因此監督績效最好的辦法，就是測試策略理論中的假設和雙向循環式的學習。我們認為這個策略學習和調適的流程，是成功實施企業策略的基本法則。

註：

1 可參考：R. N. Anthony, *Planning and Control Systems*：*A Framework for Analysis* (Boston：Harvard Business School, 1965).

2 關於管理流程中的單向循環式和雙向循環式的學習，下列著作有深入的探討：C. Argyris, *Reasoning, Learning, and Action* (San Francisco：Jossey-Bass, 1982)；*Strategy, Change and Defensive Routines* (New York：Harper & Row, 1985)；and "Teaching Smart People How to Learn," *Harvard Business Review* (May−June 1991)：99−109。

3 請參考：H. Mintzberg, "Crafting Strategy," *Harvard Business Review* (July−August 1987)：66−75；and "The Design School：Reconsidering the Basic Premises of Strategic Management," *Strategic Management Journal* (November−December 1990)：171−195；also Robert Simons, *Levers of Control*：*How Managers Use Innovative Control Systems to Drive Strategic Renewal* (Boston：Harvard Business School Press, 1995), 18−21。

4 David Garvin, "Building a Learning Organization," *Harvard Business Review* (July−August 1993)：78−91.

5 James L. Heskett, Thomas O. Jones, Gary W. Loveman, W. Earl Sasser, Jr., and Leonard A. Schlesinger, "Putting the Service-Profit Chain to Work," *Harvard Business Review* (March−April 1994)：164−174.

6 Peter F. Drucker, "The Theory of Business," *Harvard Business Review* (September−October 1994)：95−104.

7 Jon R. Katzenbach and Douglas K. Smith, *The Wisdom of Teams*：*Creating the High-Performance Organization* (Boston：Harvard Business School Press, 1993).

12

實施平衡計分卡管理方案

「我企圖說服我的老闆，讓他充分了解平衡計分卡的用途是管理，不是衡量。」這位經理人的CEO派他領導一個中階經理人組成的工作小組，計畫為分公司發展一份平衡計分卡。他有預感這個任務注定失敗，因為CEO認為計分卡只是一個狹隘的改善績效衡量系統的工具，而非管理企業的新方法。

我們的經驗足以證實這位經理人並非杞人憂天。計分卡專案的目的，並非發展一套新的衡量標準。描述結果和指標的衡量系統，的確是一個強大的激勵和評估工具，但是平衡計分卡涵蓋的衡量架構，應該用於建立一套新的管理體系。衡量系統和管理體系之間，有雖微妙但極為重要的差異。衡量系統應該只是一個手段，它追求的是一個更廣大的目的，一套協助管理階層實施策略並取得策略回饋的策略管理體系。我們曾見過管理階層發動平衡計分卡衡量架構的力量，創造組織的長期變革。

管理流程和管理方案，都是圍繞著某種架構而建立的。傳統

的管理體系圍繞著財務架構而建，其核心通常是投資報酬率模式，這個模式源遠流長，早在十九、二十世紀之交就由杜邦公司發展出來了。只要財務量度能夠捕捉季度和年度中發生的絕大部分價值創造（或價值破壞）活動，財務架構並無不妥之處。可是，當組織的活動涉及越來越多的對關係、科技和能力的投資時，這些投資又無法以歷史成本的財務模式來估價，財務架構的價值就要大打折扣了。組織之所以採納平衡計分卡，是因為計分卡不但保留對短期財務結果的關切，而且肯定建立無形資產和競爭能力的價值。

計分卡為管理階層提供了一個新的工具，使他們能夠凝聚組織之力於長期成功的策略，這在過去是可望而不可即的事。計分卡透過確立組織最重要的目標——它們必須全神貫注和集中資源的地方，提供了一個將議題、資訊和各種重大的管理流程組織起來的策略管理體系架構（見圖 12-1）。如我們在第二篇所述，這套策略管理體系中的每一個部分都可以連到策略目標上。顧客、企業內部流程，以及員工和系統的目標，都與達到長程的財務績效息息相關。部門、團隊和個人的目標，也與策略績效休戚與共。資源分配、策略行動方案和年度預算，全都受到策略的驅策，管理檢討則成為回饋和學習策略的機會。平衡計分卡並沒有抹殺財務量度在管理體系中的地位，但它把財務量度納入一套更為平衡的管理體系中，使短期的營運績效可以跟長期的策略目標結合在一起。

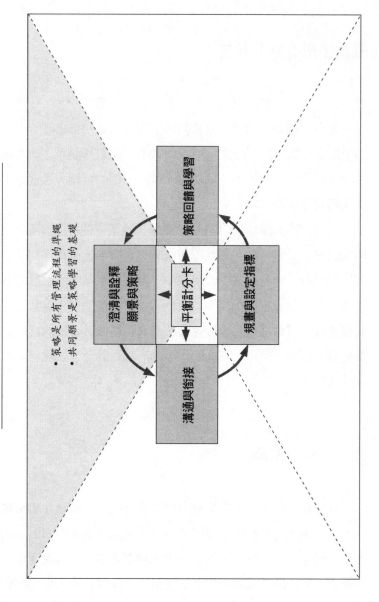

圖 12-1   以平衡計分卡做為行動的策略架構

• 策略是所有管理流程的準繩
• 共同願景是策略學習的基礎

策略回饋與學習

澄清與詮釋願景與策略

平衡計分卡

規畫與設定指標

溝通與銜接

推出平衡計分卡方案

　　企業爲了各種原因推出計分卡方案（見圖 12-2）——讀者可以在書後的附錄中看到一些我們熟悉的公司當初推出計分卡方案的動機。在圖 12-2 列出的理由中，沒有一個純粹是爲了改善衡量系統，它們全都在追求一個廣大、凌駕一切的目標，那就是：動員組織邁往新的策略方向。

　　在我們的經驗中，CEO 當初都是基於某一個特定的策略目的而採納平衡計分卡的，而且每一個計分卡方案後來都達到了當初設定的目標。可是在這些公司當中，沒有一家基於原始目的而繼續使用平衡計分卡，相反的，第一個計分卡應用似乎啓動了一個改變過程，導致後來的發展遠遠超過當初構築計分卡的目的。每個組織在推出計分卡方案後的一年內，都以計分卡做爲它們的管理體系的基石。

動力：動員組織

　　管理體系不可能一夕生變，由於其覆蓋面、複雜性和衝擊力的關係，推出一套新的管理體系必須採用循序漸進的方法。這種方法比較理想，因爲 CEO 可以藉著管理體系中各項因素逐漸改變的機會，把組織從舊的流程中解凍出來，並傳達他對新流程的期

圖 12-2　多數企業引進計分卡驅動局部管理流程

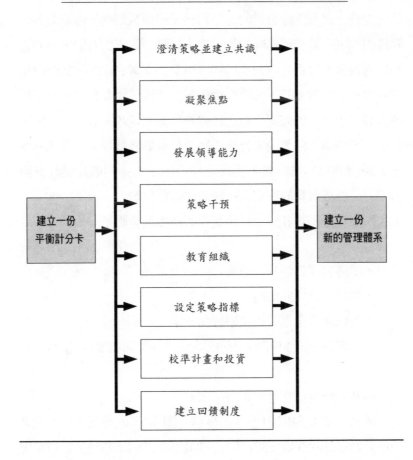

望。如果用固定的訊息來貫穿每一次的改變，例如，每一回都傳達組織的一個新策略，那麼每一次的改變都可以承先啓後並強化上一次的改變。當平衡計分卡被用做新管理體系的中心組織架構時，一切變化將會前後連貫而且緊密結合，所產生的效果將會十分驚人，國家保險公司的故事足以證明此點。

　　我們曾在第 7 章第一次討論國家保險公司的例子。還記得我們曾提到，國家保險公司的母公司為了扭轉長期虧損而派來新的管理團隊嗎？新管理團隊的救亡之道是發揮員工既有的專業知識和相對優勢，改為專攻利基市場。可是，當新管理團隊試圖向組織宣傳策略的轉變時，卻沒有激起多少漣漪。大多數員工不能理解這個新願景，他們認為自己已經是專業人員了，看不出改變了什麼。管理團隊於是決定推出平衡計分卡的發展專案，這個專案後來順理成章的並以無可抵禦之勢引出了一系列的行動（見圖 12-3），終於成功的使國家保險公司轉虧為盈。

　　國家保險公司計分卡實施流程的前幾個步驟是：

- 澄清公司的願景與策略
- 傳達總公司的策略
- 推出跨事業單位的策略行動方案
- 引導每一個 SBU 以公司的策略為基礎而發展自己的策略

這些步驟全部在第一年內完成。

　　總公司審查 SBU 計分卡的流程（圖 12-3 的第五步），帶來一些意料之外的好處。當 SBU 分別發展自己的策略時，它們發現了一些總公司計分卡上不曾考慮到的跨事業單位的問題。舉例來說，很多 SBU 都意識到它們必須加強對顧客的了解，需要徵詢顧客滿意度的回饋。既然許多 SBU 的銷售對象是同一批顧客，就應該發展一個新的企業流程，把針對同一個目標市場區隔的銷售方式整合起來。這個經驗是一個絕佳的例子，印證了閔茲柏格和賽

門所提的策略從組織中竄起的理論（請參考第11章）。在公司的大方向下，從SBU層級向上形成策略的過程，促成了一個全新的完成 SBU 策略的方法。類似這種由 SBU 發起的策略行動方案還有好幾個，後來都被納入總公司新修訂的計分卡中。

總公司核准 SBU 的計分卡後，SBU 立刻展開每月的檢討流程（圖12-3的第八步）。每月檢討之外，他們還舉辦以策略議題為重心的季度檢討會議。起初只有三分之二的計分卡量度擁有相關的資訊，管理檢討會議因此而偏重資料齊全的量度，可是他們並沒有因為某一個量度資料不全，而對相關議題避而不談。管理團隊認為討論本身可以幫助他們關注策略議題，即使缺乏資料，也絕對勝過完全不理會。衡量標準的落差，也鼓勵管理團隊發展計畫來採集欠缺的資料。一般而言，為了縮小量度落差而推出的計畫，往往需要建立一個更基本的管理體系，因為缺乏資料所暴露的問題是管理流程未臻完善。[1] 例如，缺乏有關承保品質的量度，揭露出來的是公司缺乏有關制定、衡量和審核承保品質的流程。因此，建立一個完整平衡計分卡的過程，導致國家保險公司的經理人發展出一套更完善的管理體系，這些發展工作大部分在六個月內完成。

兩年之後，平衡計分卡已經完全整合在國家保險公司的正規管理週期中了，組織已達到它的短期目標——存活。新的管理量度和流程已促成整個組織的文化變遷，從一個焦點模糊的通才策略，轉變成一個目標明確的專才策略。

第三年開始，國家保險公司的CEO宣布最初的策略已完成它的短期目標，組織的存活已不成問題。現在到了調整和修訂策略

圖 12-3　以管理體系指揮變革

2A.與中階經理人溝通
（第 4～5 個月）
召集上面三層管理階級(100 人)，學習並討論新的策略。平衡計分卡是溝通的工具

2B.發展事業單位計分卡
（第 6～9 個月）
以總公司的計分卡爲樣板，每一個事業單位把自己的策略演繹成自己的計分卡

4.審查事業單位計分卡
（第 9～11 個月）
CEO 及管理團隊審查各事業單位的計分卡。審查工作使CEO 能夠知性的參與塑造事業單位的策略

時間表

| 0 | 1 | 2 | 3 | 4 | 5 | 6 | 7 | 8 | 9 | 10 | 11 | 12 |

行動

1.澄清願景

新成立管理團隊的十名成員努力了三個月，發展出一份平衡計分卡，把空泛的願景詮釋成一個易於理解便於溝通的策略。這個流程有助於他們建立對策略的共識和承諾

3A.撤銷非策略性投資
（第 6 個月）
由於總公司計分卡確立了策略的優先順位，因此發現許多行動方案對策略毫無貢獻

3B.推出總公司變革方案
（第 6 個月）
總公司計分卡確立了需要跨事業單位的變革方案。趁事業單位籌備自己的計分卡之際，推出這些變革方案

5.調整願景
（第 12 個月）
審查事業單位計分卡的過程中，發現了一些總公司的策略未曾考慮到的跨單位議題，總公司計分卡因此而做了修正

6A.向全公司推廣平衡計分卡
（第 12 個月起持續進行）
一年之後，管理團隊已熟悉這個策略措施，開始向整個組織宣傳計分卡

6B.制定個人績效目標

(第 13～14 個月)

上面三層管理階級的個人目標和獎金與計分卡連結

9.舉行年度策略檢討

(第 25～26 個月)

第三年開始之際,最初的策略目標已完成,需要修訂總公司策略。執行委員會擬定了十條策略議題,各事業單位針對每一個議題建立自己的立場,做爲修訂單位的策略與計分卡的序幕

13　14　15　16　17　18　19　20　21　22　23　24　25　26

7.修訂長程計畫與預算

(第 15～17 個月)

制定每一個量度的五年目標,確立並撥款給達到這些目標所需的投資。五年計畫的第一年變成年度預算

8.月報、季報檢討

(自第 18 個月起持續至今)

總公司核准事業單位的計分卡之後,開始舉行每月的檢討流程,並以策略議題進行季報檢討

10.績效與計分卡連結

(第 25～26 個月)

要求所有員工把個人目標與平衡計分卡連結起來,整個組織的獎金制度也與計分卡連結

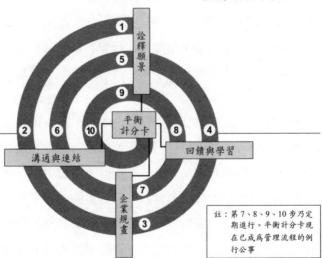

① 詮釋願景
⑤
⑨
平衡計分卡
② ⑥ ⑩ ⑧ ④
溝通與連結
回饋與學習
⑦ 企業規畫
③

註:第 7、8、9、10 步乃定期進行。平衡計分卡現在已成爲管理流程的例行公事

資料來源:摘自本書作者發表於《哈佛商業評論》1996 年 1～2 月號的〈平衡計分卡在策略管理體系的應用〉一文,已獲授權轉載。

的時候了，以便把組織的注意力轉向追求積極成長和獲利的目標。執行委員會擬定了十條策略議題。他們以提問題的方式來表達這些議題，例如：「我們如何與保險經紀人建立更好的關係？」。

　　SBU 主管必須逐條回答每一個問題。每位 SBU 主管分別與一位執行委員進行半日會談，會談擴展了SBU 和公司領導人的想像力。會談的高潮是雙方同意未來三到五年的方向，把這些方向做成紀錄之後，便成爲發展新的長程計畫和修訂計分卡的指導原則（**圖 12-3** 的第九步）。

　　國家保險公司一共花了二十四個月的時間才完成這十個前後連貫的行動步驟。在這段期間，CEO 和資深管理團隊不僅推出了一個新的策略，而且徹底修改了組織賴以運作的管理體系。這個方案因澄清願景的動機而生，卻創造了一個全方位的新管理方法。CEO 預期計分卡將帶來革命性的轉變，在一封致全體員工的信當中，他宣布：「平衡計分卡及其代表的哲學，是我們選擇的企業管理方法。」

　　過去，有許多組織嘗試過改變方向並推出新的策略和流程，卻功敗垂成，失敗的原因是它們的管理體系和流程並沒有透過一個中心架構與策略結合起來。由於平衡計分卡提供了一個連合的架構，管理階層可以把計分卡當做一個日常的管理工具，用來動員並引導組織遵循新的策略方向以完成他們所希望的變革。依我們看來，平衡計分卡最重要的功能，在於填補大部分管理體系中存在的眞空——缺乏一個系統化實施策略的流程。

建立整合性的管理體系

　　許多組織與國家保險公司的經驗相同，引進平衡計分卡之後，會產生計分卡在管理體系中角色吃重的壓力。計分卡推出之後，如果沒有銜接上編列預算、校準策略行動方案、設定個人指標等其他管理措施，很快就會有疑慮產生。一旦缺乏這種連繫關係，辛辛苦苦建立起來的平衡計分卡可能就無法帶來實際的利益。

　　大多數公司都有一個管理行事曆，上面列出公司慣用的各種管理流程，以及每個流程的運行日期。管理行事曆的安排，通常以預算編列及營運檢討流程為中心；策略之制定與檢討，通常與定期的管理流程脫節。平衡計分卡提供了一個在持續性的管理流程中引進策略思考的工具，不過，公司必須明確的建立這種連結關係才有效果。

　　圖 12-4 是肯亞商店的管理行事曆。這份行事曆是該公司的CEO重新設計管理流程，把平衡計分卡及其代表的策略構面納入之後而製作的。行事曆中包括了策略管理體系的四個基本成分：

1.制定策略並修訂策略議題
2.連結個人目標和獎勵
3.連結規畫、資源分配和年度預算
4.回饋與策略學習

圖 12-4　肯亞商店的管理月曆

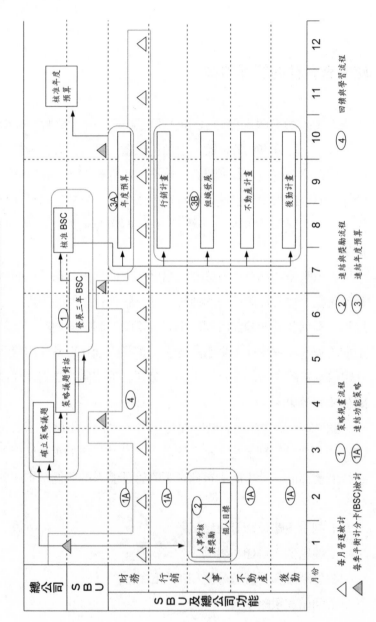

制定策略並修訂策略議題

　　制定策略並修訂策略議題，是分公司的經理人指揮下級的手段。資深管理階層在這個流程中，可以發展一份平衡計分卡來連結新的遠程計畫，也可以修訂每一年的策略。肯亞商店的CEO在每年第一季末，草擬十條策略議題，部分議題是第一年年底舉行的策略及計分卡檢討會議的提案，部分議題則來自功能部門管理階層的建議。議題範圍涉及整個公司，反映公司共同的優先要務和主題，然後 CEO 要求各 SBU 的總裁在這十項議題的基礎上，發展一套自己組織中實踐總公司策略目標的計畫。隨後 CEO 與 SBU 總裁舉行一個長達四小時的「策略對話」會議，會中各 SBU 總裁向 CEO 提出自己的構想。會議本身相當親密且不拘形式，但會議的目的十分具體和明確。CEO 和 SBU 總裁必須在會中就這十項議題達成共識，例如：SBU 如何維持時尚領導地位？SBU 如何培養重要人才？

　　策略對話會議之後，SBU 總裁回到自己的工作單位，與自己的管理團隊發展或修訂單位的長程計畫和平衡計分卡。這個開發流程通常發生在會計年度的第二季，共需三個月的時間，同時，這個流程還有一個重要的延伸，就是把總公司和SBU的策略連結到功能部門的策略上。如第 8 章和第 10 章所述，像肯亞商店這一類的公司，往往成立一些中央性質、總公司層級的功能部門來支援（在其他方面）高度自治的策略事業單位。在這個長程規畫及 SBU 平衡計分卡的開發流程中，總公司層級的功能部門必須同時

把總公司及 SBU 的目標連到自己的目標上。

到了年中的時候，功能部門和SBU的主管已經釐清了彼此之間互相連貫的長程目標和指標。流程的高潮出現在第二季結束之際，此時 CEO 及各 SBU 或功能部門的總裁進行最後的審查和核准工作。在年中便完成長程計畫和平衡計分卡有一個好處，就是下半年管理流程的重心可以轉移到營運規畫流程。

連結個人目標與獎勵

當企業實施新策略，嘗試建立關係、開發新時尚或科技、接觸新顧客和消費者之際，管理階層必須持續不斷冒險和實驗，才能夠不斷的學習和成長。管理階層必須確實做好第二個整合課題——連結個人目標和獎勵，藉此鼓勵經理人的創新行為。只要個人的獎金和獎勵仍舊綁死在短期的績效量度上——尤其是財務性質的量度——就永遠擺脫不了短視心態。管理階層將會發現，維持專一和堅定的長期能力與關係，此刻會變得非常困難。

獎金顯然可以激勵績效，但如我們在第 9 章所述，組織可能希望等一段時間，累積了一些平衡計分卡的管理經驗之後，再明確的把薪資與計分卡連結起來。然而，除非獎懲制度直接或間接的與一套平衡的總公司和SBU的計分卡目標、量度和指標銜接在一起，否則平衡計分卡是無法成為管理體系中心組織架構的。例如，肯亞商店最初只是以平衡計分卡來刺激SBU的策略規畫與檢討，並未把正式的獎金制度轉移到計分卡的量度上，在使用計分卡一年之後，它才開始把經理人的獎金與平衡計分卡連結起來。

連結規畫、資源分配和年度預算

　　肯亞的第三個整合步驟是連結年度預算，進行時間是在下半年。此時營運單位和功能部門把第二季完成的策略計畫，連到下個會計年度的預算指標和開支授權。如果策略的制定和策略議題的修訂進行得很順利的話，編列預算的流程應該只是將數年（三年至五年）計畫的第一年改成營運預算而已。

回饋與策略學習

　　肯亞管理體系的最後一個構成部分是回饋與策略學習，它採用的是第11章描述的雙階式檢討流程。這個流程將營運檢討和策略檢討銜接起來，每月營運檢討的重點是比較短期績效與年度預算中設定的指標，每季的策略檢討則審查計分卡量度的長期趨勢，以便評估策略運行的效果和進展。

　　自從肯亞商店把各種以平衡計分卡為核心的管理流程整合到管理行事曆中之後，總公司和SBU層級的經理人的注意力也從戰術轉移到策略，現在，他們終於能夠有效的化策略為行動了。

提醒一點：知易行難

　　各種製造業和服務業的經理人都嘗試過為他們的事業單位建立計分卡，但並非每一個人的經驗都是成功的。有些經理人給計

分卡下的評語是：「知易行難」。分析他們的經驗後，我們發覺有一些因素的確可能造成計分卡專案的失敗，這些因素包括：計分卡量度的結構缺陷和選擇失誤，以及計分卡發展過程中和使用上的組織缺陷。

結構缺陷

許多資深經理人認為，只要以一些非財務性的量度，例如顧客滿意度和市場佔有率來補充財務性的量度，平衡計分卡就算大功告成了。問題是，他們挑選的非財務性量度，本身帶有不少傳統財務量度的毛病。它們是落後量度，報導的是組織的策略過去的表現；它們也是概括性的量度，代表了所有公司都企圖改進的地方。這些量度用來記錄成績很好，用來告訴員工如何出奇制勝，則顯得有些力不從心。它們不夠具體，無法成為指點未來方向的明燈，也無法成為分配資源、擬定策略行動方案、連結年度預算和經常性費用的可靠依據。

好在這些結構性的缺陷不難補救。第 7 章我們曾描述如何建立計分卡來反映獨特的策略、目標顧客和關鍵的內部流程。從特定策略衍生出來的計分卡，自然會有一套平衡的量度，包括成果和績效驅動因素、落後和領先指標，而且所有的量度最終都會連結上卓越的長期財務績效。

組織缺陷

有些失敗的原因並非計分卡本身的缺陷，而是實施計分卡概

念的流程出了問題。我們最怕接到這種電話：

> 喂，我叫史約翰。我是頂峯工業的助理審計長（或品管部經理），目前在公司負責領導一個改進績效衡量系統的工作小組。我們研究了大量的資料，發現你們的平衡計分卡方法特別吸引人。現在，我們正在進行標竿研究，很希望與你們見個面，談談我們的計分卡最好用哪些績效量度，順便了解一下其他公司用得最成功的是哪一類的量度。

每一回接到這種電話，我們照例謝謝他們對平衡計分卡的興趣，但婉拒見面的要求，因爲見面恐怕只會浪費雙方的時間。如果他們追問爲什麼我們不樂意幫忙，我們會指出幾個問題。首先，計分卡開發流程不應該交給中階經理組成的工作小組來負責，因爲平衡計分卡唯有在反映資深管理團隊的策略願景之下，才能夠發揮它的功效。再說，若僅僅把績效量度橫加在既有的流程上，或許可以驅動局部性的改進，但不可能爲整個組織帶來突破性的績效。此外，如果資深管理階層未曾親自領導計分卡的開發流程，他們不太可能把計分卡用在重要的管理流程上——即本書第二篇所描述的管理流程。資深管理階層只會繼續在營運檢討上強調短期的財務指標，結果喪失並破壞了建立計分卡的根本意義。

更重要是，抄襲最好的公司所用的最好的量度，並非創造一份平衡計分卡的正途。如果按照我們的主張，最好的計分卡應該是爲了突破績效而設計的，那麼即使最優秀的公司針對自己的策略而選擇的量度，拿到另外一個組織也未必合適，因爲每個組織

面對的是不同的競爭環境、不同的顧客和市場區隔,而且不同的科技和能力也可能造成決定性的影響。當人們說計分卡「知易行難」時,他們指的是構思一個適合自己組織的計分卡,以及將計分卡整合在自己的管理流程中,是一件辛苦而密集的工作。發展一個切實可行的計分卡,真的沒有什麼捷徑可言。

但如果走上另一個極端,對於有效施展計分卡也一樣不利。有些組織絞盡腦汁,花了太多的時間來尋找一個最完美的計分卡,如果有幾個關鍵的量度缺乏資訊,它們就設法安裝一個可靠的資訊系統來製作他們想要的資料。這個決定會導致計分卡專案的嚴重延遲,把好不容易才建立起來的對計分卡概念的滿腔熱情和衝勁都澆息了。平衡計分卡並非永恆不變,計分卡是動態的,而且應該持續的檢討、評估和修改,以反映新的競爭、市場和科技情勢。延遲引進計分卡的結果,不但那些資訊已經齊全的量度坐失了早日獲得回饋的機會,更重要的是,組織還喪失了學習和掌握計分卡做為核心管理體系的先機。每當我們發現組織因為不敢肯定是否選對了量度,或因為某些量度的資料不全而猶疑不前時,我們的建議向來是:做了再說。也就是說,先展開學習流程,學會如何以一套平衡的績效驅動因素和成果量度來管理公司吧。

管理平衡計分卡的策略管理體系

幾乎所有的變革方案都躲不掉組織惰性的包圍和同化,所以引進一套以平衡計分卡為核心的新管制體系,也必須努力克服這

個障礙。組織需要兩種催化劑，才能有效的實施新的管理體系。首先，它需要過渡領導人，也就是需要促成計分卡建立並將計分卡納入新管理體系的經理人。其次，組織需要指派一位經理人來負責策略管理體系的持續運行。然而要將平衡計分卡納入策略管理體系的另一個困難（可以列為「知易行難」的案例之一）就是，無論是過渡領導人或是負責運行管理體系的經理人，都不存在於傳統的組織結構中。

過渡期的管理角色

建立平衡計分卡以及將計分卡納入策略管理體系，需要三個角色擔綱：

1. 設計規畫師
2. 改革者
3. 溝通者

設計規畫師負責建立第一份平衡計分卡，並把計分卡引入管理體系。由於計分卡代表管理哲學的激進變化，所以設計規畫師必須徹底了解長期的策略目標，並對此新焦點有發自內心的激勵。他必須有教育主管團隊的能力，並把策略轉換成特定目標與量度的才華，但不可咄咄逼人，以避免引起自衛性的反彈。[2]

計分卡方案的成功，有賴於主管團隊的高度承諾和時間的配合，這表示設計規畫師可能只有一次「只許成功不許失敗」的機

會，如果他不能一舉說服主管團隊，往後再想爭取主管團隊的開
會時間，恐怕十分困難。就我們的經驗，外界顧問或知識豐富的
內部顧問，可以在推出一個成功的計分卡方案中擔任關鍵的角
色。通常由外界和內部顧問密切合作，先挑選一個CEO已經衷心
接受計分卡概念的 SBU，然後推出一個 SBU 層級的試用方案。
試用方案有兩個目的，首先是證明平衡計分卡的價值，其次是建
立內部顧問團的能力，將來這羣顧問才能向組織的其他單位推
展。

　　第二種角色，改革者，負責把計分卡納入日常管理流程之
中，內部顧問是他的後援部隊。改革者應該是CEO的直接下屬，
因爲在未來的兩年到三年之內，當平衡計分卡觸發的新管理流程
逐步展開之際，他必須扮演行政首長的角色，指揮新管理體系的
發展。改革者的地位重要無比，因爲他代表CEO來指揮新管理體
系的運作。同時，改革者也協助經理人重新界定他們在新管理體
系中的角色。

　　至於溝通者則是負責爭取所有的組織成員（上至最資深的管
理階層，下至第一線和後勤的團隊與員工）對計分卡方案的認
知、接受和支持。平衡計分卡闡述的新策略，往往會改變組織從
事工作的價值和方法，凡是以顧客焦點和滿意度、品質和回應能
力、創新和服務、員工和系統的角色爲中心而建立的工作，無一
不受到影響。負責計分卡溝通流程的經理人，應該把這份工作當
做內部的行銷活動，溝通計畫也應該鼓勵員工和團隊對新策略的
可行性和方向提出回饋意見。雖然傳統上此類教育計畫屬於溝通
部門的職責範圍，但是計分卡的溝通工作太重要了，攸關整個概

念的有效實施，因此，我們竭力主張指派專人，並在溝通部門的積極支援下管理這個策略性的溝通活動，直到認知和激勵的目標達到爲止。

管理持續性的策略管理流程

花了二十四到三十六個月的時間，才把平衡計分卡納入組織的日常管理流程中，往後又如何維持這個策略管理體系的穩定運行呢？圖12-5顯示策略管理體系對主管團隊一些成員的傳統責任造成的影響。例如策略規畫部門、人力資源部門、財務部門和資訊系統部門的副總裁，傳統上是一部分策略管理流程的「主人」，但是在今天的組織結構中，沒有一個人負責整個體系的運行。

事業單位的CEO顯然是終極的「流程主人」。既然策略管理體系制定整個單位的方向和目標，設定績效指標並分配資源和行動方案來達到這些指標，監督成果並論功行賞、出錯懲罰，那麼這個體系無疑是CEO和資深主管團隊的責任。但是體系的日常運轉不可一日無專人負責，否則難免在衡量、報告和監督上產生落差。

如圖12-5所示，策略管理體系的運行必須依靠幾個傳統管理功能的技術、經驗和責任。最簡單的辦法，莫過於把計分卡策略管理體系的日常運行分解成傳統的功能角色，讓每一個部門發揮自己的專長。但我們認爲這個體系的維護工作攸關它的成功，因此必須派專人擔任溝通者，我們建議把這個職責交給一位資深、

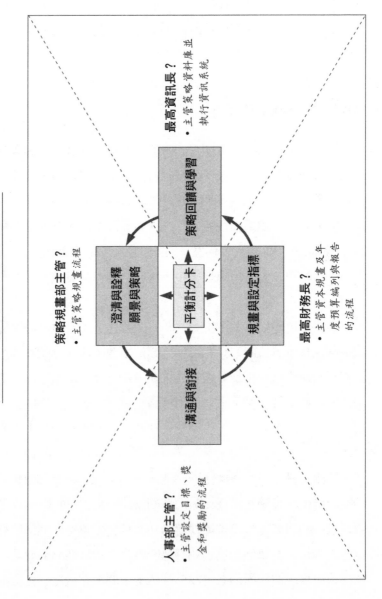

圖 12-5 誰來負責策略管理體系？

策略規畫部主管？
· 主管策略規畫流程

澄清與詮釋
願景與策略

策略回饋與學習

最高資訊長？
· 主管策略資料庫並
執行資訊系統

溝通與銜接

平衡計分卡

規畫與訂定指標

人事部主管？
· 主管設定目標、獎
金和獎勵的流程

最高財務長？
· 主管資本規畫及年
度預算編列與報告
的流程

夠歷練的人。

　　然而，今天大部分的組織都缺乏這方面的領導人才，在傳統的組織中，並沒有一位主管負責策略管理流程或擁有這方面的管理概念，而且也看不出來到底誰應該負起這個責任。

　　如果由最高財務長擔任新流程的總管，似乎是一個合邏輯的選擇。但是很多財務長，尤其是出身會計、內部控制和稽核背景的財務長，都是憑著善於管理嚴苛、死板和專一的財務系統能力，才爬到今天這個位置。這些特長不一定適用於管理一個以顧客、內部流程、員工和系統的伸張指標為核心的管理流程，因為這個管理流程講究的是整體觀、創新精神、主觀判斷和源源不絕的人際關係。

　　另一個候選人是策略規畫部主管，這個職位的工作個性恰好與財務長相反。傳統上，策略規畫是一年一度的事情，強調的是策略的構思，而非策略的實施。策略管理體系是一個持續性，而非事件驅動型的流程，它所需要的嚴格紀律，與目前的財務報表與管理系統所採用的持續報告和檢討日程無分軒輊，而且必須遵守這個日程，如果由策略規畫部的主管來負責策略管理體系，則必須考慮他有沒有這方面的領導才幹。最高資訊長顯然擁有看管一個策略管理體系所需的系統背景，可惜他通常缺乏策略方面的連繫，而且可能在事業單位的資深主管團隊中資歷最淺。

　　因此，誰最適合擔任策略管理體系的經理人，在目前尚不明朗，但除非組織指派專人擔任這個角色，否則運作一個整合性管理體系並獲致整體利益，夢想恐難實現。這個職位將會是組織中一個重要和曝光率高的職位，不論由誰來擔任，都會是一個很好

的學習經驗和成長的機會，我們相信將來一定有人有能力出任這個重要職位。但在過渡期間，協助組織把計分卡納入策略管理體系的改革者，應可以承擔這個工作的初期責任。

本章摘要

化策略爲行動

企業起初爲了各種理由引進平衡計分卡，包括：澄清策略和建立共識，推動組織的變革方案，培養策略事業單位的領導能力，以及獲取跨事業單位的協調和經濟效益。組織發展的第一份平衡計分卡，通常都能夠達到這些目的。但是開發計分卡的過程（尤其是資深經理人共同替計分卡界定目標、量度和指標的過程）會揭露進一步應用平衡計分卡的機會，使計分卡的普遍性和使用率遠遠超過當初引進它的目的。

平衡計分卡可以成爲組織的管理體系基石，因爲它配合並支持主要的流程，包括：

- 澄清並修訂策略
- 傳播策略至組織的每一個角落
- 促使部門和個人的目標與策略配合一致
- 辨別和校準策略行動方案
- 連結策略目標至長期指標和年度預算
- 配合策略檢討和營運檢討

• 取得回饋以便學習和改進策略

　　若更進一步將平衡計分卡整合到管理行事曆中，將使得一切的管理流程能夠配合組織的長期策略發展。

　　過去幾年，當我們累積計分卡方案的經驗之際，計分卡概念的衝擊力和通用性也一再令我們感到（愉快的）意外。當年我們出發尋找一個改良績效衡量系統的辦法，沒想到竟然演變成一個解決管理議題的方法，這個議題可能是管理階層最迫切的管理問題：如何實施策略，尤其是一個需要做出激進變革的策略。回首往事，現在我們終於了解，為什麼這個演變在不同的組織如出一轍而且屢試不爽。建立平衡計分卡的過程，往往撥雲見日，使組織首次認清自己的前景及實現前景的途徑。計分卡的開發流程，除了為組織開闢康莊大道之外，也凝聚了整個資深管理團隊的精力和承諾。清晰的願景和經理人對組織前途的共識，創造了巨大的熱情和衝勁，期望也隨之升高，於是出現了一個無可迴避的問題：我們如何才能保證自己能夠達到這個願景？

　　當組織跨出關鍵性的轉變，將願景付諸行動時，它們體會了發展平衡計分卡最令人振奮之處，也實現了計分卡的真正價值。只要發展第一份平衡計分卡，就一定會引出一系列持續運行的管理流程，而最終動員了整個組織，並會改變組織的方向。同時每一個管理流程都連結平衡計分卡，驅動一些長期性、策略性和平衡的行為。

　　羅伯‧賽門（Robert Simons）在他關於管理體系設計的創作中曾經說過：「每一個熟悉組織的人，都默認組織的日常運作受

到無數控制系統的影響，可是很少人系統化的了解爲什麼經理人使用這些系統，或如何以這些系統來達到他們的要求。」[3] 雖然我們距離建立一個完整的「系統化理解」尚遠，但我們已觀察到賽門描述的現象了：管理階層以管理體系中的許多因素來指揮組織，以達到他們的願望，而以計分卡架構爲核心所建立的管理體系，則使管理階層能夠得償夙願——化策略爲行動。

註：

1　此即第 10 章所討論的「衡量標準失蹤」方案的例子。

2　關於自衛性抗拒心理——如何辨認它和克服它，請參考：C. Argyris and D. Schön, "Defensive Reasoning and the Theoretical Framework That Explains It," Part II, *Organizational Learning II : Theory, Method, and Practice* (Reading, Mass. : Addison-Wesley, 1996), 75－107。

3　Robert Simons, *Levers of Control : How Managers Use Innovative Control Systems to Drive Strategic Renewal* (Boston : Harvard Business School Press, 1995), 11.

構築平衡計分卡

　　構築組織的第一份平衡計分卡，可以用一個系統化的流程來建立共識並澄清詮釋事業單位的使命與策略，將之轉換成營運性的目標與量度。計分卡專案需要一位設計規畫師建造流程並推動，同時蒐集構築計分卡所需的背景資料。但是計分卡必須代表事業單位資深主管團隊的集體智慧和精力。除非主管團隊全程投入，否則專案的成功無疑是天方夜譚。若無資深主管團隊的積極參與，專案注定會徒勞無功。

　　我們知道有兩個優秀的計分卡失敗的例子，這兩個例子中，都是缺乏資深管理團隊的積極參與，而由一位非常資深的行政主管所建立的。其中一家公司的計分卡是由最高財務長發展出來的，另一家公司的計分卡則是由企業發展部門的資深副總裁所建立的。兩位主管在他們任職的公司中，都是最資深的主管團隊成員，兩人都積極參與所有的策略制定工作和資深管理會議。他們深諳公司的策略，製作出來的計分卡自然能夠正確掌握公司的策略、顧客焦點和關鍵的內部流程，這兩份計分卡也被公認為能夠

精確反映組織最重要的目標與量度，可是後來這兩份計分卡並沒有帶動組織的變革，也沒有成為管理流程中不可分割的部分。我們相信，這兩個專案之所以產生令人失望的結果，應歸咎於資深主管團隊對流程的缺乏參與，同時也對平衡計分卡的角色缺乏共識所致。這兩個組織可能都把計分卡專案當做一個行政部門主導的行動方案，為的是改進衡量系統，而非徹底改變組織對自己的期許和管理方法。

制定平衡計分卡方案的目標

建立一個成功的平衡計分卡，首先必須取得資深管理團隊的共識和支持。許多經理人一接觸平衡計分卡，就會被它的概念吸引住，他們深知財務衡量標準的局限性，所以毋須鼓吹他們就會欣然同意發展一套比較平衡的管理方法。可是計分卡概念的吸引力，並不是推動計分卡方案的充分理由，在推出計分卡流程之前，資深主管團隊應該對這個專案的主要目的有所認知並全力支持。制定計分卡專案的目標，有助於：

- 指引構築計分卡的目標與量度
- 取得專案參與者的承諾
- 澄清計分卡建立之後的實施和管理流程框架

下面幾個實例可說明組織發展平衡計分卡的一些原始動機。

澄清策略與建立共識

化寶（Chem-Pro）是一家聚合性工業產品的製造商，公司最近經歷了一次改組，改組是希望改走顧客導向路線。傳統的功能型組織被拆散了，取而代之的是以業務線（lines-of-business, LOB）和企業流程爲中心的組織。此外，資深管理人也確立了四個必須大力改進和表現卓越的企業流程：訂單銷售、產品管理、訂單履約、生產。五個業務線對這四個流程各有不同的要求。舉例來說，消費產品組透過零售通路，經銷大量的標準化產品；精密產品組卻根據少數非常大型的顧客要求，而界定新化學品的產品規格。很明顯的，這四個重要的企業流程必須按照每一個LOB不同的需求而客製化。

化寶的平衡計分卡方案的第一步，是確立一個標準的總公司樣板，用來宣示所有LOB共同遵守的優先要務。然後每一個LOB發展適應自己特殊情況但符合總公司優先要務的策略。接下來，LOB 與四個企業流程的經理人就 LOB 的計分卡進行溝通，如此經理人才能夠發展計畫來滿足每一個LOB的特殊目標。這個開發流程的順序如下：

- 界定總公司層級的目標與量度
- 總公司的目標連到 LOB 的目標與量度
- LOB 的目標與量度連到關鍵的企業流程

　　這個順序使化寶能夠採取一種人人接受、支持和參與的方式，順利推動了一個複雜的組織變革，使它能夠從功能專業化，轉型為以顧客為基礎的業務線，和以顧客為焦點的企業流程。

凝聚力量

　　大都會銀行推出平衡計分卡的目的是凝聚力量。大都會是兩家在同一個地區激烈競爭的銀行合併之後的產物，兩家母公司的經營理念，從來沒有完全整合為一個共同的願景。新銀行成立不久，在尚未整合出一個營運風格和策略，或對其達成共識之前，管理階層就匆匆推出了一個大規模的轉型計畫，想使銀行更具創新性，更適合二十一世紀的趨勢。不幸的是，轉型計畫如脫韁野馬，為銀行製造了超過七十個不同的行動方案，每一個行動方案都剝奪了管理階層的時間和資源。

　　銀行的CEO認為平衡計分卡可以把組織的精力聚集起來。推出計分卡之後，所有的資深主管，不論原屬哪一家銀行或代表哪一個功能組織，都能夠透過澄清策略目標和確立少數幾個重要的驅動因素，而建立彼此的共識和團隊意識。而且計分卡更進一步創造了一個決定輕重緩急的工具，使銀行能夠整合許多當時正在進行中的變革方案，去蕪存菁之後，留下一組更容易管理的策略行動方案，而每個方案均致力於達到具有策略重要性的目標。

權力下放及培植領導能力

拓荒者石油從前是一個高度中央集權的功能型組織，CEO希望把中央的權力下放和分散。他創造了十四個新的策略事業單位，賦予這些單位的使命是顧客至上，降低一切非必要（無附加價值）的成本，直到這些成本完全消除為止。可是新的SBU領導人，全都是從舊的、中央集權式的拓荒者文化中一路成長上來的，他們習慣了聽命行事的作風，他們從來沒有嘗試過自己構思策略，以及自主管理策略實施的流程。拓荒者的 CEO 擔心這羣SBU 的經理人沒有足夠的經驗來實施新的分權策略。

CEO率同資深管理團隊展開了一個計分卡流程，藉此培養十四個 SBU 經理人的執行領導能力。團隊發展了一個總公司的樣板，用來界定策略的優先要務，樣板遂成為總公司的平衡計分卡。然後每一個SBU經理人以總公司的計分卡為準繩，開始構思SBU 層級的獨特策略。SBU 的主管團隊在外地舉行了一個研討會，會中首先澄清使命、願景和新組織的價值，然後發展一個SBU層級的平衡計分卡，以供總公司審查。計分卡的開發流程，使十四個新事業單位的主管共聚一堂，開始如團隊一般的合作。闡述SBU共同願景的過程，證明了是建立團隊意識和策略發展流程的最佳工具。總公司的樣板也發揮了指點迷津的作用，使SBU第一次獨立發展策略的風險大為降低，這個做法使SBU的主管團隊，能夠在總公司界定的範疇內，發揮最大的創造力和精力。

總公司審查 SBU 計分卡的過程也頗具價值，它確保 SBU 實

施的策略，是總公司能夠接受的策略。整個流程為CEO製造了一個傳授經驗的機會，使他能夠在SBU主管中培養出構思和管理策略的新技術。雖然發展領導能力必須是一個持之以恆的工作，拓荒者的CEO巧妙的運用構築總公司和SBU平衡計分卡的機會，而跨出了效果顯著的第一步。

策略性干預

肯亞商店的情形，與拓荒者石油恰恰相反，它實施地方自治已久，市場導向的SBU各自經營不同顧客區隔的時裝，每個SBU遵循自己一套關於時尚、目標市場和貨源的策略。然而，肯亞的CEO卻相信，高度分權的做法使公司喪失了更高的成長和增加利潤的機會。當組織的規模尚小，盡量接近目標顧客區隔的趨勢和時尚需求，分權是頗為理想的做法。但是現在每一個SBU已經快達到整個公司在五年以前的規模了，這種規模劇烈改變了公司的策略方針，而需要 SBU 總裁擺脫商人視野，變得更像策略家一些。CEO 認為平衡計分卡可以讓他親自介入 SBU 總裁的工作，培養他們成為企業首腦，並協助他們發展未來。

肯亞的CEO以平衡計分卡創造了一個公司策略方針。在SBU總裁的參與下，他界定了十項策略議題（請參考第 8 章及第 12 章），每一個SBU必須根據這十項議題，界定自己平衡計分卡的特定目標及達到目標的機制。

總公司和 SBU 的主管團隊，展開了年度的長程規畫，針對SBU 如何達成這十項議題進行討論。這番對話使 SBU 總裁能夠

以計分卡架構爲核心制定自己的長程計畫,而十項議題則提供了一個機制,使SBU的策略能夠整合入公司的策略方針。這個流程使CEO能夠直接參與塑造組織的策略,而非事後檢討結果而已。更重要的是,它提供 CEO 一個與過去我行我素的 SBU 總裁一起工作的工具,使他能夠趁此機會教育、擴展並刺激SBU總裁的策略思維。

　　總而言之,構築一份平衡計分卡的原始動機,可能出自下列的需求:

- 澄清願景與策略,並建立共識
- 建立管理團隊
- 溝通策略
- 連結獎勵至策略目標
- 設定策略指標
- 校準資源和策略行動方案
- 維持對智慧資產和無形資產的投資
- 提供策略學習的基礎

　　一開始就選定計分卡專案的目標,並不是打算限制日後計分卡的用途。事實上,如第12章所述,我們經常看到計分卡的角色在實施過程中不斷的成長和擴大。事先設定一套目標,可以激勵並溝通組織實施計分卡的終極目的,一旦方案執行的熱忱減退了,還可以發揮核心作用,使其維繫不墜。

計分卡專案的主角

達成對平衡計分卡的目標和角色共識後,組織應該遴選適當的人來擔任設計規畫師,或專案領導人一職。設計規畫師全權負責計分卡的設計和發展所需的架構、理念及方法。任何一個優秀的設計規畫師必然需要一個客戶,在計分卡開發專案中,客戶就是資深管理團隊。如同任何一個營建專案,客戶必須全程投入開發流程,因為客戶才是計分卡的最終主人,而且將來必須領導相關的管理流程。

設計規畫師的工作是指揮流程,統籌會議和訪問的日程,確保專案小組獲得必要的文件、背景資料以及市場和競爭的資訊,而且必須確保流程按既定的軌道運作。在構築第一份計分卡的期間,設計規畫師不僅需要管理一個認知性、分析性的流程,把軟性和空泛的策略和意圖,轉變成明確和可以衡量的目標,甚至,他還要管理一個人際互動頻繁、情緒化的團隊,並解決不斷發生的衝突。

在我們的經驗中,設計規畫師通常是組織的資深行政經理人。這些負責平衡計分卡開發流程的經理人可能來自不同的背景,我們見過的有:

- 策略規畫部或企業發展部門的副總裁
- 品質管理部門副總裁[1]

• 財務部門副總裁或分公司的審計長 [2]

有些組織也會聘請外界顧問，協助內部設計規畫師進行計分卡的開發工作。

建立平衡計分卡：流程

每個組織情況皆不同，希望自己採取一套建立平衡計分卡的途徑。不過，我們可以根據我們為幾十家組織建立計分卡的經驗，歸納出一個典型系統化的開發計畫。如果執行得法，這個共分四大步驟的流程，可以鼓勵資深和中階經理人對計分卡的承諾，並製作出一個優質的平衡計分卡，對於達到計分卡方案的目標助益甚多。

界定衡量結構

■工作之一：選擇適當的組織單位

設計規畫師必須在徵詢資深主管團隊的意見之後，界定最適合建立上層計分卡的事業單位。大多數公司多元化的程度已深，很難一開始就構築總公司層級的計分卡。因此，第一個計分卡流程，最好選在一個策略事業單位中進行。最理想的事業單位應該從事跨越整個價值鏈的活動：創新、營運、行銷、銷售、服務。它應該擁有自己的產品和顧客、自己的經銷通路，以及自己的生

圖 A-1 界定和澄清事業單位

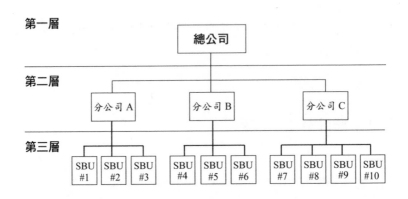

產設施；它也應該比較容易構築摘要性的財務績效量度，而不涉及與其他組織單位之間複雜的（和爭議性大的）產品與服務成本分攤和轉移價格。

圖 A-1 顯示一個階級式組織跨國公司的典型結構。平衡計分卡在這個組織中的天然環境是第三層。

如果組織單位的定義過於狹隘（例如在圖 A-1 的 SBU 層級之下），恐怕很難定義出一個條理分明和自給自足的策略。舉例來說，如果計分卡的實施單位是單一的功能部門或單一的行動方案，範圍可能就過於狹隘——對於如此狹隘的目的，用一組主要的績效指標就綽綽有餘了。但是，有一些複雜的支援功能、合資企業，和非營利機構，也會發展平衡計分卡，關鍵在於該組織單位是否擁有（或應該擁有）一個策略來完成它的使命。如果答案是正面的，那麼這個單位就有充分的理由建立一份平衡計分卡了。

　　我們曾經協助一家大型天然氣和化學公司應用計分卡，這家
公司擁有的營運單位包括：

- 一個地方性、法規管制下的壟斷性天然氣供應商
- 一個全國性、不受法規管制的競爭性天然氣供應商
- 一家基本化學品公司
- 一家天然氣服務顧問公司

　　這家公司最初請我們去，是希望發展總公司層級的計分卡。
可是我們去了沒多久，就發現雖然總公司提供許多資源和服務給
旗下所有的營運單位，但這些營運公司的運作分歧而獨立。如果
從分別構築營運單位的計分卡著手，要比企圖一開始就建立總公
司的計分卡合理得多。

■ 工作之二：辨別 SBU 與總公司的連結關係

　　界定並選定 SBU 之後，設計規畫師應該認識該 SBU 與其他
SBU 之間，以及該 SBU 與分公司和總公司之間的關係。設計規
畫師可以訪問分公司和總公司的主要資深主管，以便了解：

- SBU 的財務目標（成長、獲利、現金流量、現金回收等）[3]
- 凌駕一切的總公司主題（環境、安全、員工政策、社區關
  係、品質、價格競爭力、創新等）
- 與其他SBU的連結關係（共同顧客、核心能力、整合銷售
  措施的機會、內部供應者和顧客之關係等）

這些知識攸關設計規畫師是否能夠正確的指導開發流程，使
SBU發展出來的目標與量度不至於損人利己，有害於其他的SBU
或整個公司。辨別SBU與公司之間的連結關係，也會暴露計分卡
應用的局限和機會，如果只是把SBU當做一個完全獨立的組織單
位，則無法洞悉這些事情。

建立對策略目標的共識

■工作之三：進行第一輪訪問

設計規畫師準備有關平衡計分卡的背景資料，以及公司和
SBU的願景、使命和策略的內部文件。這些資料應分發給事業單
位的每一位資深經理人（通常是六到十二位主管）。設計規畫師
也應該蒐羅關於產業和競爭環境的資料，包括：市場規模和成長
的重大趨勢、競爭對手和競爭產品、顧客喜好、科技發展等。

當資深主管有機會讀完這些資料之後，設計規畫師就可以開
始進行訪問了，訪問每一位主管大約需要九十分鐘。在訪問當
中，設計規畫師蒐集資深主管對策略目標的意見，以及他們對四
個計分卡構面量度的建議。我們提到設計規畫師的時候，似乎指
的是一個人，但這只是為了方便討論起見，實際上，訪問工作和
接下來綜合資訊的過程，最好由二至三人的小組共同為之。設計
規畫師是小組的領導人，通常由他主持實際的訪問，由他來提問
和尋答。小組中可以由一人專心記錄主管團隊指定的目標與量
度，另一人則盡量記下主管團隊的言談，這些講述可以增加目標

與量度的分量，賦予它們更多的意義和內容。訪談可以自由發揮不拘形式，但如果每次訪問用的是同一套問題，並提供訪問對象同一套可能的答案，則可以使訪問過程和事後彙集資訊的工作順利得多。

訪問有幾個重要的目的，有些顯而易見，有些則不那麼明顯。明顯的目的是，向資深經理人介紹平衡計分卡的概念，回答他們對此概念的疑問，以及了解他們對組織策略的初步構想。隱含的目的，包括：促使高階經理人思索如何把策略和目標轉成具體的、營運性的量度，了解主要領導人對發展和實施計分卡有哪些顧慮，了解主要參與者對策略和目標的看法有沒有潛在的矛盾，或他們之間有什麼個人或功能上的衝突。

■工作之四：綜合會議

訪問結束之後，設計規畫師和設計小組的其他成員開會討論他們蒐集到的意見，尋找其中的議題，並草擬一份試探性的目標與量度，做為高階管理團隊第一次會議討論的基礎。小組成員也應該討論他們觀察到的個人和組織對於平衡計分卡，以及引進計分卡之後的管理流程變化有哪些抗拒心理。

綜合會議的結果應列表報告，其中包括四個構面的目標及其先後順位。每一個構面及其目標，都應附帶不具名的主管的講述，用來解釋並支持該目標，辨別主管團隊需要解決的議題。小組應該盡力判斷這份暫時性、按優先順位排列的目標是否能夠代表事業單位的策略，以及四個構面的目標是否連結在因果關係中。小組的觀察可以做為隨後召開的執行研討會的討論題目。

■工作之五：第一階段執行研討會

　　設計規畫師負責安排和主持高階管理團隊的全體會議，進行建立計分卡共識的流程。在研討會中，設計規畫師協助團隊展開對使命與策略聲明的集體辯論，直到達到共識為止。辯論完畢，研討會的重點轉為回答下面的問題：「如果我們的願景與策略獲致成功，在股東、顧客、企業內部流程，以及我們的成長和改進能力等各方面，我們的績效與從前有何不同？」回答這個問題時，應按四個構面的順序逐一討論。

　　設計規畫師向大會報告建議的目標、它們的排名順位，以及訪談中記錄的相關講述。他也可以放映幾段訪問股東和顧客代表的錄影，為團隊的議題增加一些外界觀點。團隊為每一個構面斟酌的量度，通常遠不止四個、五個，討論每一個目標的時候，都應該基於它本身的價值，而非與其他目標比較，如此才能充分探討每一個目標的重要性、優點和缺點。此時用不著急著縮小範圍，但不妨進行非正式的投票，發掘團隊心目中量度的優先性。

　　每介紹並討論完一個構面的全部候選目標之後，團隊應選出其中最重要的三至四個目標。選擇的方式很多，可以對每一個目標進行投票或舉手表決，也可以讓每一個人圈選三個他認為最重要的目標。選出排名最高的幾個目標之後，設計規畫師和設計小組應該為每一目標草擬一句或一段描述文字。如果時間許可，設計規畫師還可以要求團隊就如何衡量這些目標腦力激盪一番。

　　接著管理團隊應該分成四個子團隊，每個子團隊負責一個計分卡構面，同時，每個子團隊應選出一位主管，領導子團隊在下

個階段的工作。除了資深主管之外，也應該邀請中低階的管理人和主要功能部門的經理人代表加入，共組成五至六人的子團隊，以強化議題和共識的基礎。

　　第一階段研討會結束之際，主管團隊應已替每一個構面確立了三至四個策略目標，為每一個目標擬好了一段詳細的說明文字，並為每一個目標列出一份潛在的量度。研討會結束之後，設計規畫師將會議紀錄做成報告，分發給與會者，總結研討會的成果，並列出四個子團隊的成員和領導人。

挑選及設計量度

■工作之六：子團隊會議

　　設計規畫師分別與各個子團隊舉行數次會議。子團隊會議的主要目的是：

1. 修飾策略目標的說明文字，使其符合第一階段研討會的宗旨。
2. 針對每一個目標，確立最能掌握和傳達其旨意的一個或數個量度。
3. 針對每一個建議的量度，確立必要的資訊來源及取得這些資訊所需的行動。
4. 針對每一個構面，確立同一個構面內量度之間的主要連結關係，以及此構面與其他計分卡構面的連結關係。並嘗試確立各量度如何互相影響。

經驗豐富的設計規畫師會善用本書第一篇描述的四個構面所依據的架構，引導子團隊會議，並利用構面內和跨構面之間的量度關聯，幫助子團隊釐清策略所依據的因果關係。

■挑選和設計量度的藝術

為計分卡選擇特定量度的根本目的，是辨別哪些量度最能夠闡述策略的真正意義。既然每一個策略都是獨特的，那麼每一個計分卡都應該與眾不同，每一個計分卡都應該包含幾個獨特的量度。但是，如第 7 章所述，有些核心成果量度相當普遍，一再出現於不同的計分卡上。常見的核心成果量度包括：

核心財務量度
- 投資報酬率和附加經濟價值
- 獲利率
- 營收成長和營收組合
- 成本降低的生產力

核心顧客量度
- 市場佔有率
- 顧客爭取率
- 顧客延續性
- 顧客獲利率
- 顧客滿意度

核心學習與成長量度
- 員工滿意度
- 員工延續性
- 員工生產力

雖然大部分計分卡都倚重核心成果量度，但界定計分卡量度的藝術卻在於如何挑選績效驅動因素。績效驅動因素本身也是一種量度，但它們是觸發行動，驅策核心成果量度達到目標的原動力。本書第 3 章到第 7 章（包括第 4 章和第 5 章後面的附錄）所討論的目標與量度可供參考，它可以幫助設計規畫師和子團隊設計四個構面的績效驅動因素，來傳達、實踐並監督事業單位的獨特策略。

子團隊的最後成果應該是分別替每一個構面：

- 列出一組目標及每個目標的詳細說明；
- 描述每一個目標的量度；
- 描述如何量化和顯示每一個量度；
- 繪製圖形來說明同一個構面內的量度如何互相連結，以及它們與其他構面的量度或目標如何銜接。

完成這些工作之後，設計規畫師就可以安排第二階段的執行研討會了。

■工作之七：第二階段執行研討會

　　出席第二階段研討會的人員很多，除了資深管理團隊外，他們的直接下屬和中階經理人也會參與，一起辯論組織的願景與策略聲明，以及暫定的計分卡目標與量度。子團隊的領導者親自輪流向大會報告他們的工作成果。由管理階層親自做簡報，有助於建立他們對目標與量度、對整個計分卡開發流程的責任感。與會者無論在全體大會和分組討論中，都應該踴躍對建議的量度發表評論，並開始發展一個實施計畫。第二階段研討會的目標之一，是力求在會議結束前設計好宣導冊子的大樣，這份冊子是將來向全體員工傳播計分卡目的和內容的主要工具。另一個目標是鼓勵與會者為每一個建議的量度構思伸張指標，包括預定改進的速率。設定未來三至五年指標的方法很多，從標竿檢測法到變革速率等等都是，至於採用哪種方法，就要根據量度的類型及組織對設定指標的理念而定。

制定實施計畫

■工作之八：發展實施計畫

　　此時新成立的小組，通常由子團隊的領導人所組成，正式決定伸張指標，並發展計分卡的實施計畫。實施計畫應包括如何把量度銜接上資料庫和資訊系統，如何向整個組織傳播平衡計分卡，以及如何鼓勵、協助分權單位發展下層的衡量標準。完成這個階段的工作之後，就可以開發一個全新的執行資訊系統，把事

業單位的上層衡量標準，向下一直連結到工廠車間和特殊性的營
運量度。

■工作之九：第三階段執行研討會

　　管理團隊舉行第三次研討會，針對前兩次研討會擬定的願
景、目標和量度，取得最後的共識，並核准實施小組建議的伸張
指標。執行研討會亦確立達成指標所需的初步行動方案。這個流
程最後往往導致重新調整單位的各種變革計畫，以配合計分卡的
目標、量度和指標。研討會結束，管理團隊應做成決議，開始向
員工推廣計分卡，把計分卡整合到管理理念中，同時發展一個資
訊系統來支持計分卡的運作。

■工作之十：完成實施計畫

　　如果希望平衡計分卡創造價值，就必須把它整合到組織的管
理體系中。我們建議經理人在六十天內開始使用平衡計分卡。實
施計分卡，顯然必須遵循一個循序漸進的模式，在管理資訊系統
尚未建成前，應該用「目前最好」的資訊，督促管理工作事項符
合計分卡的優先要務。最終，管理資訊系統將會追上計分卡流程
的進度。

實施時間

　　典型的計分卡推展專案可能歷時十六個星期（見圖 A-2 的時

間表）。這十六個星期當然不是全部花在計分卡的活動上。日程安排取決於管理階層何時有空接受訪問、出席研討會和子團隊的會議。如果人人有空，隨時可以參與，時間自然可以縮短一些，但這種機率恐怕不大。把專案時間拉長到十六個星期有一個好處，就是管理階層在訪問、執行研討會和子團隊會議之間的空檔，可以深思並反省逐步形成的平衡計分卡結構，以及計分卡對策略、資訊系統，和最重要的——對管理流程的寓意。

設計規畫師（和顧問）的參與，在這個時間表的初期最深，直到第六週末舉行第一次執行研討會為止。進入時間表的下半段之後，設計規畫師的客戶——即管理團隊，應該承擔更多的開發計分卡的責任。屆時設計規畫師的角色轉為行政和支援性質，協

圖 A-2　典型的平衡計分卡專案時間表

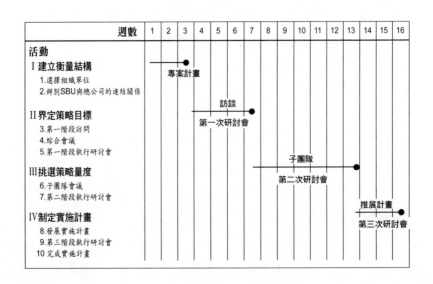

助安排子團隊會議並從旁幫忙主持會議。管理團隊在子團隊會議和往後的執行研討會中承擔的責任越多，平衡計分卡專案攀上新企業管理方法高峯的機會也越大。

　　這個日程表有一個大前提，就是事業單位已經規畫好它的策略，而且已有現成的市場和顧客研究，可以決定市場區隔和提供給目標市場區隔的價值主張。如果事業單位必須進行產業策略分析，才能夠做出有關市場、產品和科技策略的基本抉擇，或必須進行更詳細的市場研究，那麼，這個日程表還得拖長一些，需要把進行這些工作的時間計算在內才行。

　　當專案全部結束時，事業單位的資深及中高階經理人，應該已洞悉如何把策略詮釋成四個構面的特定目標與量度，並建立對此的共識；他們應該已同意一個推展計畫來實施計分卡，計畫中或許還應該包括新的系統和責任，採集並報導計分卡的資料；關於計分卡量度深入組織管理體系的核心之後，管理流程將出現的變化，他們應該也已具備廣泛的理解。

摘要

　　我們的經驗顯示，組織能夠在十六個星期內創造出它的第一份平衡計分卡。計分卡建立之後，組織便進入本書第二篇描述的實施階段，開始以平衡計分卡做爲它的管理體系基石。

註：

1 品管經理的職銜差別很大。我們見過的有品質改進和生產力部門
副總裁、持續改進部門副總裁、企業流程重建（或改造）部門
副總裁，以及流程改進部門副總裁等。

2 略微簡化而言，我們見過的財務主管大致分成兩種典型。第一
種類型的財務主管認爲自己的角色是組織的催化劑，他明白僅用
關於過去結果的財務量度來引導組織，不足以應付新的競爭環
境，因此他希望財務部門發揮自己在資料蒐集、資訊系統、衡
量方法和審核方面的能力，爲組織發展並操作新的衡量、溝通
和控制系統。這種財務主管的確是擔任設計規畫師的人才，將
來也很適合扮演平衡計分卡的流程主人。第二種類型的財務主
管卻極端保護目前的財務數字的客觀性、可審核性和公正性。
他認爲在財務部門的責任中增加一些比較軟性、主觀和難以審
核的數字，會沖淡它的基本使命，破壞它根據已建立數十年的
高品質標準來衡量和控制財務數字的能力。第二種財務主管，
通常出身會計和審計背景，不是平衡計分卡專案設計規畫師的
適當人選，將來也不適合擔任維護計分卡管理體系的工作。

3 設計規畫師應訪問最高財務長(CFO)，以及最高執行長（CEO）
或最高營運長（COO）兩者之一，如此才能了解策略事業單位
的財務目標。

平衡計分卡在台灣

導入實況與成敗關鍵

　　KPMG與平衡計分卡的淵源，源自於平衡計分卡的兩位作者之一諾頓，諾頓曾在KPMG顧問公司旗下的「諾朗－諾頓公司」擔任總裁一職達十七年，在那段事業生涯中，他與柯普朗對多家企業進行研究，於1990年代創建了策略與績效管理學中最重要的觀念「平衡計分卡」。

　　《平衡計分卡》一書在台灣經KPMG於1999年審定首度出版，近十年來KPMG在台灣已經協助許多企業導入平衡計分卡，作為策略與績效管理的工具。惟依KPMG觀察，部分導入平衡計分卡的企業認為未達原先預期的效益，究其原因可歸納為以下三點：

一、思維模式的迷失，造成策略品質的不佳

　　多數企業策略形成的思維模式仍侷限在傳統「以企業本身所

具備的專長與優勢,所能提供的產品與服務為導向」的思維模式,而非以「滿足客戶的價值主張為導向」的思維模式,導致企業整體策略失焦,無法滿足顧客的需求,進而造成策略品質不佳及資源的浪費,企業競爭力無法提升。

二、策略無法貫穿組織,造成整合力不彰

「市場無國界」、「科技無國界」、「企業無國界」,龐大複雜的企業組織體系因運而生,更彰顯策略聚焦與策略執行的重要性。惟不少企業在推動平衡計分卡的過程中,策略的推導僅停留在紙上談兵,深度與廣度不足,組織結構未能配合策略的推展而做適當的調整,無法將企業策略貫穿整個組織單位,造成公司策略、事業單位策略、支援單位策略與個人目標無法整合與串連,導致企業綜效無法產生。

三、平衡計分卡沒有連結企業的日常營運管理體系,造成執行力不落實

平衡計分卡是P.D.C.A循環的策略與績效管理工具,經由願景的釐清,展開四個構面的策略目標規畫、關鍵績效衡量指標的設定,透過行動方案的規畫,以實現企業策略並達成願景。惟企業完成了上述的階段,充其量只是平衡計分卡的規畫或問題診斷階段,重點是要將平衡計分卡所展開四個構面的策略行動方案完整的連結至企業的日常營運管理體系,或與其他整合性的管理工具如:作業基礎成本與管理(ABC/M)、產品生命週期管理(PLM)、作業分析與流程改善(PA&BPR)及策略性績效評估與

獎酬制度等相連結（請參閱下圖），才能發揮整合與串聯的成效。

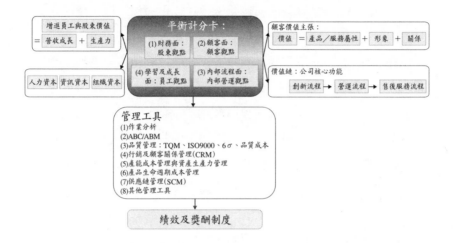

上述三項導致平衡計分卡效益不彰的主要原因，其實正是平衡計分卡導入的關鍵成功因素，因此，KPMG建議：如何讓平衡計分卡在企業界開花又結果，必須搭配以下的管理措施與改善：

一、建構創新的企業文化：

平衡計分卡講求平衡的觀念，其平衡之道恰巧是台灣企業最不足的地方——學習與成長構面，創新文化的培養。許多企業推行「創新提案與改善制度」或成立「創新提案與改善委員會」，其實，這些都只是建構創新企業文化的濫觴而已，創新文化的養成需要搭配組織變革，從創新氛圍的營造，創新手法的應用，到創新過程與結果的獎勵，缺一不可！

二、設計策略性組織架構：

　　企業一但將策略釐清與校準後，往往會發現，爲了達成企業的願景，組織結構必須配合調整，舉例來說：許多公司在企業初設立的階段其功能都盡量精簡，且以功能性的組織架構如生產、研發、業務爲主軸。當企業的營收逐漸成長，開始擴大生產基地，甚至在境外設立其他的營運據點，才發現功能性的組織結構在運作的效率及資源整合將面臨瓶頸。因此，配合企業的成長與策略目標的設定，組織結構的調整是必要的，就如同人身長大一樣，就應該換穿適當的衣服。在組織設計的原則上必須考量幾個因素：

1. 配合組織績效的衡量，必須融入責任中心的觀念。
2. 當企業的營運基地變成多區域或多國籍化後，必須考量於適當的地點設立營運總部，強化後勤單位如財務管理、人力資源、資訊管理與知識管理等服務性支援的功能。
3. 考慮設置區域性營運中心，可以減少各策略性事業單位設置重複性的支援性服務單位。
4. 適當的建構矩陣式組織，將組織結構由功能性組織改造爲產品別、區域別、品牌別或混合型的多元化矩陣式組織。
5. 調整授權與報告系統，讓組織運作扁平化。

三、調整核心作業流程：

　　當組織架構隨著企業成長與策略目標調整後，相關的核心作業流程也必須跟著調整，否則組織權責與報告系統已經做了大幅

的調整，作業程序與績效評核系統將難以搭配。不要太指望流程會自動運作，必須應用作業分析（Process Analysis）及企業流程改造（Business Process Re-engineering）的方法，清楚的界定因應策略而改變的流程，並透過跨部門的研討，確立應調整與改變的流程，才能設定適當的績效衡量指標，展現執行的成果。

四、提升策略性人力的素質：

因應策略目標及核心流程調整的需要，人力素質的提升更顯得刻不容緩，關鍵中的關鍵仍在找到能自我學習，自發行動的好人才，勝過千百個品質優良、設計超凡的策略與流程，這是每個企業都了解的簡單道理，但，人才是企業最大的資產，這句話，有哪一些企業具體做到？透過教育訓練可以提升的，大部分是專業能力，但好的人才必須具備的創新、積極、抗壓與溝通能力，設計一個讓好人才願意進來且願意貢獻所長的環境與制度，才能有效的提升企業的智慧資本與人力素質。

五、連結策略性績效評估與獎酬制度：

平衡計分卡四個構面的關鍵績效衡量指標（KPI，Key Performance Indicator），係衡量策略目標達成與否的重要評估因子，然而，為達成策略目標所衍生之行動方案以及日常營運與組織權責所重視的績效衡量指標（PI，Performance Indicator），亦應列入評估，上述KPI與PI等因子通常佔績效評估的60%~70%；企業另外會考量策略與企業文化所重視策略關鍵職位（Strategic Position）的核心職能（Core Competency），通常會佔績效評估

的30%~40%。經加權計算後績效評估的結果，必須與員工的薪資、分紅、福利、升遷等獎酬制度掛鉤，如此，才能促動策略目標的達成。

　　許多企業引進了平衡計分卡後，就誤以為能夠解決所有的問題，KPMG必須再次強調：「平衡計分卡」是一個企業策略與績效管理整合與串聯的管理平台，企業必須審度自己的管理素質與能力，回歸基本面，踏踏實實的強化管理深度，才是企業價值提升的最佳利器。

(本文作者為安侯企業管理股份有限公司企業績效服務部執行副總經理〔合夥人〕詹明仁先生與曹坤榮先生)

導入實例：輔祥實業

公司簡介

　　主要生產基地位於台中縣大雅鄉、神岡鄉及中國大陸吳江與廈門地區的輔祥實業股份有限公司（以下簡稱「輔祥」），自1989年創立以來，即秉持不斷創新的精神及堅實的專業技術，成功地以革命性產品「電子飛鏢靶」行銷於歐、美地區，並以自創品牌SMARTNESS塑造了全球第一領導品牌的地位，不但在全球主要市場中平均擁有50%以上之佔有率，成為全球最大之專業製造廠。有鑑於光電液晶顯示器（TFT-LCD）將成為我國光電產業中成長最快、產值最大的高科技族群，輔祥於1998年積極整合資源，延伸核心技術，投入背光源組的研發，在董事長潘重華之領導與經營團隊的全心全力以赴下，躋列國內前三大背光源組領導廠商，未來並將配合光電產業發展，延伸核心技術發展次系統產品，實踐世界級平面光源專業廠商之發展目標。

輔導背景

　　近年來光電液晶顯示器（TFT-LCD）雖然成長快速，惟電子消費產品如液晶電視、液晶顯示器、筆記型電腦的終端售價卻年年下降，壓縮上游廠商的獲利空間；輔祥雖然由電子飛標靶、跑步機，跨足至高科技背光模組產業，再向上游原材料進行垂直整合，集團的營業額亦由1989年的6億元快速成長至2007年約220億，EPS卻由2004年最高峰的5.9元逐年下降。輔祥過去雖然有

導入「方針管理」KPI的管理模式，伴隨著集團營收的成長與經營模式的改變，集團資源的配置與上下管理階層經營策略的溝通將影響集團未來永續發展、獲利品質與成長的力道，因此，面臨經營環境瞬息萬變的挑戰壓力下，公司的高階經營階層決定邀請KPMG顧問先就輔祥經營管理的現況與未來營運的模式進行企業診斷，進而由KPMG提出「整合性績效管理模式」，規畫長達三年度的企業績效改造方案！

導入階段

KPMG派駐專業顧問經過診斷後，發現輔祥面臨以下的挑戰：

一、企業外在環境變動劇烈，集團內部缺乏一套有效因應的策略規畫與管理模式。

二、集團組織結構未能配合全球策略而做適當的設計與調整。

三、集團主要的營運流程，未能因應策略有效的調整。

四、經營階層異動頻繁，各層級的接班人培育未能有效規畫。

五、績效管理制度缺乏促動性，留才不易！

因應上述診斷的結果，KPMG規畫了三階段的整合性「企業績效管理平台」（如下圖），協助輔祥逐步導入企業經營績效管理工具：

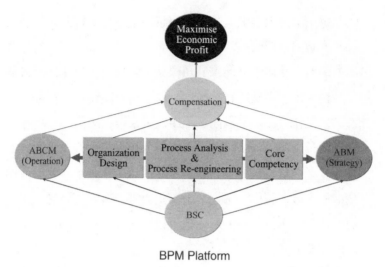

BPM Platform

一、建構策略形成系統（2006.4~2007.3）

依以下步驟導入「平衡計分卡」，作為策略形成的主要管理工具。

1. 建立高階經營層與基層管理幹部的對話機制與凝聚共識，確立輔祥集團的企業使命、核心價值與企業願景。

　• 使命（Mission）：以科技打造健康與生活（Forhouse technologies for you and for life）。

　• 核心價值（Core Value）：

　　（1）誠信：誠信是建立在樸實、專精及創新的基礎上，對客戶、員工、股東及利害關係人，都強調誠實與信用。

　　（2）樸實：公司重視實實在在做事的人，內斂樸實而無華。

（3）專精：不僅強調產品品質超越同業水準，整個經營品質亦須領袖群倫。

（4）創新：我們不但要求公司產品推陳出新，生產技術日益精進，更期望所有的同仁，能秉持不斷創新之精神，改善工作方法並以最佳之工作效率來提供服務。

- 企業願景（Business Vision）：成為光機電技術的領先者（輔祥在產業界瞬息萬變及競賽消長的洪流中生存，一定要能洞燭機先，發揮長處。透過上下游垂直整合，掌控研發、生產與銷售等價值鏈。致力於光機電技術，在所投入的行業中，均成為領先者）。

2. 發展輔祥集團策略性議題，作為各策略事業單位策略發展的基礎。

3. 逐次發展各策略事業單位願景、策略地圖、關鍵成功因素（CSF，Critical Success Factor）、關鍵績效衡量指標（KPI，Key Performance Indictor），並協助規畫行動方案（Action Plan）。

二、建構策略執行系統（2007.4~2007.12）

1. 輔祥導入「平衡計分卡」後，在經管室的主導與KPMG的協助下，定義平衡計分卡各構面的權數、達成率換算分數與差異檢討機制，各策略事業單位每個月召開經營檢討會議，每一季召開跨單位的策略檢討會議，跟催檢討各部門的行動方案導入狀況與KPI的達成度，逐步落實策略的執行與管理。

2. 輔導過程中KPMG發現：輔祥的集團組織結構係以區域性為主（主要區分為台灣及中國大陸），再輔以產品別與功能別，

惟此種組織結構的設計將無法使不同區域同種類的產品做資源最有效的配置，且台灣各部門均以支援的型態協助大陸各部門，無法以營運總部的姿態主導集團的政策。因此，KPMG應用組織設計（OD，Organization Design）的方法，提出前瞻性的集團組織結構調整建議，配合集團與各策略事業單位的策略發展，設計以營運總部及產品別為主軸的策略事業單位矩陣式組織結構，協助輔祥落實集團策略。

3. 由於產業獲利逐年下降，輔祥決定應用策略與營運管理的另一利器——作業基礎成本制度（ABC，Activity Based Costing），協助解開企業獲利與價值提升的密碼，作為產品成本結構與產品組合分析的重要工具，一方面藉由作業分析（PA，Process Analysis），導引出核心作業流程改善（BPR，Business Process Re-engineering）的機會，另一方面藉由成本分析，導引出產品別、客戶別與專案別等多面向成本標的的成本結構，作為未來產品報價與產品組合的基礎。

三、建構策略衡量系統（2007.5~2008.3）

1. 輔祥既有的績效評核制度，年資、職級、主管與非主管職、年度績效各佔25%，作為年度員工分紅與調薪、晉陞的基礎，缺乏促動性，與策略性KPI的連結度亦偏低，因此KPMG建議輔祥建構更公平、公開的策略性績效評估與管理的架構（如下圖）以提升企業經營績效。

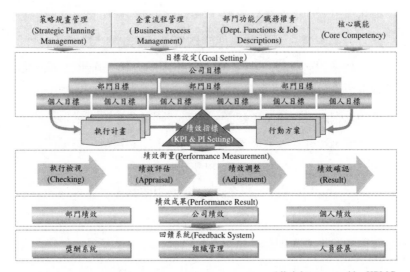

2. 績效評估的結果必須經過一段時間的試算,因為KPI與PI的訂定第一年可能不盡客觀,必須經過調整,與獎酬才會產生高度的連結性,因此,KPMG必須與輔祥的經營管理及人力資源單位,共同向各策略事業單位說明績效評估與管理架構的意義與應用,才能讓員工感受激勵的促動性與公平性。

3. 配合員工分紅費用化,員工分紅以現金分紅搭配員工認股權憑證為主,策略性獎酬應該區分獎勵的群組,與策略性攸關性愈高的對象,其獎勵權數應該愈高,藉以鼓勵高績效產出的策略性人才。

未來展望

　　輔祥是一個踏實經營的企業,在引進「平衡計分卡」、「作

業基礎成本制度」以及「策略性績效衡量與管理」等整合性的績效管理平台後，對管理幹部能力的提升，產生潛移默化的效果，對企業資源的整合與上下溝通的串聯亦產生效益，雖然企業的營收持續成長，未能伴隨獲利同步的提升，集團現在仍處於改造的陣痛階段，惟誠如潘董事長的證言：「非常感謝KPMG引進這套整合性的管理工具，讓輔祥的組織結構與溝通產生了革命性的變化，面對未來，輔祥營收仍將持續的成長，經營與管理階層也會持續堅持地運作這套管理工具！協助輔祥邁向更美好的未來」。

　　事實上，企業績效的提升是不能講究速成與速效的，唯有謙虛的面對企業本身的問題並不吝引進適合的管理工具，才能讓企業在競爭激烈的環境中脫穎而出，即使面臨困難也不會產生巨大的風險。輔祥的未來依然面臨許多挑戰，但它追求公司、員工與客戶三贏的精神，值得許多企業效法與跟隨！

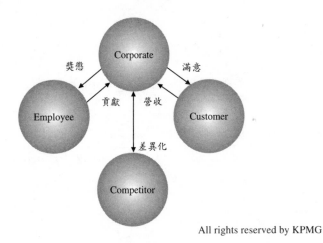

（本文作者為安侯企業管理股份有限公司企業績效服務部協理劉彥伯先生）

國家圖書館出版品預行編目資料

平衡計分卡：化策略為行動的績效管理工具（新
版）／Robert S. Kaplan, David P. Norton作；朱道
凱譯. －－二版. －－臺北市：臉譜出版：家庭傳
媒城邦分公司發行，2008.02
面；　公分. －－（企畫叢書；FP2171）
譯自：The Balanced Scorecard : Translating Strategy
　　　　into Action
ISBN 978-986-6739-42-2（平裝）

1. 企業管理評鑑　　2. 決策管理

494.01　　　　　　　　　　　　　　　97002661